省部级示范性高等职业院校重点专业建设规划教材

水工设计软件应用

主　编　田明武
副主编　娄忠秋
主　审　付功云

黄河水利出版社
·郑州·

内容提要

本书是省部级示范性高等职业院校重点专业建设规划教材，是为适应现代高职教育培养应用型、技能型人才的需求，结合示范建设对专业改革发展的要求，按照教育部颁布的水利水电建筑工程专业标准及水工设计软件应用课程标准要求编写完成的。本书共分四章，包括绪论、ZDM CAD 辅助设计软件、水利水电工程设计计算程序集和百图水利设计软件等。

本书可作为高职高专水利水电建筑工程等专业的教材，也可作为其他专业教材或教学参考书，同时也可作为水利工程技术人员学习参考用书。

图书在版编目(CIP)数据

水工设计软件应用/田明武主编. —郑州：黄河水利出版社，2014.3

省部级示范性高等职业院校重点专业建设规划教材

ISBN 978-7-5509-0719-5

Ⅰ.①水… Ⅱ.①田… Ⅲ.①水利水电工程-工程设计-应用软件-高等职业教育-教材 Ⅳ.①TV222-39

中国版本图书馆 CIP 数据核字(2014)第 020646 号

组稿编辑：王路平　电话：0371-66022212　E-mail：hhslwlp@163.com

出 版 社：黄河水利出版社

地址：河南省郑州市顺河路黄委会综合楼 14 层　邮政编码：450003

发行单位：黄河水利出版社

发行部电话：0371-66026940、66020550、66028024、66022620(传真)

E-mail：hhslcbs@126.com

承印单位：黄河水利委员会印刷厂

开本：787 mm×1 092 mm　1/16

印张：14.5

字数：340 千字　印数：1—1 500

版次：2014 年 3 月第 1 版　印次：2014 年 3 月第 1 次印刷

定价：32.00 元

前 言

本书是根据国家“十二五”教育发展规划纲要及《中共中央 国务院关于加快水利改革发展的决定》(2011 年中央 1 号文件)、《国家中长期教育改革和发展规划纲要》(2010～2020 年)、《教育部关于全面提高高等职业教育教学质量的若干意见》(教高〔2006〕16 号)、《教育部关于推进高等职业教育改革创新引领职业教育科学发展的若干意见》(教职成〔2011〕12 号)等文件精神,按照现代水利职业教育要求,在总结水利类高等职业教育多年教学改革经验的基础上,在全国水利水电高职教研会指导下,结合示范建设对专业改革发展的要求编写的教材。

本套教材以学生能力培养为主线,融“教、学、练、做”为一体,体现实用性、实践性和创新性的特色,是一套紧密联系生产实际的高职高专教育精品规划教材。

随着现代科学技术的不断发展,计算理论及计算机技术的不断发展,工程设计管理越来越多地借助于计算机及软件系统来帮助提高设计效率、设计质量。因此,让学生在校学习期间了解掌握基本的计算机专业软件的应用,对将来毕业走上工作岗位,尽早尽快地适应、熟练工作,打下一个良好的基础。

本书主要介绍在现代工程设计及管理方面最常用的一些小型简单的辅助及专业设计应用软件,包括 ZDM CAD 辅助设计软件、水利水电工程设计计算程序集、百图水利设计软件,对以上软件主要介绍其基本功能、安装操作、基本应用操作、简单工程应用实例操作。

本书由四川水利职业技术学院承担编写工作,由田明武、娄忠秋和水利工程网站站长付功云等共同编写。全书由田明武担任主编并负责全书统稿;由娄忠秋担任副主编;由付功云担任主审。

在编写过程中,得到水利工程系张智涌、高剑飞、张磊等老师以及学院相关领导、软件供应商等的大力支持与指导,在此一并表示感谢!

本书在编写过程中,学习和借鉴了很多参考书,同时得到相关兄弟院校的大力支持。在此,对相关作者表示衷心的感谢!

由于编者水平所限,编写时间仓促,书中难免存在不足之处,恳请读者批评指正,多提宝贵意见。

编 者

2013 年 7 月

目　录

第1章 绪 论

【学习要求】 了解工程设计应用软件的现状与发展;了解水工常用设计软件及其特点。

1.1 工程设计应用软件的现状与发展

1.1.1 工程设计应用软件的现状

随着计算机的快速发展,工程设计的计算机化达到了相当高的水平。通过计算机进行数据分析、建立模型、导入生产系统等,在人类生活和生产的重要环节中产生了越来越广泛的影响,并由此引发的新技术正逐渐渗透到工程设计学科领域中。计算机辅助产品设计是指设计师在设计过程中以计算机软、硬件为依托,凭借计算机参与项目设计过程,以提高效率、增强设计的科学性与可靠性,适应信息化社会的生产方式。在工程设计的计算机表达中,主要倾向于对项目的形态、内容、结果等设计要素的模拟,是当今社会起主导作用的设计方式。随着计算机技术的进步及设计人员的参与,计算机已经成为当今设计领域发生变化的最为重要的标志,无论在设计观念上还是在设计方法及程序上,都为设计带来了全新的理念,全面地影响着设计领域的各个方面。当然,作为高技术低智能的计算机,在设计思维的表达方面有一定的局限性,在设计中只能作为"辅助"工具被设计师应用。传统的水利工程项目伴随着大量的、重复的计算工作,在这样的计算过程当中,人为的误差是相当大的,在绘制工程图纸时,由于工作量烦琐、计算过程复杂、图形需要高度的空间想象能力,项目人员往往因各种偶然因素而出现差错。而计算机辅助设计的介入,使我们真正地实现了自动化设计。有的专业设计软件,如 ZDMCAD 辅助设计软件,可以直接进行钢筋图的设计与布置,使设计效率大为提高。

目前,计算机辅助设计的软件越来越多,怎样才能行之有效地使用这些设计软件呢?这么多的设计软件我们都需要学习吗?编者通过几年的教学实践,对这些软件都有了一定的了解:每个软件都有自己的优势和不足;在不同的时期,根据要完成的任务不同,可以学习不同的设计软件;虽然每个设计软件所用的操作系统和开发者不同,但是软件与软件之间一般既有一定的相通性,又有各自的独特特点。因此,软件的学习也有个先后顺序。通过上面的论述,能使初学者少走弯路,快速掌握自己应该学习什么样的设计软件,为自己的设计服务。

1.1.2 工程设计应用软件的发展

随着计算理论、计算机技术的进一步发展,工程设计软件将向更加专业化、智能化方向发展,众多更专业化、大型化、大众智能化的软件将不断被开发推广应用,软件作为工程设计人员的辅助工具将来在工程领域的地位将会越来越突出。

1.2 水工常用设计软件简介

1.2.1 ZDM CAD 辅助设计软件

ZDM CAD 辅助设计软件是一个由水利水电设计人员，在 AutoCAD 平台上开发出来的 CAD 辅助设计软件。其内容涉及水利水电设计的各个专业。软件采用分布组件工具集方式，各种工具俯首可得，运用之妙存乎一心。经过工程测试，如果用户只使用该软件的通用功能部分，综合效率可提高 50%；如果用户使用它的专业通用部分，综合效率可提高数倍以上；如果用户使用它的专业部分，综合效率可提高数十倍以上。对于小型水利水电设计部门，该软件为各专业都提供了 CAD 辅助设计的全套解决方案。ZDM 软件可用于 AutoCAD 2004 到 AutoCAD 2010 各个版本，软件可满足图形文件编辑绘图、工程量计算、水力学计算、施工图绘制等多种功能的自动工作要求。

1.2.2 水利水电工程设计计算程序集

水利水电工程设计计算程序集（简称《程序集》）是目前全国水利水电勘测设计系统中比较完整和系统化的程序集，是新疆与其他省区合作的成果。它包含 15 个软件包，总计 170 多个程序。这些程序都是按照国家有关规范、规程及设计中的一些常用算法编制的，计算理论正确，经过工程实践的考证，成果可靠，中小型工程的绝大部分常规计算均可完成，一般也适用于大型工程的可行性研究和初设阶段使用，有些还可以完成大型工程的技术设计阶段的计算工作。

该《程序集》有以下特点：

(1)完成任务历时长，软件来源广，参与人员多。工作始于 20 世纪 80 年代初，历时 20 多年。它是由全国水利水电勘测设计系统征稿汇集而成，其中包括了天津、新疆、湖北、四川、湖南、江西、河北等地的工作汇总。集各地精华择优而成。

(2)实用性强。它是水利水电工程技术人员在学习计算机以后自己编制的程序汇总，是工程技术人员设计工作的总结。这就使得它紧扣国家的设计规范，以工程实际为算例，能解决工程的实际问题，实用性强。

(3)计算方法先进。它源于工程设计实际，又采用了手算所不能实现的先进数学方法，更高于原先的设计计算水平。

(4)专业设置较为齐全。内容包括了 15 个软件包、100 多个程序，在一定程度上起到了设计手册的作用。它按照水利水电工程设计的程序，从工程水文、水利水能、水力学、土力学、测量，进而到水工结构、工民建及电站厂房，还有土石坝、重力坝、拱坝、大体积混凝土温控、钢管岔管、机电，最后还有工程量计算，形成一个完整的系列。它能够完成中小型工程的大部分常规设计计算，也可以用于审查设计时的校核计算和某些课题的研究工作。许多手算难以完成的计算项目，都可以用《程序集》轻松地完成，《程序集》已经成为工程设计人员不可或缺的工具。

(5)操作方法简捷,易于掌握。水利水电专业的技术人员,即使不懂计算机,只要经过几天的培训,即可上机算题。各程序之间有举一反三的联系,只需学习几个范例,其他众多的程序便会迎刃而解。

1.2.3 百图水利设计软件

百图水利设计软件包括百图水利土石方设计软件包、百图水利建筑物设计软件包、百图水工挡土墙设计软件包、百图土地整理设计软件包四个软件包。

其中,百图水利建筑物设计软件包是为水工建筑物的施工图设计而开发的,主要包括三大模块,即结构内力计算模块、配筋计算模块、钢筋 CAD 制图模块。后面章节会详细介绍各模块功能。

第2章　ZDM CAD 辅助设计软件

【学习要求】 了解ZDM CAD辅助设计软件的主要功能及特点；掌握软件的安装方法，软件的基本绘图功能，软件的编辑修改功能；了解软件的其他功能。

2.1　ZDM CAD 辅助设计软件概述

2.1.1　概述

ZDM CAD 辅助设计软件是一个由水利水电设计人员，在 AutoCAD 平台上开发出来的 CAD 辅助设计软件。其内容包括水利水电设计的各个专业。软件采用分布组件工具集方式，各种工具俯首可得，运用之妙存乎一心。经过工程测试，如果用户只使用该软件的通用功能部分，综合效率可提高 50%；如果用户使用它的专业通用部分，综合效率可提高数倍以上；如果用户使用它的专业部分，综合效率可提高数十倍以上。对于小型水利水电设计部门，该软件为各专业都提供了 CAD 辅助设计的全套解决方案。ZDM 软件可用于 AutoCAD 2004 到 AutoCAD 2010 各个版本。

2.1.2　组成及主要功能

ZDM CAD 辅助设计软件由以下模块组成：

(1) AutoCAD 绘制、编辑、计算统计、文字处理扩展功能及工程常用图形绘制。

(2) 钢筋图软件包（钢筋绘制、标注、自动生成钢筋表材料表、图及表关联修改）。

(3) 断面法开挖计算（桩号设置、地形图切剖面、纵横断面自动生成、分类计算断面面积、统计工程量）。断面放坡法开挖计算（直接在平面地形图上生成坡脚线、计算工程量）。

(4) 三维实体开挖计算软件包（生成三维实体地形，挖、填实体，计算开挖）。

(5) 土地平整，土方计算（可计算平整为阶梯形、坡面的土方量）。

(6) 自动生成水电工程常用管道附件展开图、通过相贯线生成任意岔管展开图。

(7) 溢流堰曲线自动生成、渡槽计算、库容计算、河道断面数据提取。

(8) 施工横道图绘制、施工强度曲线、人工曲线自动生成软件包。

(9) 建筑规划软件包（建筑平、立面图绘制，写坐标自动生成坐标表，面积长度分类计算统计）。

(10) 电气软件包（常用电气接线图、设备绘制、端子图自动生成）。

(11) 管道软件包（管道单、双线图，管道附件绘制，材料统计，自动生成材料表）。

(12)渠道开挖工程量计算、管线设计工具软件包。

2.1.3 软件使用说明

本软件共有 560 多条命令,由通用功能类与各不同专业功能类组成土建、管道、电气三个专业模块。

在使用过程,命令的提示行中,以( )括号内的字符为选项。以 < >括号内的文字为默认值,用回车键或空格键响应。在执行程序绘图过程中,凡提示输入比例,若输入图形单位与实物的比例后,接着可输入实物的实际尺寸。否则均输入经换算后的图形单位尺寸。在程序要求选择移出物体时,若选择移出物体,则该物体会暂时在屏幕上消失,待程序执行完毕后会自动恢复。本软件中涉及选择物体的程序均带有过滤选择功能,可不必对提示选择的实体进行逐个选择。对一些难以操作的程序,在程序执行开头有帮助选项,可查阅如何操作。本说明中粗体下划线字命令为常用命令。ZDM 软件的操作提倡左手敲键右手操纵鼠标,是 AutoCAD 最快捷的操作方式,因此 ZDM 软件中经常使用的命令一般不超过 4 个字母,如要简化 ZDM 命令,可使用本软件 userc 命令进行简化。本说明是针对 ZDM2004 ~ ZDM2010 (对应 AutoCAD 2004 ~ AutoCAD 2010)功能,ZDM14(对应 AutoCAD R14) ~ ZDM2000(对应 AutoCAD 2000 ~ AutoCAD 2002)功能可参照使用。

2.2 软件的安装方法

2.2.1 系统及硬件要求

软件运行平台 Windows 95/98 NT XP。最低配置:PⅡ 350 1G 以上。AutoCAD 使用版本:ZDM2004 ~ ZDM2010 软件分别对应为 AutoCAD 2004 ~ AutoCAD 2010。

2.2.2 软件安装

(1)软件运行平台 Windows 95/98 NT XP。最低配置:PⅡ 350 1G 以上。AutoCAD 使用版本:ZDM2004 ~ ZDM2013 分别对应为 AutoCAD 2004 ~ AutoCAD 2013。安装 ZDM 软件前须安装相应的 AutoCAD 软件版本。ZDMV12.1 及以上版本可以用于 32 & 64 位 AutoCAD。

(2)软件安装前必须退出 AutoCAD 软件。

(3)在 ZDM 软件相应版本目录下运行 setup.exe。在安装过程中如计算机没有并口,安装程序会提示“此计算机没有并口或并口被禁用,不能安装并口驱动程序”,不用理它,继续安装下去。如已安装了 ZDM 软件,需卸载后再安装。

(4)软件自动安装在 C:\ZDM2004 - ZDM2008 目录下。ZDM2007 - ZDM2009 安装在 C:\ZDM2008 目录下。ZDM2010 - ZDM2012 安装在 C:\ZDM2010 目录下。ZDM2013 安装在 C:\ZDM2013 目录下。请勿将该目录及文件移到其他盘符下或改名。

(5)在桌面生成 ZDMCAD 辅助设计软件 ZDM2004 ~ ZDM2013 图标,如图 2-1 所示,可双击图标进入 CAD。如不能进入 ZDM 软件界面,可在 AutoCAD 的命令栏中输入“menu”,选择 C:\ZDM2000 - ZDM2005 下的 ZDM2000.mns、ZDM2004.mns、ZDM2005.mns 或 C:\

ZDM2006、ZDM2008 目录下的 ZDM2006.cui - ZDM2009.cui 菜单文件，ZDM2010 - ZDM2011 选择 C:\ZDM2010 目录下 ZDM2010.cuix 或 ZDM2012.cuix 菜单文件，ZDM2013 选择 C:\ZDM2013 目录下 ZDM2013.cuix 菜单文件。转换菜单后该软件即可使用。该菜单为土建专业类的，其他专业可在土建下拉菜单中选取菜单转换项，转到电气或管道专业类。

(a)ZDM2004 图标

(b)ZDM2005 图标

(c)ZDM2006 图标

(d)ZDM2007 图标

(e)ZDM2008 图标

(f)ZDM2009 图标

(g)ZDM2010 图标

(h)ZDM2011 图标

(i)ZDM2012 图标

(j)ZDM2013 图标

图 2-1　桌面生成 ZDM2000 ~ ZDM2013 图标

(6)购买了单机狗，将软件狗插到使用机的 USB 口（会叮当的一声响），点击 ZDM 软件图标进入 CAD，在进入时若提示出现"请插上软件狗！"软件无法使用，可到点击菜单：工具/加载单机狗驱动，弹出如图 2-2 所示的对话框。

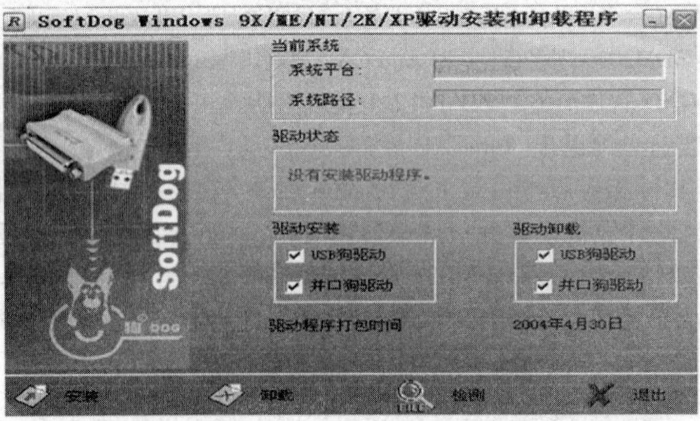

图 2-2　9X/ME/NT/2K/XP 驱动安装和卸载程序

若驱动状态为"没有安装驱动程序"，可点击"安装"按钮，若驱动状态为"已经安装本版本的驱动程序”，可点击“卸载”按钮，再安装驱动程序。也可以采用将 ZDM 软件重新安装的方式来加载驱动。

(7)网络版客户端软件安装。

软件为网络 & 单机狗二位一体，可用于网络和单机狗，安装 ZDM 客户端应用程序，在相应目录下点击 setup. exe 文件安装，再点击桌面生成的 ZDM 软件图标进入 CAD，若找到网络狗，并且节点数未满，软件提示找到了软件狗《ZDM20×× CAD 辅助设计软件 V×× 水电网络 & 单机版》已经装载软件按网络版运行。若出现提示“《ZDM 软件水电版》装载失败！请检查服务是否启动?”应检查客户端防火墙是否阻断，网络是否畅通，节点数是否已满？定制查找网络狗 IP 地址是否正确，可点击菜单/工具/ZDM 软件加载方式或输入 loadZDM 命令弹出如图 2-3所示的对话框。

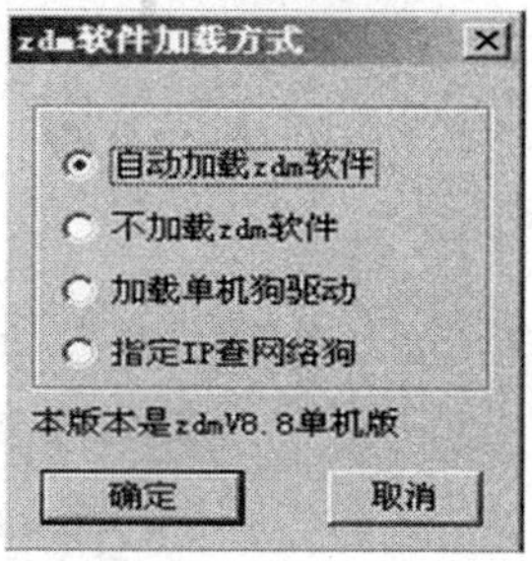

图 2-3　ZDM 软件加载方式

若不想加载 ZDM 软件，可点击菜单：可以选择“不加载 ZDM 软件”，则在进入 CAD 时，不会出现停顿寻狗现象。ZDM 软件菜单保留了全部 CAD 的菜单，不影响对 CAD 的使用，并且免费开放了 ZDM 软件通用工具部分功能给用户使用。选择“指定 IP 查网络狗”可输入插狗的那台机 IP 地址，定制查狗，可解决跨网端寻狗问题并加快寻狗的速度。

若客户端装有防火墙，如 ISA 防火墙(Firewall Client)、金山网标、瑞星防火墙，程序运行时需关闭防火墙(或者设置允许 AutoCAD Application 应用程序访问)，否则会找不到网络狗。客户端不允许安装网络版服务器端软件。客户端如装有广夏 CAD 软件、水利水电程序集 V3. 1 软件，需将 ZDM 软件重新安装后方可使用。

点击 ZDM 桌面图标进入 CAD，如果显示“ZDM 软件未加载”，会弹出如图 2-4 所示的对话框。

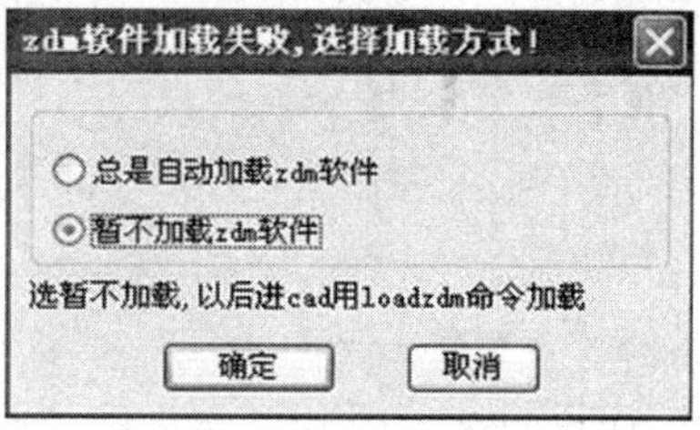

图 2-4　ZDM 加载失败对话框

可选择“暂不加载 ZDM 软件”项后，打开 CAD 图不会再有找不到狗的对话框提示，在命令行会显示“ZDM 软件没有加载，请执行 loadZDM 命令加载！”用户使用该命令可以不退出 CAD 加载 ZDM 软件。在不加载 ZDM 软件时，ZDM 提供了一些通用功能给用户免费使用。

(8)采用 Net Dog 网络狗服务器端软件安装。

将网络狗插在网络中任意一台计算机的 USB 口，提示需要狗的驱动程序，可在提供的光盘中找到“ZDM 网络版服务器端设置 V2. 3”目录下运行 MicroDogInstdrv. exe 文件，狗驱动安装完后再运行 setup. exe 文件。安装后在屏幕右下角会出现 R 图标，点击该图标，如果 ZDM 图标是黄色则服务已经启动，若是红色则服务未启动，可以在文件菜单中选择刷新硬件狗，如图 2-5(a)所示。

服务管理程序可以监测机用户数、IP 地址，见图 2-5(b)。

如果已经安装了网络版服务器端设置 V2. 3，可以点击 R 图标，选择“安装删除”菜单，安装网络狗，使用配置文件安装，选择“ZDM 网络版服务器端设置 V2. 3”目录下 NDog-

(a) (b)

图 2-5 网络狗服务管理对话框

Inst. Cfg 文件导入安装，如图 2-6 所示。

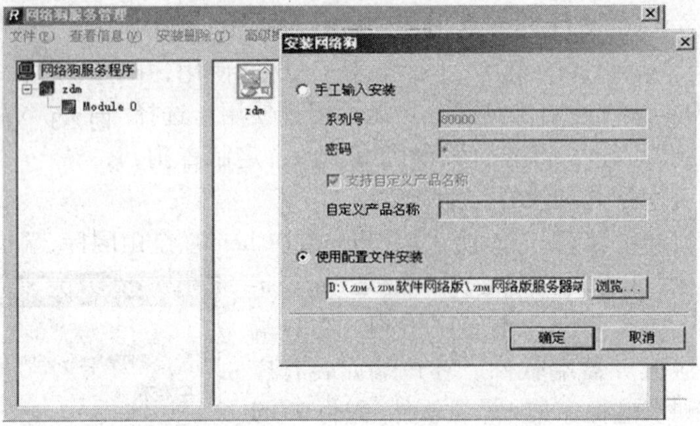

图 2-6 安装网络狗

如果服务器安装了防火墙，请确认 4587 端口一定要开放，否则网络狗访问会失败。

跨网端用户可以在网络版客户端应用程序安装文件目录下找到 gsnetdog. ini 文件，将

ND_TCP_METHOD = UDP

ND_USE_BROADCAST = Enabled

行开头用分号注释，将下面 3 行开头的分号去掉。

ND_TCP_METHOD = TCP

ND_USE_BROADCAST = Disabled

ND_SERVER_ADDR = 192. 168. 10. 21

将 192. 168. 10. 21 IP 地址改为装狗的那台服务器的 IP 地址。该方法可避免安装后逐台机修改 gsnetdog. ini 文件，强力推荐。

运行网络狗客户端工具目录中 Clienttool. exe 程序，输入指定插狗的那台机的 IP 地址，可以在客户端查看用户数，服务器端参数，如图 2-7 所示。

(9)采用 Sentinel 圣天狗网络版服务器端设置(可用于 32 & 64 位 AutoCAD)。

①将狗插入服务器 USB 口。

②确保服务器 7001、7002 端口打开，运行 ZDM 圣天狗服务器端安装程序。

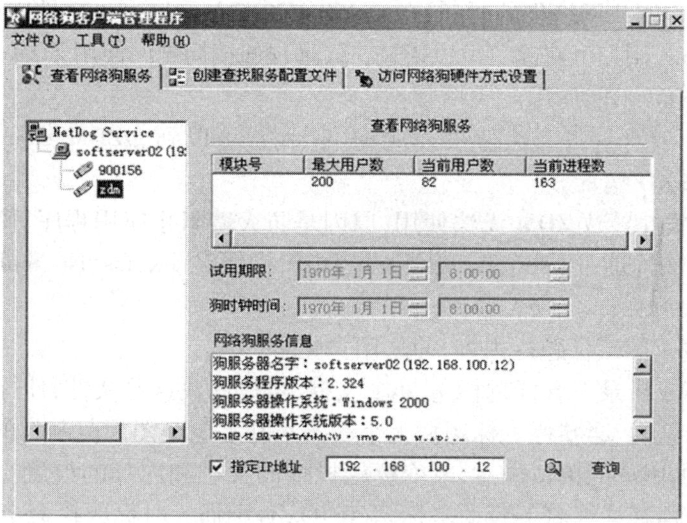

图 2-7　网络狗客户端管理程序

③若服务器设置了 Windows 防火墙,要在 Windows 防火墙设置列外 - > 添加端口,端口号 7001、7002。

④如在浏览器中输入“http://ip:7002/”,IP 地址为装狗的服务器地址。可以在任何客户端监控服务器运行状况,有多少用户使用。

⑤多网段要使用 sntlconfig. xml 指定查狗的文件, sntlconfig. xml 文件中 IP 地址改为装狗服务器的 IP 地址,再将该文件拷贝到 ZDM 软件客户端安装包再安装软件。也可以进入 CAD 使用 loadZDM 命令选择“指定 IP 加载 ZDM 软件”。若服务器是浮动 IP,ZDM 软件客户端安装包则不需要该文件。

⑥监控程序浏览器最好不要用 Windows IE,可用其他浏览器,java 要安装 6. 0 版,如图 2-8所示。

图 2-8　监控程序浏览器页面

⑦可由用户定制找网络狗的时间,在 C:\ZDM20XX\getdog. txt 文件中记录有找狗的时间缺省为 2 500 ms,用户可修改。可以通过 vpn 远程连接局域网使用 ZDM 软件网络版。

(10)解决 ZDM 不能使用两大招数:

①由于中了 CAD 病毒无法使用 ZDM 软件,用户可以到 gzZDM. com 下载 KVCAD 杀病毒软件,查杀 CAD 病毒。

②360 杀毒软件导致 ZDM 无法使用,原因是防火墙阻止应用程序,使其无法加载,在安装、运行 ZDM 软件前,在 360 杀毒软件设置中将后缀名 arx、fas、lsp、mnl、dcl、pat 文件加入到白名单中就可以了。

(11)如何更改图纸标题栏内容,使之用户化?

在安装盘 dwg 目录下有标题栏 *. dwg 文件,可以修改这些文件,使标题栏、会签栏成为用户自己的标题栏、会签栏。标题栏大小是按水利水电制图规范制作的,一般只需修改其中的文字,增加用户的单位徽标,改变标题栏框的大小和内部的设置。值得注意的是,修改后必须保证标题栏框右下角的坐标是(0,0),否则插入时标题栏会走位。

dwg 目录下标题栏文件:

①tba0a1. dwg。适合水利水电设计的 A0、A1 图框的标题栏(默认选项)。

②tba2a3. dwg。适合水利水电设计的 A2、A3 图框的标题栏(默认选项)。

③tba4a5. dwg。适合水利水电设计的 A4、A5 图框的标题栏(默认选项)。

④sdtba0a1. dwg。适合国电公司水电设计的 A0、A1 图框的标题栏。

⑤sdtba2a3. dwg。适合国电公司水电设计的 A2、A3 图框的标题栏。

⑥hdtba0a1. dwg。适合电力设计的 A0、A1 图框的标题栏。

⑦hdtba2a3. dwg。适合电力设计的 A2、A3 图框的标题栏。

⑧会签栏 . dwg (横放会签栏,布置在标题栏左侧)。

⑨SIGN. DWG (竖放会签栏,布置在图框左上角)。

⑩tubl. dwg,图纸目录。

如果用户 A2、A3 图标不一样,可将用户的 A2、A3 标题栏分别另存取名为 tba2. dwg 和 tba3. dwg,拷贝到 dwg 目录下再安装 ZDM 软件,或把这些文件拷贝到 ZDM 软件下 block 目录下,程序优先插入该标题栏。

若用户在安装盘中已定制好了标题栏,若要升级更新软件,需将原安装盘中 dwg 目录下的文件拷贝到新的升级盘中替代 dwg 目录的文件。

(12)软件的试用、升级可到广州明拓信息科技有限公司官方网站 www. gzZDM. com 下载,可在水利工程网 www. shuigong. com 技术论坛中"ZDM 软件使用论坛"中获得技术支持。ZDM 软件各版本的更新详见安装盘目录下 readme. txt 文。

2.3 软件的基本绘图功能

2.3.1 画线

命令:ll

功能：选图面实体画线，颜色、线型、线宽、图层随所选实体变化。画线定点，只需输入线长，而不必输入相对坐标。可快速画出 120°、45°轴测图。可画出与选取线垂直的线。给定比例，可直接输入实物的实际尺寸。

2.3.2　交点插矩形、插圆

命令：jdcz

功能：自动寻找线交点，以交点为中心画矩形、画圆。

2.3.3　画梯形

命令：tx

功能：指定梯形下底边中点、方向，自动生成梯形。

2.3.4　画扇形

命令：sx

功能：给定半径、扇形宽度，指定圆心，自动生成扇形。

2.3.5　画图折断线

命令：dmx

功能：画折断线，或点选线可在拾取处画出折断符号，如图 2-9 所示为画圆柱折断线。

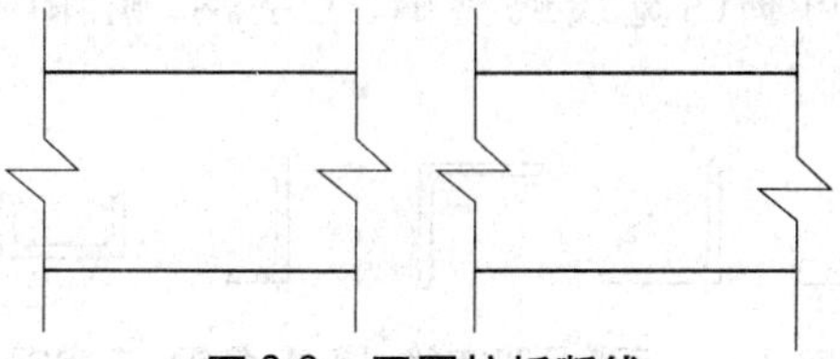

图 2-9　画圆柱折断线

2.3.6　画图柱折断线

命令：ydx

使用说明：折段线若画在管端，可选择靠近端点的管外径的两条平行线。如选择在管中间断开，先在要断开处选择管外径的两条平行线，然后会从第一次选择的位置拉出一条橡皮线。再在第一条线上给出一点可得断开的距离，程序自动将圆管断开，绘制折断线，如图 2-10所示。

2.3.7　标记线

命令：bzline

功能：画管道系统图，给定文字或填实圆直径及间距，点选 line 自动将其画在线上，并可按要求将文字处的线断开，如图 2-11 所示。

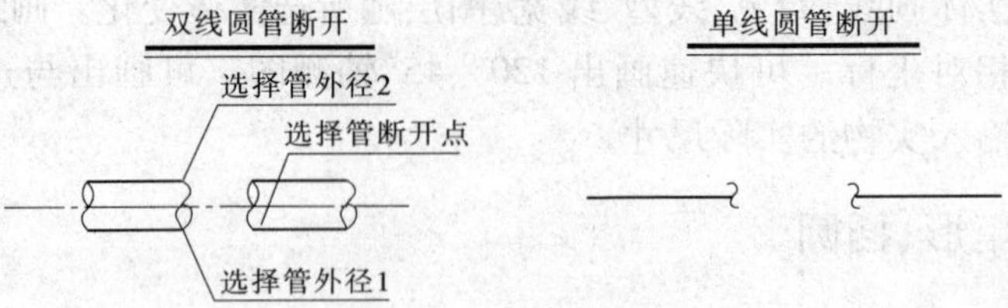

图 2-10　标记线

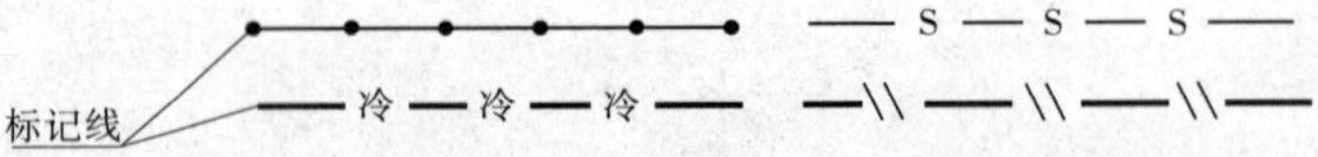

图 2-11　端点连线

2.3.8　端点连线

命令:dxl(简化命令:dx)

功能:能连接两直线的端点或弧端点,若两直线为断线,则将两直线连接成一条完整的直线。若弧为同圆心、同半径,则连接成完整的弧或圆。

2.3.9　画『 』凹宽线、槽钢、角钢、工字钢

命令:rl

功能:能快速画出不同方式放置的『 』凹形状的宽线及槽钢、角钢、工字钢。给定两角点绘制矩形,删除一条线可画凹宽线或槽钢、工字钢,删除两条线可画『 』或角钢,如图 2-12 所示。

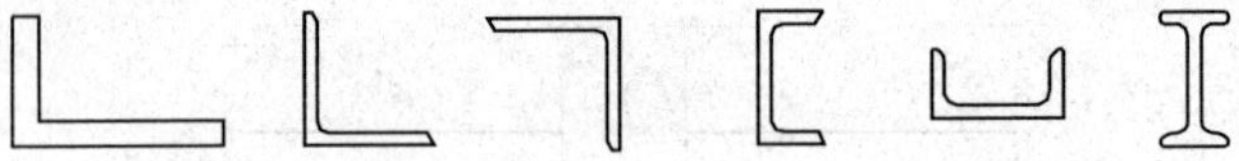

图 2-12　画『 』凹宽线、槽钢、角钢、工字钢

2.3.10　画投影线

命令:tyl

功能:快速画出端点或交点对给定直线的投影线。可画圆投影线、线投影圆。若选择多段线,则可一次画出多段线上所有顶点的投影线,可用于画投影视图,如图 2-13 所示。

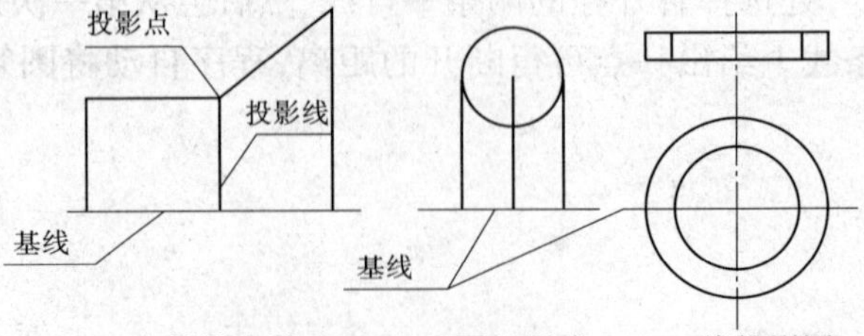

(a)点投影点线　(b)圆投影线　(c)线投影圆

图 2-13　画投影线

2.3.11　3d 多段线投影成平面曲线

命令:tyqx

功能:窗选可将 3d 多段线投影成当前的平面多段线,点选投影成当前的平面多段线,并将高程属性赋给该线,与用 p_bg 命令设置的属性相同,标注桩号后,可展开为纵断面。

2.3.12　制作箭头

命令:jt

功能:指定箭头位置、方向、大小,生成箭头。

2.3.13　画不等距表格

命令:clb

功能:能快速画出不同列距的表格。

2.3.14　画等距表格

命令:tab

功能:能快速画出等距的表格。可点选封闭的矩形给出行数、列数,在矩形内快速画出分格线。

2.3.15　画圆、弧中心线

命令:cl

功能:选择多个圆或弧,给出引出线长度,自动画出其中心线。可选择垂直、水平放置,还是沿圆周放置,若选沿圆周,需给出圆心点,则生成中心线指向圆心,如法兰螺孔中心线,如图 2-14所示。

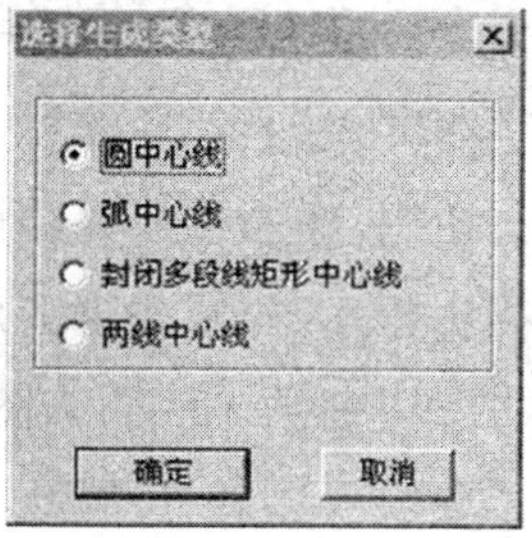

图 2-14　中心线

2.3.16　画矩形中心线

命令:cjx

功能:选择多个封闭多段线矩形 ,给出引出线长度,自动画出矩形中心线。

2.3.17　画两线中心线

命令:lc

功能:选取两条平行线,给出引出线长,在两条平行线中间画出中心线。

2.3.18　画圆孔洞

命令:kd

功能:选择多个圆,自动将圆改为孔洞。可以选择孔洞是否填充,如图 2-15 所示。

2.3.19　绘矩形孔洞

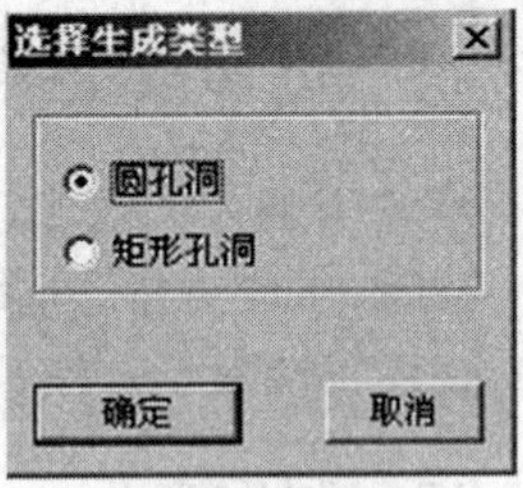

图 2-15　孔洞

命令:jxkd

功能:可给定两角点画矩形孔洞,或窗选多个封闭多段线矩形,自动画出矩形孔洞。

2.3.20　轴倒角

命令:zdj

功能:对矩形的边进行45°切角,用于轴端头倒角。

2.3.21　多边形填实

命令:jxtc

功能:可对多边形进行填实,或多个封闭的四边形进行填实。可用于制作三维实体。

2.3.22　圆、弧填实

命令:arctc

功能:可对圆弧或圆环、圆与弧组成的图形进行填实。可用于制作三维实体。

2.3.23　用户图块管理

命令:blck

功能:能制作块及块的幻灯片,并使其能在图标菜单中显示、放大。可在图标菜单中选择块插入图中,或插入所选择的交点中。可裁剪图中某一部分制作成块。插入块层可仅将图块中某一层插入图中而将无用层自动删除,可方便各专业互提资料。

选择块更名:可将块在图标菜单中移动其位置,也即将块更名。

块删除:选择图标菜单中的块,可将其删除。

块查看放大插入:可选择块放大查看然后选择插入。开挖断面块制作即在开挖计算时横断面块的制作如图 2-16 所示。

2.3.24　专业图块管理

命令:blck1

功能:除具备用户图块管理的功能外,还具有给定图块的外形 x、y 方向尺寸的插入功能,以及图块的连续直排、曲排的排列功能,并可对排列的队块进行编辑,可用于对盘柜进行布置。用于管线上管道附件的布置或电气接线图元件布置时 ,使用块插入“中对齐”选项可自动断开管道线或电气接线,如图 2-17 所示。

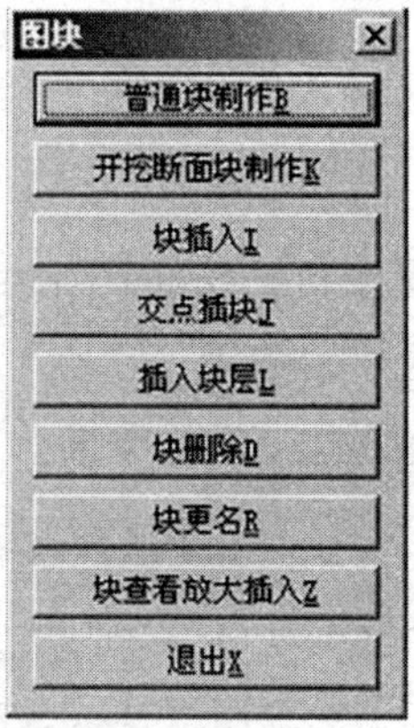

图 2-16　图块(一)

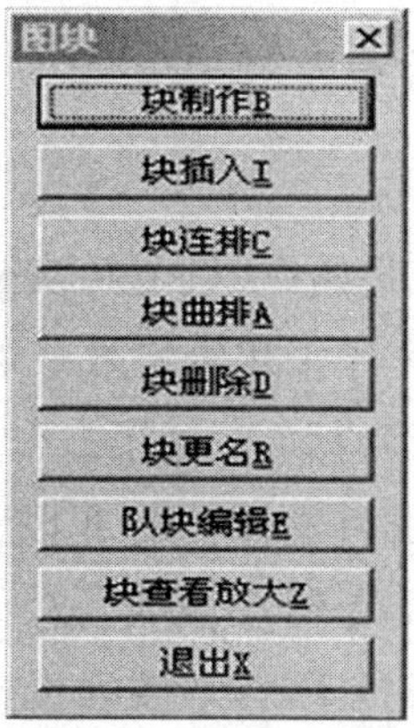

图 2-17　图块(二)

2.3.25　图案

2.3.25.1　图案块制作

命令:blkdwg

功能:选择图案可制作图案块,并将图案块存入用户图块管理中。

2.3.25.2　图案块插入

命令:insdwg

功能:将图案块插入图中。

2.3.25.3　图案块填充

命令:tatc

功能:在封闭的图形中填充自制的图案。

2.3.26　画矩形

命令:rc

功能:选择中心线,画出以中心线对称的矩形,也可给定一边,然后动态定边画矩形。

2.3.27　拷贝旋转

命令:cprt

功能:将物体按原位拷贝后再按给定的角度旋转。可用于制作各种图案。

2.3.28　缩放拷贝

命令:sccp

功能:选择物体,给定基点和缩放的第一点、第二点及缩放的次数,将物体多次进行拷贝缩放。可用于制作各种图案。

2.3.29　散点连线

命令:dylx

功能:点选始点(圆、点、实圆环),再选择其他散点,程序自动按距离始点远近将点连成多段线。程序采用给定第一个点(该点必须是散点连线开始的第一个点),自动寻找与第一个点最近的点,找到第二个点后,再找与第二个点最近的点,以此类推。

散点连线可选择生成如下三种类型:

(1)连接成 3d 多段线。对于高程点可以生成 3d 多段线。

(2)连接成 2d 多段线。无论点是二维还是三维均生成二维多段线。

(3)水深点连线。可以将一排排的水深点,一排排连线。程序要求输入最大弯折角度,凡连线大于该角度则不连。该选项用于将水深点转换为高程点,如图 2-18 所示。

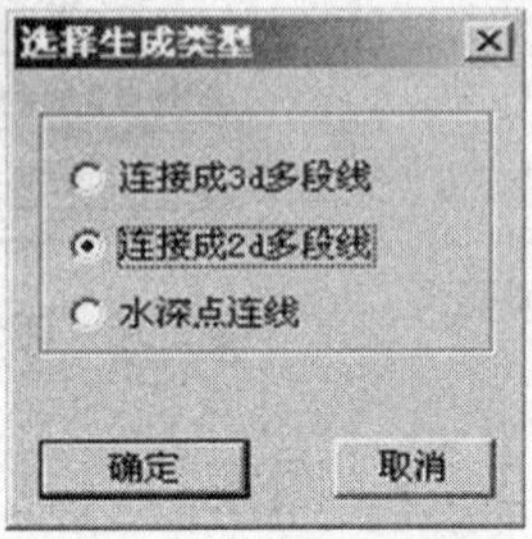

图 2-18　散点连线

2.3.30　填充定制

命令:tcdz

功能:可以定制用户所需的 AutoCAD 标准的 acadiso. pat 文件。ZDM 软件所有填充符号包括常用的填充符号以及地质符号共 532 个,放置在 c:\ZDM20××\txt 目录下 ZDM_all. pat 文件中,该命令可以由用户在 ZDM_all. pat 文件中抽取用户所需的填充符号,生成 acadiso. pat 文件,用户调用 CAD 填充命令,可以在其中选择图案进行填充,这样可使用户在选择图案时更快捷,并满足不同用户对填充符号的使用。c:\ZDM20××\txt 目录下 ZDM_pat. txt 文件记录了全部填充图案名,加 * 号的是用户定义可使用的填充图案名,空格后可写填充比例,若不写,则调用当前的填充比例,分号后面为注释,该图案名应与 ZDM_all. pat 中图案名匹配,用户可修改增加填充比例。用户可以使用对话框进行选择填充图案,并生成新的 acadiso. pat 文件。选择生成的文件不要超过 100 KB,否则会影响填充初始化速度,如图 2-19 所示。

2.3.31　快速填充

命令:qtc

功能:用户可在列表框中选择填充图案快速填充,可点选及窗围进行填充,对原点很远的混凝土填充有效,对于填充比例不合适、无法显示的图案程序会自动修改比例,直到其能显示。可连续改变填充的比例,直到用户满意,如图 2-20 所示。

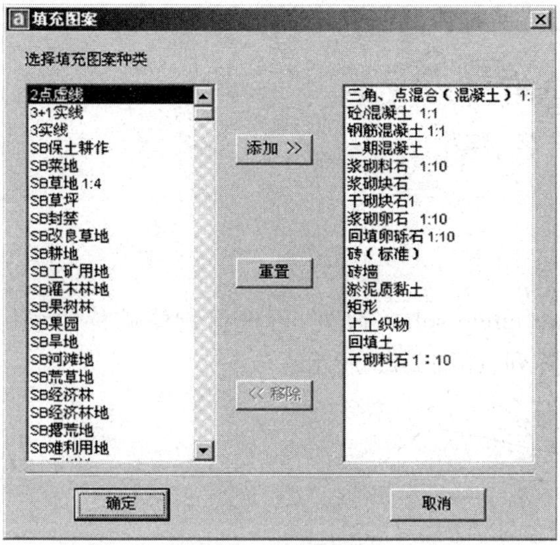

图 2-19　填充图案

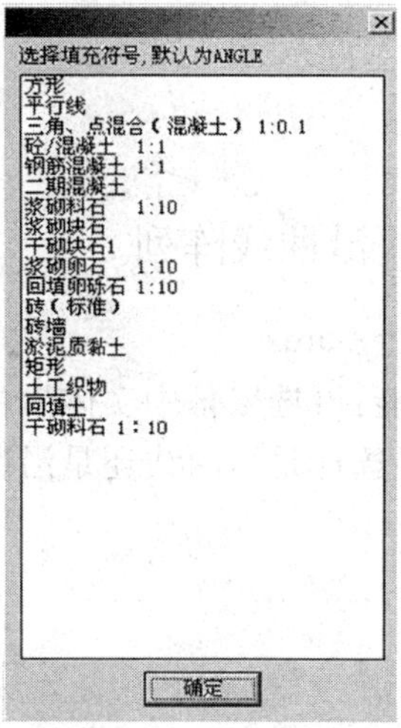

图 2-20　快速填充

2.3.32　生成填充边界

命令：tcbj

功能：当填充实体边界被删除后，使用该命令可以重新生成填充实体边界。ZDM2006 ~ ZDM2008 可以自动计算填充面积，面积属性为填充图案名，可以使用 areatj 命令进行面积统计。

2.3.33　生成图框、标题栏

命令：tktb

功能：自动生成标准图框及用户所需的标题栏。

使用说明：图标样式修改可打开 C:\ZDM20 × × \block\ * a0a1. dwg 或 * a2a3. dwg 图进行修改，改为所需要的样式。注意：在修改时不要改变图标左下角点（插入点）点位。

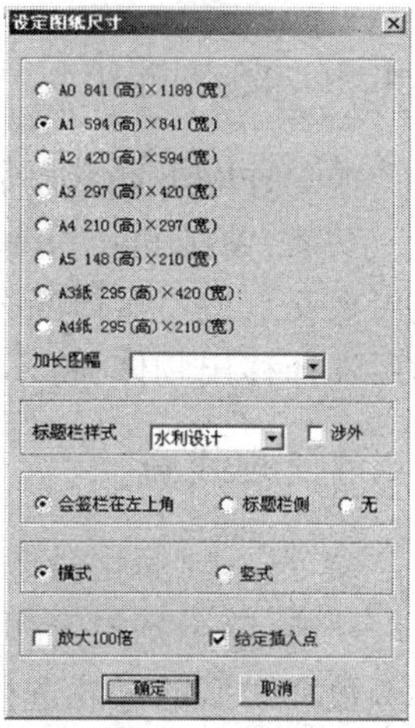

图 2-21　设定图纸尺寸

2.3.34　加长图幅

命令：jctf

功能：选择用 tktb 命令，生成图框左侧边线，程序自动按标准加长图幅，如图 2-21 所示。

2.4　软件的编辑修改功能

2.4.1　方位阵列

命令：dfar

功能:给定两点,可采取等分或等距方式对物体做各个方位的阵列,如图 2-22 所示。

图 2-22　阵列

2.4.2　沿曲线阵列

命令: arqx

功能:可选屏幕中实体沿曲线 pline arc circle spline 阵列,可选择物体偏移曲线一段距离,可选择是沿曲线还是沿曲线的法向阵列,如图 2-23 所示。

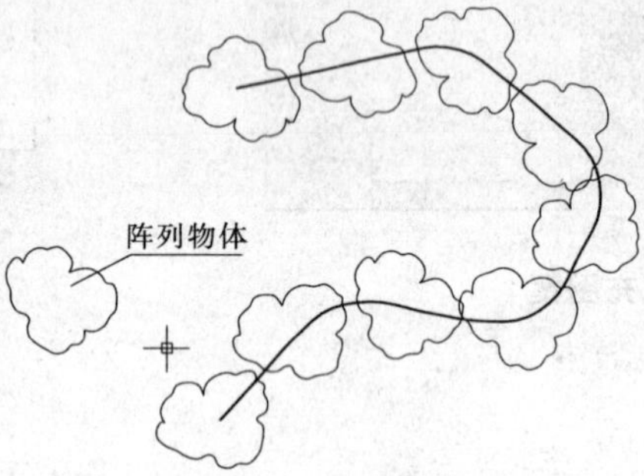

图 2-23　沿线阵列

2.4.3　交点断开

命令:jddk(简化命令:jd)

功能:窗选 line、pline,自动将 line、pline 之间交点断开,点选 line、pline、circle、arc 的交点可在交点处将实体断开。当两条线相交只需在交点处断开其中一条线,可先选择交点,然后选择移出物体,将不需断开的线移出。

2.4.4　改线宽

命令:cxk(简化命令:cx)

功能:能分别指定颜色、线型或原有的线宽的线,改变 line、pline、circle、arc 的线宽。对颜色和线型的过滤选择对 BYLAYER 颜色和线型一样有效。

2.4.5　分类选择

命令:cfn

功能:能分别选择颜色、线型、文字、尺寸线、块、填充块、层、实体,在下一个命令的选择物体时输入 P,可实现分类选择,移动、拷贝、修改等。对颜色和线型的过滤选择对 BYLAYER 颜色和线型一样有效。可过滤选择多个颜色,输入多个颜色号,中间用逗号隔开,如 1,2,3。

可选择屏幕中的实体,指定选择的类型进行分类选择,如图 2-24 所示。

2.4.6 分类删除、分类改层

命令:clayer

功能:能分类选择颜色、线型、文字、尺寸线、块、填充块、层、实体,并将其删除或改到指定的层。

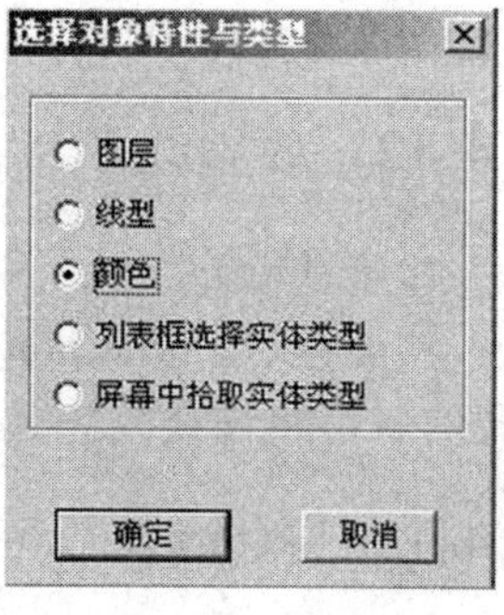

图 2-24 分类选择

2.4.7 直线封端

命令:fd

功能:选择两条直线,若两线平行,可在两头或一头用直线封端。若不平行,则延伸相交或给定保留的部位,将其余部分修剪或延伸。可对有线宽的多段线进行操作,如图 2-25 所示。

(a)封端前　　(b)封端后

图 2-25 直线封端

2.4.8 弧线封端、切角封端

命令:afd

功能:选择两条直线,若两线平行,可用半圆弧线封端;若不平行,则延伸相交并将其圆角或切角。可选择保留原有的线。可对有线宽的多段线进行操作,如图 2-26 所示。

(a)封端前　　(b)封端后

图 2-26 弧线、切角封端

2.4.9 修改填充比例

命令:chtc

功能:选择填充实体,可快速改变填充比例,直到用户满意。

2.4.10 裁剪

命令:trdwg (简化命令:td)

功能:能将图中的物体沿给定的直线、多段线、弧线、圆的交点处断开,若给定的是封闭的线,则可将封闭线内的物体进行拷贝、移动、删除、改为虚线,或将封闭区外的图形删除。

2.4.11 封闭区消影

命令:hdwg

功能:点选封闭的区域,能将封闭图形中的物体改为虚线或删除。

2.4.12 改虚线

命令:hh

功能:点选“line pline arc circle”,自动寻找距点选处两侧或一侧最近的交点,将线断开,然后可将该线改为虚线。

2.4.13 删除线

命令:ee

功能:点选“line pline arc circle”,自动寻找距点选处两侧或一侧最近的交点,将线断开,然后可将该线删除。

2.4.14 边界内物体掩盖

命令:hist

功能:点选封闭区或选择封闭的多段线,自动生成遮挡物体,窗选具有外边界的图形,自动生成外边界,沿外边界生成遮挡物体,并将边界内的物体放在掩盖物之上。用于二维消隐,不会破坏消隐的物体,移动掩盖板,可做到适时消隐。对于采用矢量光栅混合编辑很有用,如图2-27所示。

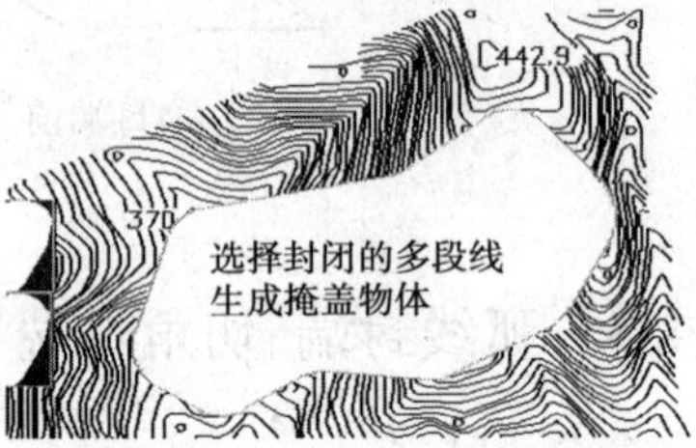

图2-27 边界内物体掩盖

2.4.15 边界外物体掩盖

命令:hist1

功能:选项(a)给定矩形两角点(视口),再给定需要掩盖物体的多边形外一点,则可将矩形框外的物体掩盖。缺省选项选择封闭多边形(视口)再选择封闭矩形边框和置上的物体,可将选择的物体置于掩盖板上。对于图框和矩形封闭多段线可自动找到外边界掩盖的范围。用于二维消隐,不会破坏消隐的物体。移动掩盖板,可做到适时消隐。对于采用矢量光栅混合编辑很有用,如图2-28所示。

使用说明:wipeout命令,选(f)项可以关闭掩盖的边界。

2.4.16 文字掩盖

命令:hidetxt

功能:选择文字并在文字下生成遮挡物体,用于文字消隐。可掩盖text、mtext及尺寸文字。

2.4.17 调整显示顺序

命令:imb

功能:调整显示顺序,当采用光栅矢量混合编辑时,采用了掩盖实体(wipeout),使用

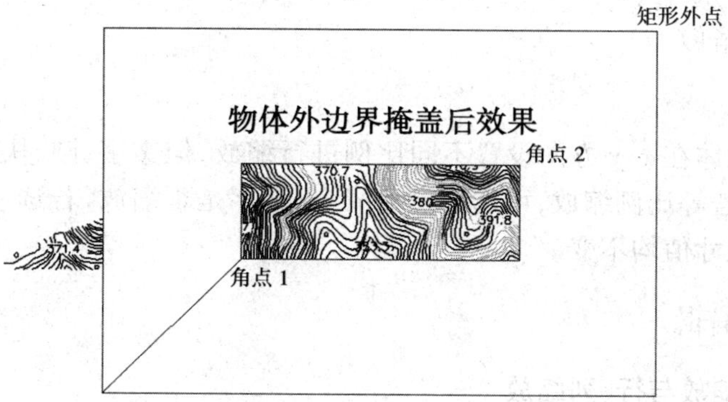

图 2-28　界外物体掩盖

该程序自动将光栅实体放置在 wipeout 实体之下，矢量实体放置最上，如果只是矢量图，并有 wipeout 实体，可选择将层放置在 wipeout 实体上或下。如只有光栅和矢量实体，程序自动将光栅物体置后，也可选择将文字置最上层。

2.4.18　删除掩盖物体

命令：delhid

功能：删除 wipeout 掩盖物体。

2.4.19　扩展圆角

2.4.19.1　连续圆角

命令：fidj

功能：单选多段线或窗选头尾相接的线可连续圆角。

2.4.19.2　按切线长度圆角

命令：ftt

功能：选择多段线中的两条直线给定圆角的切线方向长度或半径或弧长，给多段线圆角。也可以选择多段线的弧给定切线方向长度或半径修改圆角，如图 2-29 所示。

图 2-29　多段线圆角

2.4.19.3　3d 多段线圆角

命令：f3fp

功能：给 3d 多段线圆角，其实并不是真正的倒圆角，而是将圆弧用 3d 多段折线描述，并将其与直线拟合成完整的 3d 多段线。这个命令对做三维管道、三维洞室群很有用处，使用 ZDM 的断面拉伸命令，沿 3d 多段线可以创建管道、洞室三维模型。也可以将线路的几何尺寸精确描述出来。

2.4.20　单线变双

命令：cline

功能：能将单线改为双线，原有的单线改为中心线。选择两端头或一端头位置，则生成的双线到端头为止。

2.4.21 比例缩放

命令:scst

功能:可对物体在 x、y 方向设置不同比例进行缩放,但文字、圆、块只改变点位,不改变物体的大小。若等比例缩放,可选择尺寸箭头、文字是否缩放,若选 yes,标注的文字字高随之变化,但尺寸值均不变。

2.4.22 表格编辑

2.4.22.1 全表缩放与行、列缩放

命令:chtab

功能:①全表缩放:选择表格一角,给定改变后的表格一角点,可对表格在 x 方向、y 方向不同比例进行缩放。②行、列缩放:选择需要缩放的表格多行或多列,可对表格局部的行或列进行缩放。缩放后只改变文字的点位,而不改变文字的大小,如图 2-30 所示。

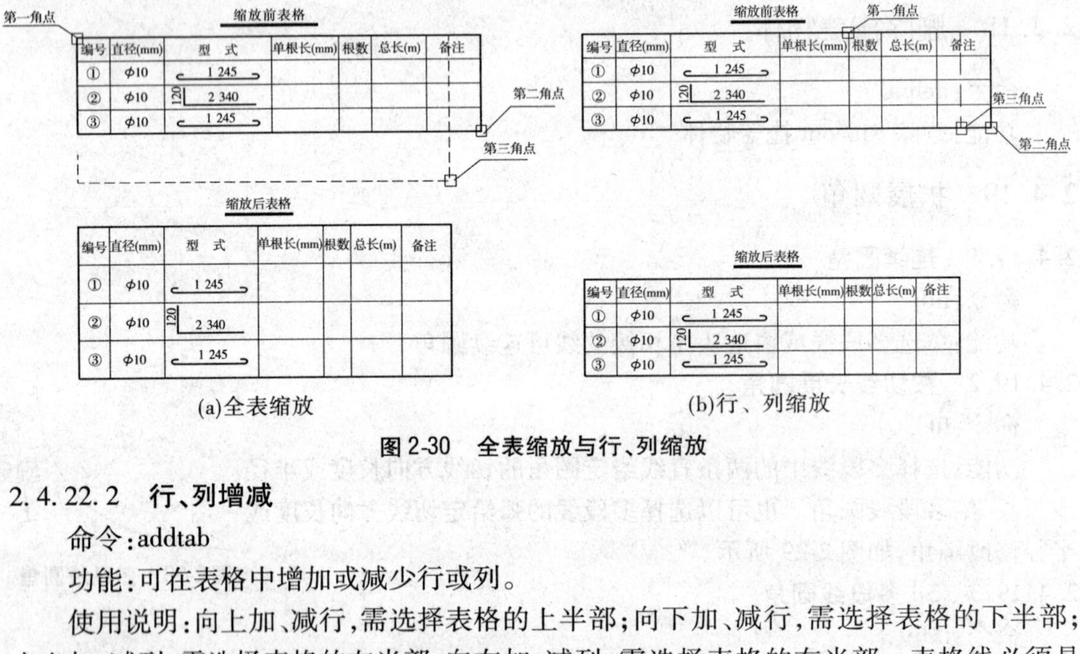

图 2-30 全表缩放与行、列缩放

2.4.22.2 行、列增减

命令:addtab

功能:可在表格中增加或减少行或列。

使用说明:向上加、减行,需选择表格的上半部;向下加、减行,需选择表格的下半部;向左加、减列,需选择表格的左半部;向右加、减列,需选择表格的右半部。表格线必须是完整的 line 或只有 2 个顶点的多段线。

2.4.22.3 表线擦除

命令:etab

功能:可将表格中的线局部擦除。

2.4.22.4 转换为 ZDM 表格

命令:zdm tab

功能:可以将普通表格转换为 ZDM 软件生成的表格,这样更易编辑。

2.4.22.5　表格增、删、减

命令:tabadd

功能:可以快速增减行、列,增加附表,比 addtab 命令更快捷。但表格必须是用 ZDM 软件生成的。

2.4.22.6　表格拆分

命令:cftab

说明:可将表格按行、列拆分为多个表。表行、列线必须完整,绘制到表边框线。选项(a)可以批量快速拆分表格,输入拆分的表的编号,程序按编号进行拆分。编号间用逗号分隔,每个表取最大、最小编号,如 1 - 3、4 - 6、7 - 9、10 - 12。也可以按数据文件进行拆分,数据文件的格式同前,如 1 - 3、4 - 6、7 - 9、10 - 12。选项(b)可以按编号的不同的前缀将表拆分,选项(c)可以指定拆分后的表的行数进行拆分。缺省是选择表格的行线进行拆分,如图 2-31 所示。

编号	直径(mm)	型　式	单根长(mm)	根数	总长(m)
①	φ28	345	345	5	1.73
②	φ20	1234	1234	10	12.34
③	φ20	6789	6789	3	20.37
④	φ20	1234	1234	2	2.47

拆分为4表 ⇨

编号	直径(mm)	型　式	单根长(mm)	根数	总长(m)
⑤	φ10	940 300	2605	30	78.15

编号	直径(mm)	型　式	单根长(mm)	根数	总长(m)
⑥	φ10	260	385	60	23.10

编号	直径(mm)	型　式	单根长(mm)	根数	总长(m)
⑧	φ10	260	385	30	11.55

编号	直径(mm)	型　式	单根长(mm)	根数	总长(m)
⑨	φ10	1000 400	2925	10	29.25

图 2-31　表格拆分

2.4.23　打开多段线

命令:openpl

功能:将连续多段线在接合点处打开,改为一段一段的多段线。

2.4.24　改圆、填实圆直径

命令:ccr

功能:改变圆直径,填实圆直径。

2.4.25　拷贝断开

命令:cpb(简化命令:cb)

功能:拷贝一组线上的物体,将其复制在另一组线上,可自动将线断开,并可多重拷贝,如图 2-32 所示。

2.4.26　删除连接

命令:ejl(简化命令:ec)

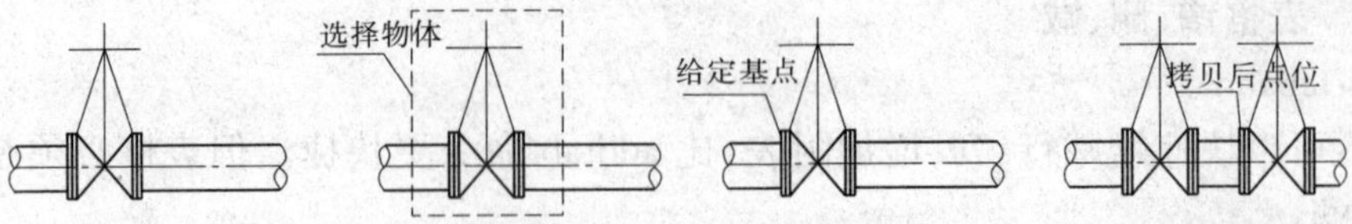

(a)拷贝断开前　(b)选择物体　(c)给定基点　(d)拷贝断开后

图 2-32　拷贝断开

功能:删除线上的物体,自动将断线连接。可用于删除门窗、管道附件、电气元件,如图 2-33 所示。

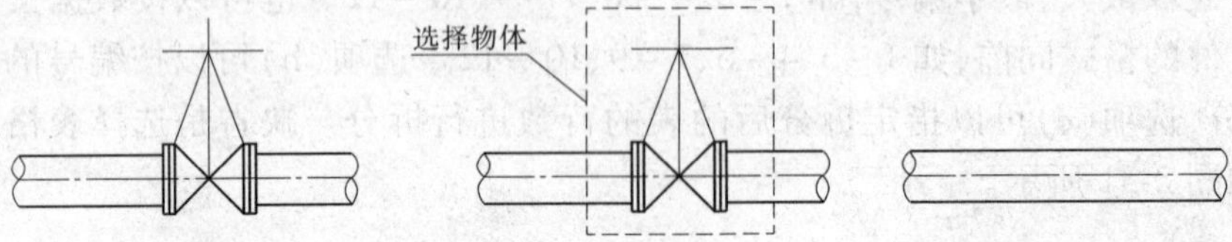

(a)删除连接前　(b)选择物体　(c)删除连接后

图 2-33　删除连接

2.4.27　图层控制

命令:clay

功能:选择物体,可对选中的物体,在对话框中选择不同的图层控制方式,对图层进行关闭、锁定控制。可对选择的物体进行局部关闭、锁定,而不论该物体在哪一层上。若要打开或解锁,则必须使用"打开局部关闭、锁定物体"命令选项。可对图层进行合并,如图 2-34 所示。

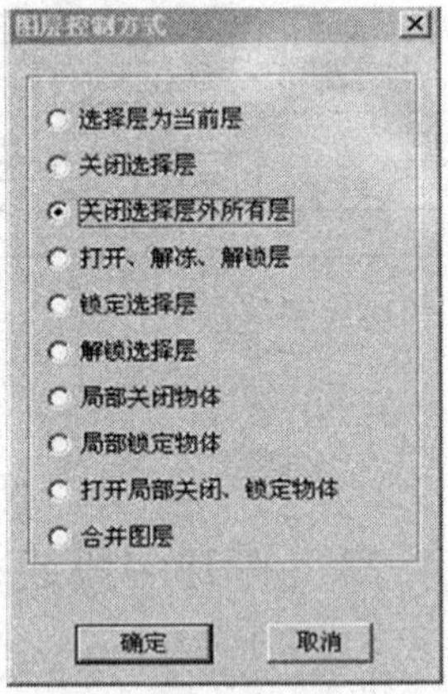

图 2-34　图层控制

2.4.28　多线伸剪

命令:liex (简化命令:lx)

功能:能在图面上选择多条线,做无端头的延伸修剪。在使用时需先给定要延伸或修剪的端头一点,然后给定要延伸或修剪的点位。选项(a)可以给定延伸或修剪的长度,对多条线进行延伸或修剪,如图 2-35 所示。

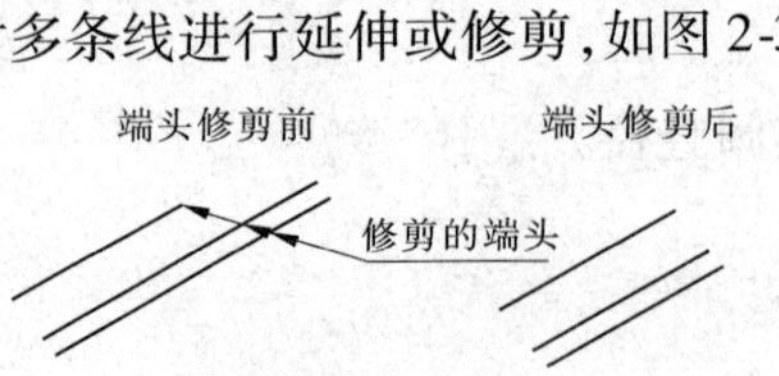

图 2-35　多线

2.4.29　单线伸剪

命令:le

功能:对单条线 pline、arc、line 的端点给定距离进行延伸修剪,也可对多段线中的顶点进行延伸修剪。

2.4.30　扩展偏移

2.4.30.1　比例偏移

命令:ofl(简化命令:ol)

功能:给定比例及实际尺寸,程序会自动换算,并自动对尺寸进行转换和对物体进行偏移。对多段线,可选择偏移多段线或单段线。若选择偏移单段线,则可在多段线中选择一段线偏移。

2.4.30.2　沿曲线偏移

命令:ofq

功能:可将曲线上或穿越曲线的 line 或 2 顶点的 pline,给定沿曲线偏移的方向、距离及偏移的个数,沿曲线进行阵列偏移。

2.4.30.3　偏移 3D 多段线

命令:of3dl

功能:对 3D 多段线进行偏移。

2.4.31　两线测距、测角

命令:ds

功能:选择两条直线,若两线不相交,则可测量两条直线间的最短距离;反之,则可测量两线夹角。若选择一条直线,则可测量该直线的长度。可测量空间两直线的最短距离或空间夹角。可计算空间管道间最短距离,检查碰撞。当第二实体不选时,可带比例测 line、pline、circle、arc 的长度。

2.4.32　互换移动

命令:mtxt

功能:交替或互换移动选择的物体。

2.4.33　线上加点

命令:alpl

功能:将 line、arc、circle 改为 pline 线 ,在 pline 线上增加顶点。

2.4.34　拖动线上加点

命令:epl

功能: 将 line、arc、circle 改为 pline 线 ,在 pline 线上增加顶点,并可动态地随意改变顶点的位置改变图形,可用于生成不规则的图形。

2.4.35　炸开多段线

命令:bopl

功能:将未封闭且只有一种线宽的多段线改为 line 或 arc。

2.4.36　正交拉伸

命令:rst

功能:给定拉伸长度,物体按给定正交方向拉伸物体。可选择对齐参照物或距参照物一定距离拉伸物体。

2.4.37　修改性质

命令:cr

功能:比 CAD 的修改性质 chprop 命令更直观、方便,并增加了修改线宽及格式刷功能,格式刷可以将其他物体的扩展数据刷到修改物体上。选项(t)可对每个文字串进行缩放。可以修改尺寸线颜色。

2.4.38　单个尺寸驱动

命令:std (简化命令:sd)

功能:物体按所标注的尺寸移动位置或改变形状大小。可驱动直线、圆、弧。在执行该命令时可选项修改比例、标注尺寸、修改尺寸,然后尺寸驱动。这个功能是 AutoCAD 拉伸命令的逆操作,框取物体提取尺寸值,然后将套子外的尺寸端点作为基点,将套子内的物体按标注的尺寸改变。为修改图纸,将草图变为精确的图带来了极大方便,如图 2-36 所示。

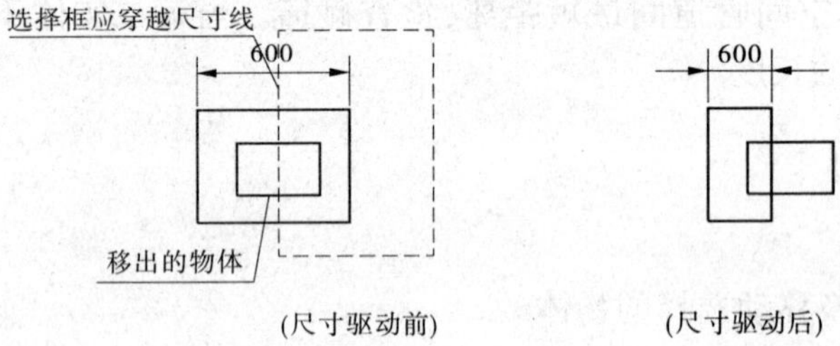

(a)

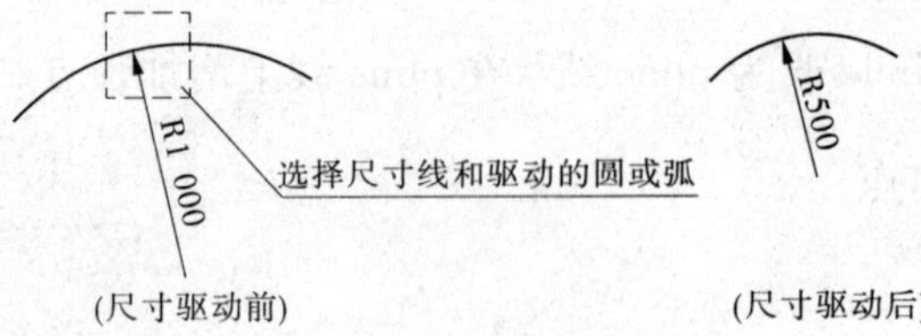

(b)

图 2-36　尺寸驱动　(单位:mm)

2.4.39　角度尺寸驱动

命令:sjd

功能:可将物体按所标注的角度旋转。

2.4.40 改线、圆、弧

命令:cll

功能:可改变线、多段线的端头的点位及圆或弧的半径。

2.4.41 两线中间捕捉

命令:mid

功能:可在任何命令下透明执行,捕捉两条平行直线中间点。可用鼠标右键选择捕捉方式。

2.4.42 定距移动拷贝

命令:mc

功能:移动或拷贝物体至参考线一定距离。选择物体,给定基点及移动拷贝后的点位(该点位无须精确,可大致点取),选择水平或垂直的参考线,图上显示一条红线,其表示移动后的物体至参考线的距离。命令行会提示"距离的数值",若按回车键,则默认该数值;若输入新数值,则物体按该数值确定移动或拷贝后的物体至参考线的距离。可连续选参考线,调整物体至参考线的距离,直到满意,可改变基点,或改变选择的物体,进行多重拷贝、多次移动。

2.4.43 拷贝移动

2.4.43.1 选择物体

命令:sss

功能:选择物体并给定基点,将其保存。

2.4.43.2 拷贝、移动、替换

命令:ccm

功能:将已选择的物体拷贝或移动到指定的位置。使用替换选项,可删除旧物体,替换为拷贝后的物体。该组命令类似 Windows 中剪贴板功能。

2.4.44 清除封闭区内线

命令:trqx

功能:选择多个封闭的多段线或圆自动清除封闭区内的线(中心线或 axis 层上物体除外)。可用于清除柱内墙线。

2.4.45 断线连接

命令:jline

功能:可将多条首尾相接的线连接成多段线。可对炸开的多段线重新连接恢复。设定断线距离,可连接有间距的断线。如一次不能成功连接,可反复操作几次。

2.4.46　组操作

命令:qg

功能:选项(c)快速成组,即选择成组的物体,不需给出组名或描述,可将选择的物体快速成组。选项(d)删除组,即将成组的物体的组的关系解除。选项(b)查询组,即查询组名、组的描述。选项(r)恢复先前删除的组,即可对先前删除的组进行修改再恢复组。

2.4.47　模拟光滑曲线

命令:smi_spline

功能:给定曲线生成的精度(点连线间隔长度),选择光滑曲线 spline、polyline、lwpolyline、circle、arc,可生成将曲线用直线模拟生成多段线。

2.4.48　裁剪旋转缩放光栅图

命令:trimg

功能:①选择光栅图矩形的范围,可给定水平边长,将光栅图按给定范围裁剪,并将其校整为水平,再将其缩放为给定边长的尺寸。

②选择光栅地形图,给定图中网格大小,给定左下角点及角点坐标,再给定右上角点,程序会自动缩放、旋转光栅地形图,再给定两角点裁剪后,图会自动移到输入的坐标处拼图,如图 2-37 所示。

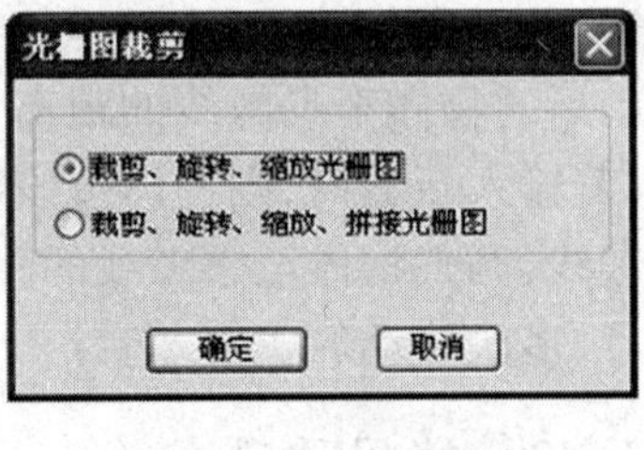

图 2-37　光栅图裁剪

2.4.49　裁剪多幅光栅图

命令:trimage

功能:对多幅拼接的光栅图,可给定矩形范围,将矩形框外的光栅图裁剪掉。

2.4.50　编辑多段线

命令:ppedit

功能:可以增加、移动、减少多段线上的顶点,也可以将多段线上的点反转,删除多段线上重合或多余的顶点。

2.4.51　移动多段线点,改变弧半径

命令:mpl

功能:选择多段线圆角处,可以动态拖动多段线,改变多段线顶点位置,自动圆角,也可改变圆角处弧半径。可用于修改带圆角的平面管线。

2.4.52　视图布局

命令:stbj

功能：选择图框块或封闭矩形多段线，可以将其布置在线路上，在布置过程中可以移动、旋转、布局。

使用说明：图框块必须使用本软件 block 命令制作成块。

2.4.53　旋转及制作视图

命令：pnt

功能：使用用户图块管理 block 命令制作成图框块，选择图框块，可以将倾斜的视图旋转为正视图，方便打印。对带状图打印，可使用边界外掩盖 hist1 命令将矩形框不需要打印的部分掩盖，将图框图标前置，然后使用 block 命令制作成块，再插入要打印的图中，可用 stbj 命令在带状图中排列，再使用该命令旋转视图、出图打印。选项(b)可以批量制作串联排列的视图。

使用说明：选择图框后，视图自动旋转正，退出后，程序自动将不需打印的图框设为“DEFPOINTS”不可打印层，用户可直接进行打印。也可以冻结“DEFPOINTS”层，则图面只剩下要打印的图框，选择(r)选项，移出或显示遮挡的图，便于查看修改。选择(a)选项，可以设置重叠图的连接点，便于纸质图对接，如图 2-38 所示。

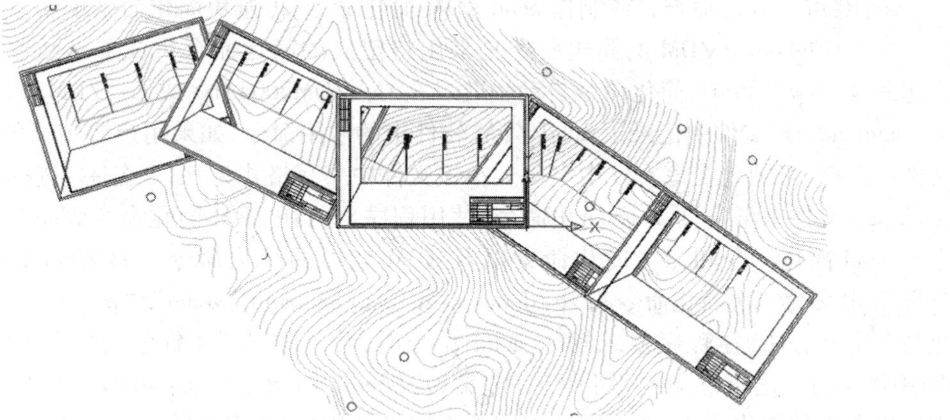

图 2-38　制作视图

2.4.54　视图循环

命令：vvw

功能：可按顺序显示用 pnt 命令(b)选项批量制作的视图，可用于检查、修改、打印。

输入该命令后，程序提示如下：

(e)退出/(u)返回世界坐标系及视图退出/(a)分图/(b)修改标注/(c)文字镜像、旋转/(d)修改桩号线 <给定下一个视图>：

选项(a)可将带状掩盖图一张张拆分，放在由该图名命名的目录下，并在该图的目录下生成“视口坐标编号.txt”文件，该文件记录了每个视口的坐标编号。视口间用逗号分隔，每个视口取最大、最小编号，可将该数据用 cftab 命令自动拆分坐标表格，编号如 1－3、4－6、7－9、10－12。

选项(b)、(c)、(d)可在查看视图时修改标注文字、桩号。

2.4.55　裁剪拆分后的图

命令:chdwg

功能:可将 vvw 命令拆分后的图进行裁剪,也可将图框外的线剪去。

2.4.56　图块替换

命令:repb

功能:将新块插入图中,选择新块后,再选择要替换的图块,可用新块替换指定的旧块,新块中会保留老块的文字属性。可以用这种方法修改带状图图框块以及地形图中的地物块。

注意:制作新块时其块插入点应与旧块一致。

2.4.57　制作简化命令

命令:userc

功能:可以方便地查看或制作 acad ZDM 简化命令,可避免简化命令重名。

使用说明:acad ZDM 的简化命令是采用将定义的简化命令生成 lisp 函数写入 ZDM 简化命令 . lsp 文件中,简化命令自动生效。在 C:\ZDM2004\txt 或 C:\ZDM2008\txt 目录下 command. txt 文件中记录了 acad ZDM 软件中的常用命令,如果用户要定义的命令在该文件中没有,必须先在该文件中定义。在该文件中书写格式为:命令名 + 空格 + 注释。在 acad. pgp 文件中可定义 acad 简化命令,使用程序也可在 ZDM 简化命令 . lsp 文件中也可定义 acad 简化命令和二级简化命令以及 ZDM 软件的简化命令。如 zoom 命令中选项"p",可定义为二次简化命令为 zp(defun c:zp()(command "zoom" "p")) ,acad 二级简化命令定义方法,在程序要求输入 acad 命令时,输入格式为:命令 + "," + 命令选项。ZDM 软件的简化命令 std(尺寸驱动)定义为:(defun c:sd () (c:std)),通常在 acad. pgp 文件中定义的简化命令,如采用该程序重新定义,以本程序定义的优先。如要删除定义的简化命令,可打开 ZDM 简化命令 . lsp 文件,删除已定义的该行程序。或采用行前加分号将该行程序注释,该简化命令不加载。用该程序定义的 acad 简化命令在有些命令中会自动将对话框屏蔽掉,使用时要注意:不要随意修改 ZDM 简化命令 . lsp 文件,以免软件失效。

2.4.58　ZDM 软件加载方式

命令:loadZDM

功能:可以选择 ZDM 软件不同加载方式,并查看 ZDM 版本,如图 2-39 所示。

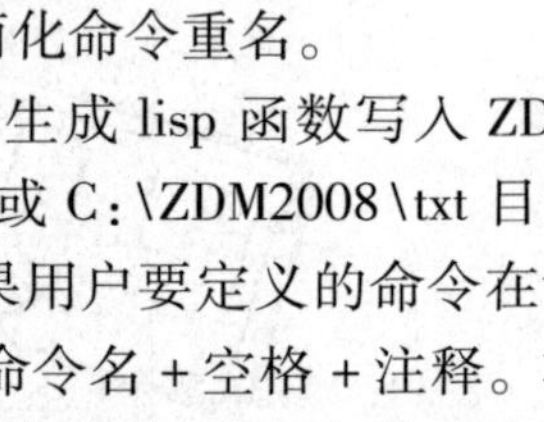

图 2-39　ZDM 软件加载方式

选项"不加载 ZDM 软件",主要考虑网络版未找到狗之前,寻狗时间太长,影响用户使用 CAD 而设置的,用户选择该项,可以快速进入 CAD。ZDM 软件菜单保留了全部 CAD 的菜单,不影响对 CAD 的使用,并且免费开放了 ZDM 软件通用工具功能给用户使用。选择"指定 IP 查网络狗"可输入插狗的那台机器的 IP 地址,定制查狗,可解决跨网端寻狗问题并加快寻狗的速度。"加载单机狗驱动"选项,可以加载单机狗的驱动程序。

2.4.59　dwg 文件减肥

命令:bant

功能:选择一个 dwg 文件,可批量处理该目录下所有 dwg 文件,减少其文件容量。该程序将文件插入到空白图中,首先使 acad 的 purge 命令进行清理,然后用 wblock 命令进行块存盘,将原有文件覆盖。在使用中注意,dwg 图中所带文件必须在搜索的路径中。为了谨慎起见,程序中提供了可选择将原文件自动备份为 *.bak 文件。在使用中注意,如果减肥图中的字型名,与空图中的字型名相同,程序会用空图的字型名及字型将其替换。

2.4.60　修改块内层、颜色

命令:ch_b

功能:可修改块内实体的层和颜色,只对二层嵌套块起作用。

2.4.61　删除重合实体

命令:dekmst

功能:可选择实体类型,删除完全重合的任意实体。

2.4.62　多个文件拼图

命令:tkpl

功能:当目录下每个文件只有一个带图框的图时,使用该命令可以将该目录下的所有图按给定的列数和行、列间距调入图中进行排列。

使用说明:执行该命令前,图必须是没有任何实体的空图。

2.4.63　将拆分的坐标表自动插入带状图图框中

命令:pastab

功能:将拆分的坐标表自动插入带状图图框。

使用步骤如下:

(1)先用 xhxy 命令生成坐标表,再将掩盖图框 stbj 命令插入线路中,使用 wth 命令修改图名、图号。

(2)用 pnt 命令中(b)选项批量制作视图。

(3)用 vvw 命令中(f)选项可以自动提取视口中的坐标编号生成"视口坐标数据"文件。

(4)用 cftab 命令中(a)选项,读入数据文件,自动拆分坐标表。

(5)用 pastab 命令将坐标表调入图框中。

2.4.64 用多段线选择物体

命令:cwpf

功能:可选择封闭的多段线来“cp”窗围(窗口内及穿越窗口物体)或“wp”窗围(窗口内物体),当选择多段线未封闭则采用“f”(穿越多段线物体)来选择物体。选择物体后,在执行其他命令要求须选择物体时可用“p”(上一次选择的物体)响应。

2.4.65 打开并批量修改多张图

命令:opendwg

功能:可以批量打开修改一个目录的全部或由用户选择该目录下多个 dwg 文件。可以将高版本图批量转成 AutoCAD 2004 格式图,可以批量替换多个图中的块,可以批量替换多个图中的多个文字(要批量替换多个文字,替换的新旧文字间用逗号分隔)。可以批量清理多个垃圾文件。对单个文件单张图,程序会自动识别图框并清理图框外多余图形,同时将原文件备份为 bak 文件。可以批量修改多个文件中的字型名,将图中某一个字型名中的文字修改到用户指定的字型名中,从而避免在插入多个文件时,相同的字型名不同的字体产生错误而修改了字型。可以将图中全局线型比例改为对象局部线性比例,避免在插入多个文件时线性比例不匹配。

使用说明:选择处理的 dwg 文件夹。应确保处理的 dwg 文件版本是低于或等于正在使用的 CAD 版本,处理一个目录下的文件一般不要超过 100 M,如图 2-40 所示。

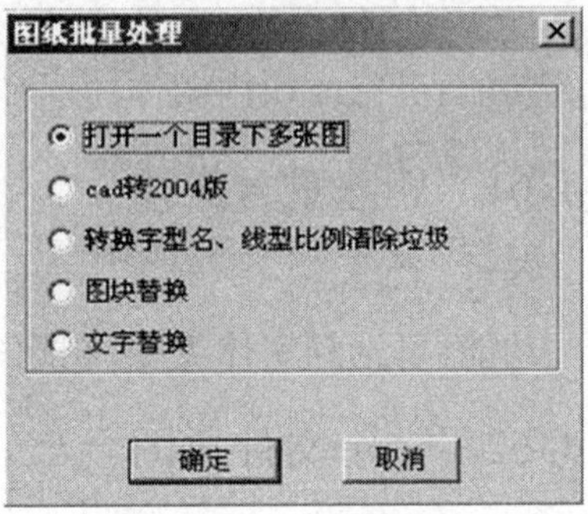

图 2-40 图纸批量处理

2.4.66 修改圆内物体

命令:chct

功能:可以对圆内物体以圆心为基点旋转、缩放(对钢筋编号、设备编号等圆外有引出线的标注,缩放后保持与圆引出线相接)或将圆内文字改水平。可以在旋转了坐标系后,如视图旋转后,使用该命令将圆内文字改为水平。选择圆内文字,可以将圆内文字选中后再使用其他编辑命令编辑,在使用其他编辑命令选择物体时可用“p”响应。圆内数字加减可以修改圆内数值编号。

2.4.67 重载光栅图

命令:getimage

功能:当采用光栅矢量混合编辑图时,若找不到光栅图路径,可以使用该程序指定放置光栅图文件的文件夹批量重载光栅图。选项(a)可将图中的光栅文件记录在图名_光栅图 . txt 文件中。

2.4.68　3d 多段线导圆角

命令：f3dp

功能：可对 3d 多段线用折线模拟导圆角，圆分段可由用户选择。

2.5　软件的标注功能

2.5.1　标注设定

命令：bzsd

功能：对常用的标注变量进行设定。

2.5.2　选线标注

命令：cod（简化命令：cd）

功能：选择线，自动连续标注多条平行的线间的尺寸，以及可选择以水平、垂直、对齐方式自动标注单条多段线的所有顶点尺寸，并可对尺寸引线取齐，如图 2-41 所示。

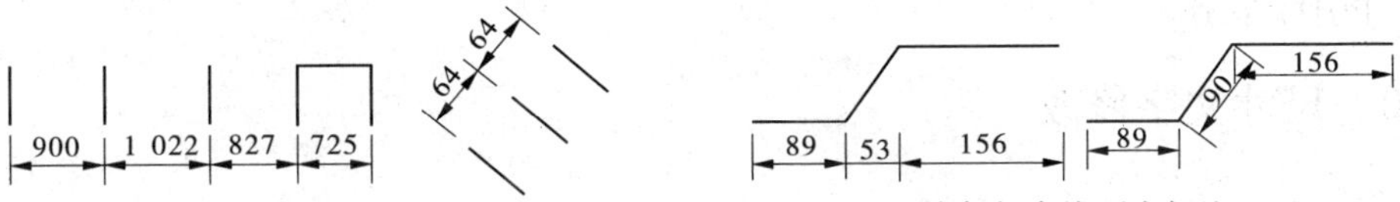

(a)多条平行线标注　　(b)单条复合线顶点标注

图 2-41　选线标注　（单位：mm）

2.5.3　选点标注

命令：dpt

功能：可选择端点、交点，然后选择水平或垂直标注方式，自动连续标注多点间的尺寸线，并对尺寸引线取齐。

2.5.4　快速标注

命令：qqd

功能：与 CAD 的 qdim 命令同，但可对尺寸引线取齐。

2.5.5　多能标注

命令：qd

功能：可对实体进行智能识别，对两条平行线或单条线、圆、弧进行快速标注，并对尺寸引线取齐。可对两条不平行线标注角度。当选择多段线弧时，可标注整个线段的弧半径、角度。

2.5.6 弧长标注

命令:adim

功能:对弧及多段线弧的长度进行标注,也可以对弧的某一段进行标注。

2.5.7 尺寸合并

命令:jdim

功能:将水平或垂直方向尺寸线合并。

2.5.8 尺寸分开

命令:bdim

功能:将水平或垂直方向尺寸线分开。

2.5.9 引线取齐

命令:trd

功能:将长短不一的尺寸引线取齐,对于水平或垂直标注,可由用户给定尺寸线位置,再将尺寸引线取齐。

2.5.10 尺寸文字修改

命令:ne

功能:修改尺寸文字,对圆、弧直径、半径尺寸可不用输入“ϕ”或“R”。角度标注可不用输入“°”并可用于修改“text”文字。

2.5.11 尺寸更新

命令:up

功能:可设定比例、小数点后位数,对尺寸进行更新。可将自动标注尺寸数字更新为固定数值,也可将固定的尺寸数字更新为自动标注的尺寸数值。可选择其他的尺寸格式,更新后的尺寸格式将和选择的尺寸格式一致。可给定标注字高、箭头长度,进行尺寸更新。

2.5.12 改标注样式为圆点单边箭头

命令:chjt

功能:由于在小尺寸时箭头会挤在一起,与制图规范不符,该程序将小尺寸标注箭头改为中间为圆点,两边为箭头。

2.5.13 文字标注

命令:ljh

功能:能在标注文字时调用词组管理系统输入词组。可动态标注文字。若输入文字

的中间加“|”符号，则可分线上下两行标注。如果选择多行词组（即在词组间加分号），则可实现多行标注。可选择旋转文字，将标注旋转 90°；可选择有箭头指向标注；可选择集中或平行引出标注，如图 2-42 所示。

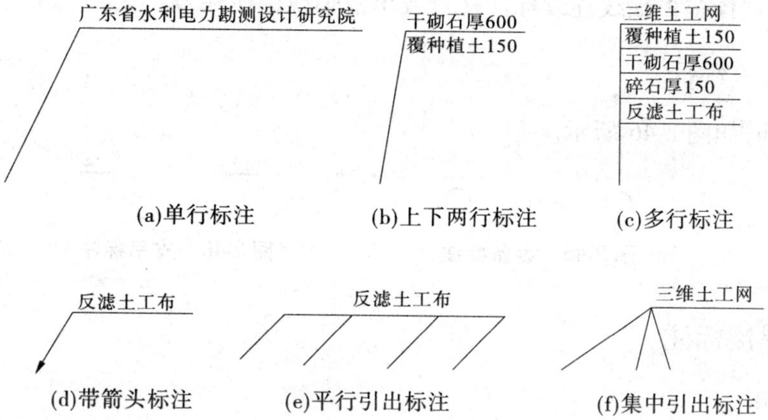

图 2-42　文字标注

2.5.14　多行文字标注

命令：tbz

功能：可动态调整行宽度，标注多行 MTEXT 文字，并绘出文字框和文字框指向，如图 2-43所示。

2.5.15　修改多行文字标注

命令：cct

功能：可修改文字，动态调整行宽度，标注多行 MTEXT 文字，并重新给出文字框指向。

2.5.16　零件标注

命令：ljbz

功能：可采用横向或竖向方式对零件进行标注，如图 2-44 所示。

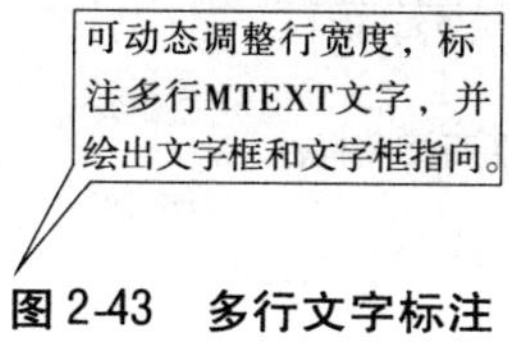

图 2-43　多行文字标注

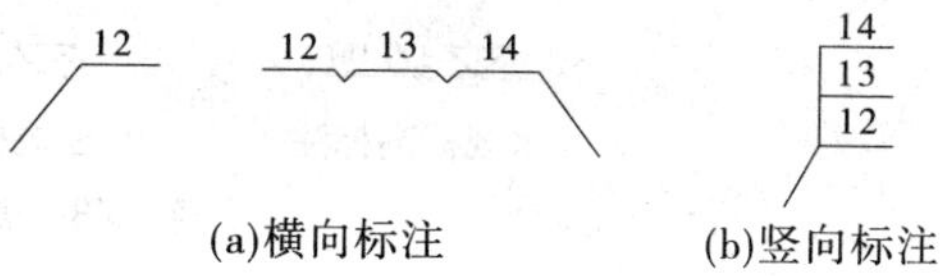

图 2-44　零件标注

2.5.17　设备标注

命令：sbh，如图 2-45 所示。

2.5.18 柱号标注

命令:zhbz

功能:可选择多根轴线连续标注柱号或单根轴线标注柱号。

2.5.19 支吊标注

命令:zdh,如图 2-46 所示。

图 2-45 设备标注

图 2-46 支吊标注

2.5.20 焊接标注

命令:hjfh

功能:自动标注常用角焊焊接符号,如图 2-47 所示。

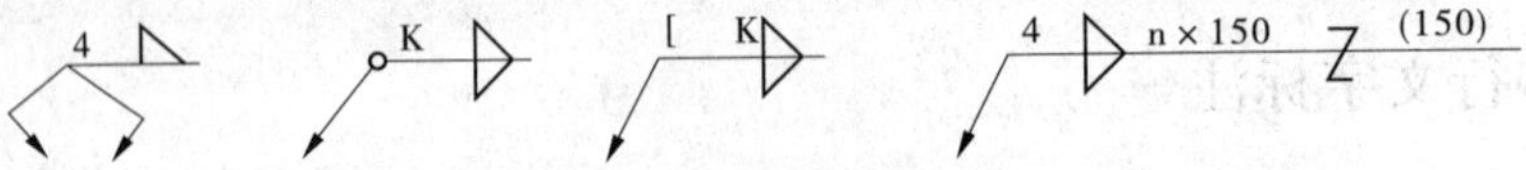

图 2-47 焊接标注

2.5.21 高程标注

命令:bg(水电标准),jzbg(建筑标准)

功能:可连续自动标注高程或单个标注高程。

使用说明:当选择连续标注时,选择标高标注基点文字,该标高标注文字必须是用 ZDM 软件标注的标高,如图 2-48 所示。

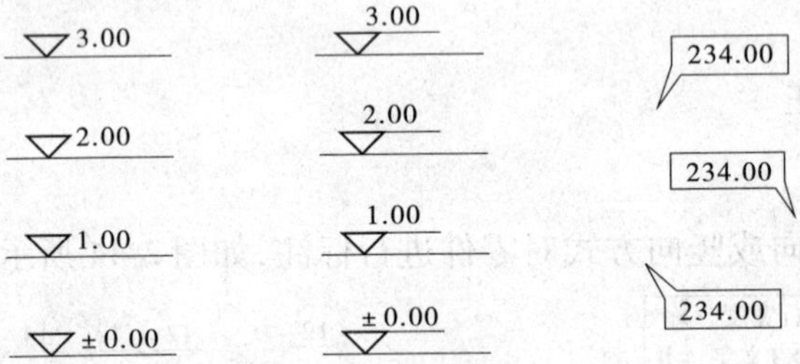

(a)水规标高标注 (b)建规标高标注 (c)平面标高标注

图 2-48 高程标注

2.5.22 剖切标注

命令:pqh,如图 2-49 所示。

2.5.23 单线标字

命令:ltxt

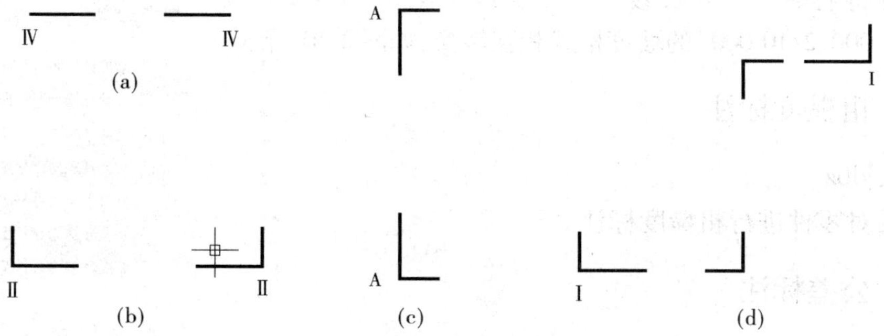

图 2-49　剖切标注

功能：可设置文字到线的距离，在直线、弧线、多段线上沿线标注文字。当字串中间加“|”符号，可将文字在“|”符号处分开，在线上、下分别标注。可对标注好的文字选择移动、对线镜像，调整文字的位置。标注文字时会将文字作为属性写在线中，再次标注时文字缺省值会取线属性值。

2.5.24　多线标字

命令：bh

功能：可在多条平行的直线上或直线间给定数字的前缀或后缀，给定始数字及增量，按递增方式进行标注。

2.5.25　线上连续标号

命令：lbh

功能：可设置文字到线的距离，在直线、多段线上连续标标号。如先标注 A－1，则以后可连续标出 A－2、A－3、A－4 等。可对标注好的文字选择移动、对线镜像，调整文字的位置。

2.5.26　矩形、圆形内标字

命令：cjtxt

功能：可在封闭的矩形、圆形内标字，自动调整字的大小，使之不超出框内范围。

2.5.27　坡度标注

命令：pd

功能：可对平面图进行坡度标注，可对斜线进行立面坡度标注。若输入的坡度与线的坡度不一致，可选择约束 x 方向或 y 方向，再选择约束点，程序自动按标注的坡度改变线的坡度。

2.5.28　坡度转换

命令：tranpd

功能:将标注为"1/长度、1:长度或 $i=2\%$、$i=2‰$ 或 2/100、2/1 000、2/10 000"的坡度格式相互转换,如图 2-50 所示。

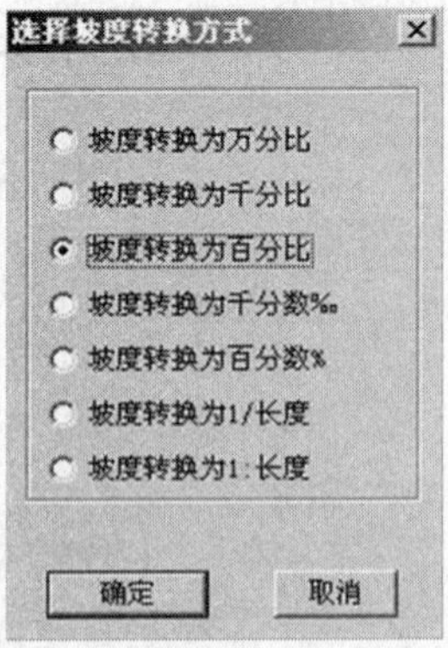

图 2-50　坡度转换方式

2.5.29　粗糙度标注

命令:jdbz

功能:对零件进行粗糙度标注。

2.5.30　公差标注

命令:gc

功能:选择尺寸线可在尺寸数值上加入尺寸公差值。

2.5.31　编号后移

命令:chbh

功能:采用本软件标注零件号、钢筋编号,若需在两个编号之中插入若干编号,可使用该功能。选择插入处的编号,然后给定修改后的编号,则该编号之后的其他编号自动按顺序改变。

2.5.32　删除空号

命令:delbh

功能:采用本软件标注零件号、设备编号,若编号中有空号(如删除若干编号),使用该命令可使编号自动按顺序排列。

2.5.33　批量移动旋转尺寸文字

命令:dtm

功能:选择多个尺寸线,可一次移动或旋转尺寸文字。

2.5.34　尺寸检查替换

命令:chd

功能:选择尺寸线可以将尺寸文字逐个替换,也可以将尺寸小数点前一个位数数字(不包括 5)改为零。

2.5.35　方位角标注

命令:fwjbz

功能:可标注线路方位角。选择线给定方向可标注线路方位角,若不给定方位角,则取与正北方向的夹角。使用 chws 命令可以改变角度的表示方式,如图 2-51 所示。

图 2-51　方位角标注

2.5.36　修改标高、标注字高

命令：chbgbz

功能：修改标高、标注字高，标高符号会同时修改。

2.6　软件的视图功能

2.6.1　漫游视图

命令：pp

功能：可按给定的移动幅度控制速率，横向纵向拉拽屏幕，漫游视图。

2.6.2　快视范围

命令：zv

功能：能快速显示图范围。

2.6.3　多视图切换

命令：vp

功能：选择多个视图，再执行该命令，连续按空格键可循环显示各个视图。

2.6.4　比例缩小视图

命令：zx

功能：连续按空格键，每按一次，视图按比例缩小视图。

2.6.5　空间视图转换

命令：vv

功能：可将三维模型视图快速转换为俯视图、前视图、左视图、轴视图以及四个视图的合成形式。

2.7　软件的其他常用功能

2.7.1　批量打印、提取标题栏信息、图纸拆分

命令：pldy

功能：可批量打印、提取标题栏信息、图纸拆分、打印唯一数字码，并可与图档系统接口管理。

(1)可在批量打印的过程中提取标题栏图名、图号信息，自动将打印图用图号名命

名，自动对一个文件中的多张图进行拆分。若文件是采用光栅矢量混合编辑的，还可以抽取光栅图到指定的目录。

(2)可以对用ZDM软件制作的掩盖图框块排列的带状出图进行批量打印。

(3)可以在图上自动生成唯一的数字码，与图档系统接口管理，便于今后从电子图库中抽取电子图，保证纸质图和电子图的一致性。

(4)可批量打印的是：一个文件中多张图，一个目录下多张图，一个布局中多张图，一个文件中多个布局。

(5)对图框的要求：图框由封闭的多段线构成，如采用ZDM软件生成的图框或有一条边是标准图框，可自动识别；如不是，则会自动选出图框要用户确认。如图框是由line线构成的，可以使用(b)选项手工选两角点，转换为ZDM图框。确认或选取后今后打印不用再重复选择。

(6)对标题栏的要求：标题栏是块，对于采用ZDM软件生成的，可以自动获取图名、图号。对于不是该软件生成的，软件提示手工选取图名、图号，选取后第二次打印不用再重复选择，如图2-52所示。

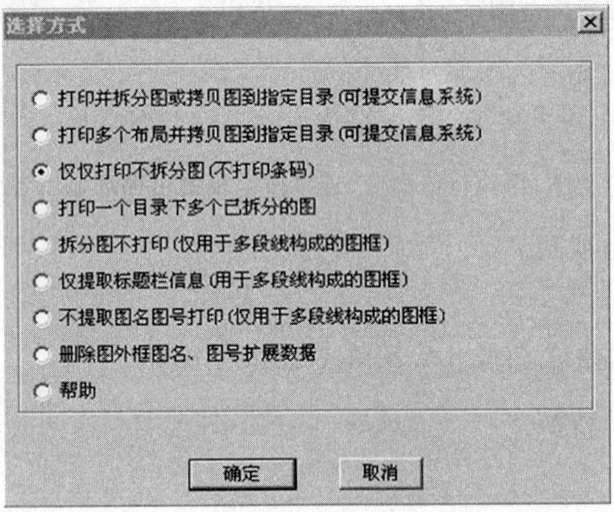

图2-52　图纸打印

使用说明：

(1)选项1：在打印时同时将图拆分到由该图名命名的目录下，在该目录下保存有由图号名命名的plt、dwf或pdf打印文件，以及拆分的以图号名命名的dwg文件。如果是光栅矢量混合编辑的文件，则还有tif或jpg光栅文件。若采用布局方式出图，可打印一个布局中多张图不拆分图，生成由该图加布局名命名的图并拷贝到该目录下。对于采用ZDM软件制作的掩盖块带状图，将该图拷贝到该目录下。在打印图的文件目录下也同时保存有由图号名命名的plt、dwf或pdf打印文件。

(2)选项4：打印一个目录下多张图，这些图必须是被拆分后的单张图，可采用将图插入一张空图的方式进行打印。

(3)选项 5:打印多个布局,可由用户选择要打印的布局进行批量打印,不拆分图,生成由该图加布局名命名的图拷贝到该目录下。

(4)选项 6:不打印,仅仅提取图名、图号信息,可用于生成图纸目录。

(5)选项 7:可不提取图名、图号批量打印,这对于不规范的图框、标题栏都可以批量打印,若生成 plt 文件,程序自动生成"文件名 - 0X. plt"文件,文件名顺序号排列的方式是按选取的图框从上到下、从左到右排列。图框应用封闭的 0 线宽的多段线制作。

(6)选项 8:对于不是自动获得标题栏图名、图号,而是手工选取的,程序将其记录在图框外边线上,再次打印时按图框上记录的图名、图号。如果修改了图名、图号,提取后的图名、图号与提取的不一致,可选此项,将数据删除。在执行程序后程序会要求用户选取。

对于采用 ZDM 软件制作的掩盖块图框,图名、图号是用块属性文字做的,要修改图名、图号,必须使用本软件 wth 命令批量修改图名、图号。

选择上述选项后会出现命令行:

(a)窗选多段线封闭外图框/(b)手工选择图框/(r)移出或显示妨碍打印的物体/选择起始带掩盖图框块

对于图边框是用封闭多段线的选(a)项;对于图框是用 line 线制作的选(b)项后程序会自动将其转换为 ZDM 图框;对于采用 ZDM 软件制作的掩盖块图框选缺省项,选择起始打印的块,程序会自动将视图旋转正,然后选择带状布置的图块,程序会依次打印;对于重叠的图块程序,会自动将不打印的图块放到不可打印 defpoints 层。对于不是采用掩盖块制作的重叠的图框,可选择(r)项将不打印的图框移出,再次选(r)项会将移出的图块再现,如图 2-53 所示。

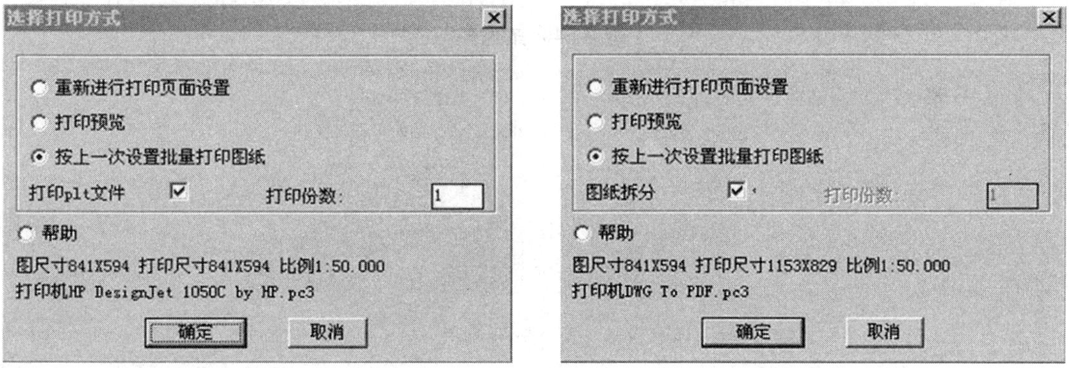

(a) (b)

图 2-53 图纸打印方式

如图 2-53 所示,点击选项 1 会弹出 AutoCAD 页面设置对话框,可以对页面进行重新设置,设置好后可预览,最后选按上一次设置批量打印图。对于图纸尺寸不一致的多张图,可选择一个最大的打印页面,但这时应在打印机设置中选只打印着墨区,否则会浪费纸张。对于选择了提交信息系统,并采用 pdf、dwf 电子打印时,可由用户选择是否拆分图,并且会自动打印条形码。打印后可将该目录提交信息系统。

2.7.2　将物体置于掩盖图框上

命令:ssup

功能:选择掩盖层上的物体,再选择图框,可将物体置于掩盖图框上,避免在打印时被遮盖。

2.7.3　目录查看

命令:dwgjs

功能:打开 * _dir. txt 文件,观看或编辑图纸目录(" * "为文件上一级目录名)。

2.7.4　生成目录

命令:dwgdir

功能:选择 * _dir. txt 数据文件,然后给定图纸目录放置的点位,则在屏幕上会自动排序生成图纸目录。

2.7.5　生成条形码

命令:txmsc

功能:可以自动生成唯一标识的条形码。可用扫描枪获取条形码,便于今后图纸管理,如图 2-54 所示。

0110318195832140

图 2-54　条形码

第3章 水利水电工程设计计算程序集

【学习要求】 了解《程序集》的发展过程；了解软件的安装方法与步骤，以及软件的使用说明。

3.1 《程序集》的发展

水利水电工程设计计算程序集的 PC－1500 版于 1988 年问世，称为《水利水电工程 PC－1500 程序集》，是用 BASIC 语言编制的。DOS 版于 1992 年出版，称为《水利水电工程微机通用程序集》，先后用 Turbo BASIC、Quick BASIC 以及 FORTRAN 语言编制。"视窗版"3.0 版于 2003 年出版，是用 VB 语言编制的。2006 年出版 3.1 版。2008 年 12 月出版 4.0 版，该版本对《程序集》做了新的改进，鉴于 Excel 的强大功能，采纳有些用户的意见，对于原始数据存于 Excel 中的计算项目，提供 Excel 的输入界面。2010 年 1 月出版 4.1 版，该版本提供了最近颁布的《水工混凝土结构设计规范》(SL 191－2008)的配筋计算程序，对按照最新规范设计的建筑物提供了有力工具。

3.2 如何安装软件

(1)本《程序集》运行的软件环境为 Windows 98/ME/2000/XP。《程序集》分为单用户版和网络版，单用户版只能单机运行，网络版可在局域网中运行。

(2)将光盘上的 SLSD 目录下的所有文件，按照原来的目录结构，拷贝在硬盘的任意位置，即完成了安装任务。每个用户(包括局域网中的客户机)都必须照此安装，否则程序不能运行。

SLSD 目录下有六个子目录：

①\exe。所有程序的运行文件。

②\int。所有程序的算例数据文件。

③\rtf。所有程序的说明文件等。

④\use。提供给用户使用的工作目录。

供拷入算例数据文件和算例的 Excel 模板文件、用户的数据文件(.INT)和用户的 Excel 文件，计算后的结果文件(.out)、图形文件(.bmp)均存储在这个目录中。计算完毕，请将计算结果(包括数据文件、结果文件、图形文件)拷出，并清除所有无用的文件，以备下次使用。还可以在\use 中设立自己的子目录。另外，用户的 Excel 文件变换后产生的同名.INT 文件也保存在这个目录中。

⑤\xls。Excel 表输入的模板文件(*. xls)。

⑥\用于只在狗服务器上本机查找 exe。有些用户将网络版加密狗当作单机狗使用,又脱离任何网络环境,就可以使用这套运行程序,把网络狗变成单机狗使用。

提示:如果用户的硬盘资源紧张,安装以后,可以从\exe 和\rtf 目录中删除用户用不到的程序。例如用户用不到 E-2 程序,可以从\exe 中删除 E-2vb. exe、从\rtf 中删除 E-2Intro. rtf,其他类推。注意:不要删除其他字母打头的文件,否则整个程序会运行不通。

(3)启动命令为 SLSD\EXE\SLSD. EXE。用户可用右键拉至桌面,制作快捷方式。

(4)启动后,可以在电脑上阅读使用帮助、程序说明、开发过程等页面,了解使用方法。

(5)当用户的操作系统为 Windows 98/ME 时,如果计算结果中显示的汉字出现乱码,请将\附加文件中的 VB6CHS. DLL 拷入\windows\system 中,即可解决。

(6)光盘上的"附加文件 K",其中包括:

①\网络狗安装文件。"网络狗服务器端 V2. 3. 24. 15"的文件只能由管理人员使用,不能交给客户机使用;将"网络狗客户端 V2. 3"的文件交给每个客户机使用。

②\奖状鉴定书。《程序集》的质量水平证明。

③\有关论文及信息。帮助你更好地使用《程序集》,交给每个客户机。

3.3 网络版狗服务器端加密锁安装

3.3.1 "狗"的基本知识

(1)狗硬件:一个可安装在计算机并行口(或 USB 口)上的硬锁。

(2)狗服务器:局域网中插有"狗"的电脑,它可以安装有 Windows 98/ME/2000/XP 系统。不是指局域网安装有 Windows 2000 Server 的服务器。

(3)狗客户机:局域网中的其他电脑(即装有《程序集》运行文件的使用者)。

(4)狗驱动:安装"狗"的驱动程序。

(5)狗服务:安装"狗"的网络服务程序,只能在狗服务器上进行。

3.3.2 适用环境

网络狗服务程序适用的操作系统包括:

(1)Windows NT 3.5 以上 Server and Workstation;

(2)Windows 95/98/ME;

(3)Windows 2000 Profession/Server;

(4)Windows XP。

服务程序支持 IPX 协议、TCP/IP 协议和 NetBIOS 协议,因此客户机端及狗服务器端只要安装设置相同的协议即可。

3.3.3 狗服务器端网络狗安装和卸载

(1)将光盘上的"附加文件 K\网络狗安装文件\网络狗服务器端 V2.3.24.15"全部文件按照原来的目录结构,拷贝到狗服务器的硬盘的任意位置。

(2)运行 setup.exe,按照提示操作,有成功提示。

(3)重新启动电脑(将网络狗硬件插入计算机的并口或 USB 口上)。

(4)从电脑的"开始"—"程序"—"网络狗开发套件 V2.3"—"网络狗服务程序"看到如图 3-1 所示的菜单。

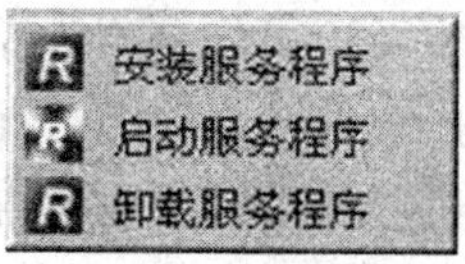

图 3-1 开始菜单

(5)点击"安装服务程序"和"启动服务程序",网络狗则提供服务。

(6)卸载。如果需要卸载狗服务,可以点击"卸载服务程序"。或者再次运行 setup.exe,按照提示,选择"除去"即可。

3.3.4 注意事项

(1)保证 IPX 协议、TCP/IP 协议和 NetBIOS 协议已经安装,否则运行程序时,将显示找不到硬件狗。

(2)网络中只能有一台狗服务器,另换狗服务器时,必须先将这台狗服务器的狗服务卸载,否则就会造成整个网络中没有服务。所以,"\网络狗服务器端 V2.3.24.15"的所有程序只能由专人管理,不能由其他人随便使用。

(3)服务程序在 Win9x 操作系统下有可能会和一些杀毒软件的某些版本有冲突,例如"金山毒霸",建议修改金山毒霸的程序启动时查毒的方式为其他一些方式,即可避免冲突。

3.3.5 服务程序的设置

软件狗安装以后,在电脑的任务栏右侧,会有一个R,右键点击,则出现如图 3-2 所示的菜单。

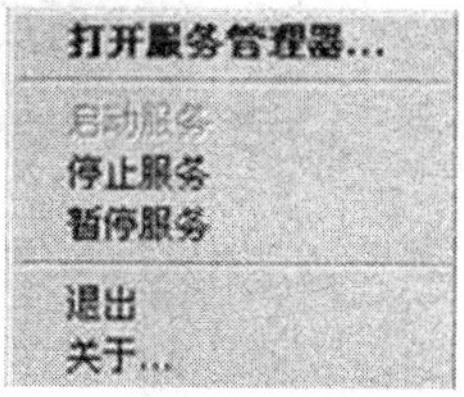

图 3-2 服务程序设置菜单

3.3.5.1 菜单说明

如图 3-2 所示的菜单,其各项功能如下。

(1)打开服务管理器:可以进入"网络狗服务管理"界面。

(2)暂停服务:暂停服务程序。

(3)启动服务:服务重新加载硬件狗,重新提供服务。

(4)停止服务:服务程序将停止,不再提供服务。

(5)退出:退出服务程序。

3.3.5.2 操作步骤

服务程序可按如下步骤进行设置:

(1)先点击"停止服务",然后点击"启动服务",网络狗就提供服务了。此项操作可多次进行。

(2)点击"打开服务管理器",即可进入网络狗服务管理界面。如果没有显示最大用户数,可以下拉“文件”,点击“刷新硬件狗”,即可显示最大用户数。如果没有显示,还要重新安装狗服务程序。

“NH”也可以显示为“cxj”等,只要“最大用户数”显示“50”等,说明服务已经提供。如果没有显示“最大用户数”,可以点击“文件”—“刷新硬件狗”。

(3)可以打开“帮助”,详细了解各种操作。最主要的是要检查一下“查看信息”栏中的“查看网络设置”,看是否安装了必要的网络协议,如 TCP/IP、IPX、NetBIOS。另外,要将狗服务器的 IP 地址告诉各个客户机,以便他们获得网络狗服务。

3.4　网络版客户机上管理程序安装

(1)如果局域网只有一个网段,可以不必安装和运行这个程序。在狗服务器提供服务的情况下,只要登录局域网,运行《程序集》的启动程序,就可使用《程序集》。有些用户不小心在客户机上也安装了狗服务程序,以至于运行程序时找不到狗,除卸载已经安装的狗服务程序外,也可以用安装“网络狗客户端 V2.3”程序的方法解决找不到狗的问题。

(2)如果客户机与网络狗服务器不在一个网段,就要安装“网络狗客户端 V2.3”程序。其方法是:将光盘上“附加文件 K\网络狗安装文件\网络狗客户端 V2.3”交给客户机,拷贝到客户机的硬盘上。运行网络狗客户端 V2.3\setup.exe,完成驱动程序的安装。

(3)在客户机上运行“网络狗客户端 V2.3\Clienttool\Clienttool.exe”,可以得到“网络狗客户端管理程序”界面。点击“查看网络狗服务”按钮,如图 3-3 所示,填写狗服务器的 IP 地址,点击“查询”按钮,可以查看网络狗的服务情况。

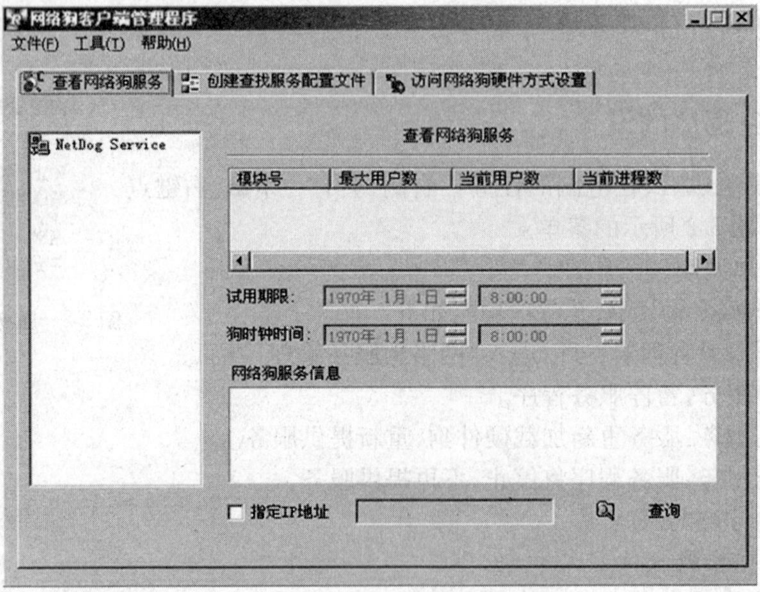

图 3-3　网络狗客户端管理程序(一)

(4)点击“创建查找服务配置文件”界面,如图 3-4 所示,填写狗服务器 IP 地址,将“NetBIOS Name”栏填为 NetDogSev900065(900065 为本狗的系列号),点击“创建文件”按钮，就生成配置文件 gsnetDog. ini，将该文件存于本客户机上(程序集的\exe 文件夹中)，即可定向查对狗服务，实现跨网段运行，也可以避开非法安装了狗服务程序的其他客户机的干扰。

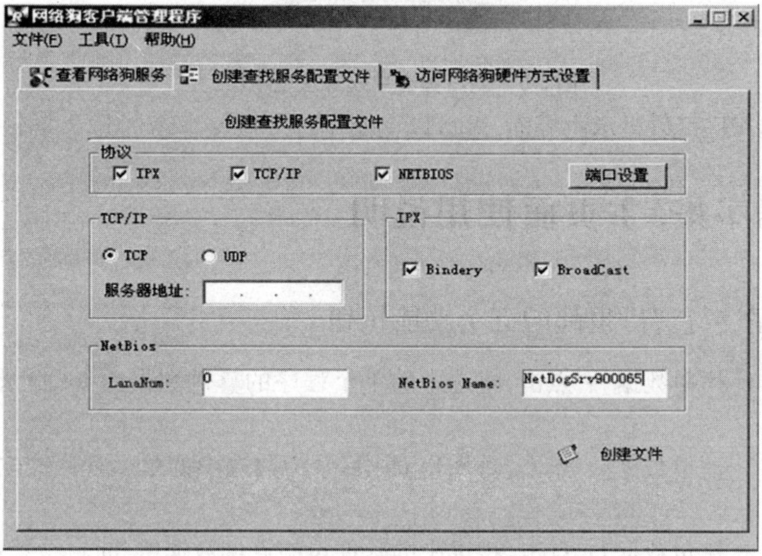

图 3-4　网络狗客户端管理程序(二)

(5)点击“访问网络狗硬件方式设置”可以选择客户机访问网络狗硬件的方式，如图 3-5所示。

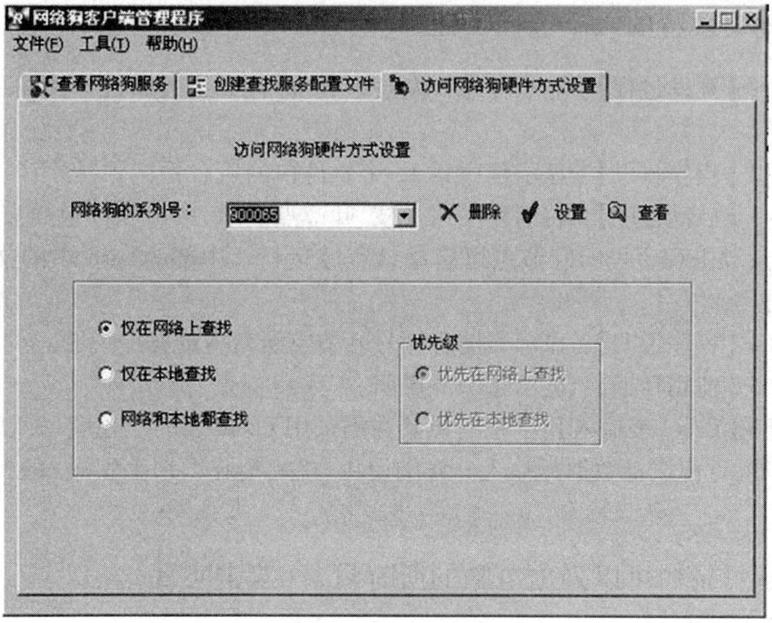

图 3-5　网络狗客户端管理程序(三)

退出“网络狗客户端管理程序”会在电脑任务栏上留有一个小“R”图标，如图 3-6

所示。

图 3-6　网络狗客户端管理程序(三)

右键点击“R”可以显示主界面,进行以上操作。

3.5　《程序集》主页面使用说明

3.5.1　程序运行窗口顶部的五个功能按钮

(1)按钮 1[拷单数据]:点击,将选中的单个程序的算例数据由 int 目录拷贝至用户 use 目录。

(2)按钮 2[清单数据]:点击,将用户 use 目录中与选中的单个程序同名的数据文件清除。

(3)按钮 3[拷包数据]:点击,将选中的软件包的算例数据由 int 目录拷贝至用户 use 目录。

(4)按钮 4[清包数据]:点击,将用户 use 目录中与软件包对应的数据文件清除。

(5)按钮 5[退出索引]:点击,将结束本程序运行。

3.5.2　中间大块区的六个选择页面

(1)页面 1【开发过程】:显示程序开发过程、软件包介绍、作者信息、联系方法、在线联系等。

(2)页面 2【程序目录】:显示程序集 15 个软件包的所有程序号、程序名称等数据。

(3)页面 3【启动程序】:右部程序树及枝、叶节点显示,单击软件包的枝节点可打开或关闭本节点;双击程序号的叶节点可启动该程序运行。中部为\use 中的文件信息(按文件扩展名分类)。

(4)页面 4【程序说明】:显示当前程序号叶节点所对应的程序说明。

(5)页面 5【使用帮助】:显示这一节说明。

(6)页面 6【Excel 表输入】:工程的原始数据采用 Excel 表的形式填写,以便充分利用 Excel 表格功能,方便成批数据的输入。详细使用方法,请在“使用程序时的操作方法”中阅读。

3.5.3　左部目录树可以列出电脑的所有目录(双击实现)

本程序启动时列出\use 目录的文件情况。程序操作过程中随时显示\use 目录的情况。

底部是状态显示。

提示:

(1)请随时清理\use 目录的文件,拷出有用的文件,清除不用的文件。

(2)除\use 目录外,不要对其他目录的文件进行操作,以免影响使用。

3.6 使用程序时的操作方法

3.6.1 认识【启动程序】页面

右部为程序树及枝、叶节点,显示所有程序名称,单击软件包的枝节点可打开或关闭本节点;双击程序号的叶节点可启动该程序运行。

中部为\use 中的文件信息(按文件扩展名分类)。

左部显示\use 的路径及目录结构,文件名。

3.6.2 查看单个程序的说明

在【启动程序】的目录树中选中单个程序节点,然后点击【程序说明】,即可显示该程序的专业说明。不选取程序节点,而选取软件包的节点,则可显示本节"使用程序的操作方法"。

3.6.3 单个程序的操作方法

(1)首先使用"拷单数据"或"拷包数据"功能,将算例的数据文件拷至\use 目录中。

(2)启动单个程序后,进入单个程序界面。

(3)点击"数据来源"界面,再点击算例数据文件,算例的数据即进入相应的数据框中。

(4)然后点击"计算",即得算例的文本结果和图形结果。

(5)在数据框中填入用户的数据,以用户命名的文件存盘,可将用户工程的数据存为数据文件,点击"计算",即得文本结果和图形结果。也可将用户的数据文件直接拷入\use 目录,启动程序后,参与计算。

(6)计算结果为汉字的计算书,一目了然。图形文件可插入计算书中。

(7)可使用单个程序的【使用帮助】。

3.6.4 关于数据文件名的规定

自定的数据文件名,必须以该程序的文件名开头,例如 G-17A 程序,其数据文件名必须符合 G-17A *. INT 的形式,其中" * "可以为任意西文和汉字组合,当然也要符合 Windows 关于文件名的规定。

3.6.5 程序说明的阅读方法

除在【程序说明】栏查看外,还可以用 Word 打开\rtf 目录中的该程序说明,以便得到完整的文本,也可以打印后仔细阅读。

3.6.6 用 Excel 表输入

该版本对于一些适合 Excel 表输入的程序，提供了 Excel 表输入的功能，使用方法如下：

(1)在【启动程序】页面中，选中要使用的程序，点击“拷单数据”或“拷包数据”，算例的数据文件和 Excel 模板文件，都调入\use 目录中。

(2)打开【Excel 表输入】页面。

(3)下拉“Excel 表输入文件”，可以显示全部采用 Excel 表输入的文件名。没有文件名的，就是没有必要采用 Excel 表输入，仍然在该程序的“数据来源”中填写数据。

(4)在目录树中，点击哪个程序的 Excel 文件，则“转换文件名”就显示哪个程序的 Excel 文件名，点击“转换”，则得到该程序的文本格式的数据文件。

(5)转回【启动程序】页面，就可以按照上面第(4)项的方法，进行计算。

(6)制作工程的 *. xls 文件：

在\xls 目录中，打开要使用的程序的 Excel 模板(例如 C－2E. xls)，按照模板的中文提示，输入你计算的工程数据，用“ *E－*. xls”的文件名，将其存入\use 目录中，供转换之用。(注意：“－”前应与模板文件同名，“－”后的“ * ”代表所需工程名，其中“E－”不可少)。

3.7 关于《程序集》的使用说明

本《程序集》的光盘上，有一个 \rtf 目录，包含了 170 多个程序的专业使用说明书(*. rtf)，共计 200 多万字，可以用 Word 软件打开，在电脑上查看，也可以用打印机打印成纸质读物，供使用人仔细研究。每个程序一般都在本程序的专业说明书中，说明了程序编制的理论依据、适用范围、输入变量的物理含义和输出结果的注解。使用人必须是水利水电专业的内行，才能看懂该程序的说明书。对于专业不太熟的人，应该先弄懂专业问题，否则无法使用《程序集》。

进入具体程序的使用，希望遵守以下各点：

(1)首先阅读具体程序的使用说明，了解程序的专业依据，用算例的数据，需了解数据的填写方法。

(2)计算算例，查看计算结果。

(3)填入用户工程的数据进行计算。如果计算不通，请仔细检查数据是否合理，更正后再算。

第4章 百图水利设计软件

【学习要求】 了解百图水利设计软件的主要功能及基本安装步骤和方法，软件的基本命令操作及简单工程图的绘制，能根据给定的条件和图形计算实际工程数据。

4.1 软件组成及功能

4.1.1 百图水利土石方设计软件包

百图水利土石方设计软件包功能简介：

(1)测量原始记录转换处理。可转换来自各种测量仪器(GPS、全站仪、水准仪、经纬仪、E500、测图精灵等)的原始数据，自动生成本软件包所采用的标准格式数据文件，使野外测量的内业工作程序化、规范化。

(2)纵断面图设计及绘制。纵断面图中的线条多少不受限制。能够方便地实现数与图的互相转换，既可根据数据生成纵断面图，又能计算由用户事先绘制的设计线上各断面桩处的高程数据，并把这些高程数据自动批量填入纵断表格。所以非常灵活、实用。

(3)横断面图设计、绘制及工程量计算。对土石方工程(如堤防、河道、渠道、土坝、道路等)的横断面图进行设计，批量绘制横断面图，自动生成设计工程量表和铺工放样表。

(4)平面图处理功能。平面地形图上自动切剖面，平面展点，平面布桩，平面坐标标注，根据铺工表数据自动计算工程平面坐标，批量绘制工程轮廓线(坡脚线、开挖线等)。

(5)场地平整。对任意形状的地块，软件可自动计算出平整高程和平整方量，并画出断面图。

(6)水面线推算。既能推算梯形渠道、矩形渠道、溢洪道和圆形管道的水面线，又能推算天然河道的水面线，直接调用测量数据，可以用鼠标直接在断面图上分滩分槽(滩槽区分糙率)。

(7)均匀流计算。包括梯形渠道、复式渠道、弧脚梯形渠道、U形渠道、圆管等的均匀流过流计算。

(8)统计功能。对点坐标、两点距离、折线长度、面积、高程等各种属性进行查询、统计，生成数据文件，以备调用。

(9)额外提供近百个制图工具和辅助程序，如常用图例符号插入、批量高程更改(平面图、断面图全改)、批量修改线宽、调整出图比例、制表、表格计算、文本字表输入输出(CAD与记事本、Excel、Word表格转换)、数字可视化计算等。

4.1.2　百图水利建筑物设计软件包

百图水利建筑物设计软件包功能简介：

百图水利建筑物设计软件包是为水工建筑物的施工图设计而开发的，主要包括三大模块，即结构内力计算模块、配筋计算模块、钢筋 CAD 制图模块。以下详细介绍各模块功能。

4.1.2.1　结构内力计算模块功能

(1)连续梁的内力计算。计算成果包括计算书、弯矩图、剪力图。

(2)弹性地基梁的内力计算。地基模型包括文克尔地基、半无限大地基、有限深地基等，计算成果包括计算书、弯矩图、剪力图、地基反力图。

(3)钢筋混凝土箱涵的内力计算。可计算单孔箱涵、双孔箱涵、三孔箱涵的内力，计算成果包括计算书、弯矩图、剪力图、轴力图。

(4)钢筋混凝土框架(排架)的内力计算。可计算单跨、双跨、三跨、单层、双层、三层框架的内力，计算成果包括计算书、弯矩图、剪力图、轴力图。

以上内力计算可施加任意方向的集中力、力偶和分布荷载，Windows 操作界面，有示意图即时显示，非常直观好用，结果准确。

4.1.2.2　配筋计算模块功能

(1)常见构件的配筋计算。具体包括受弯、受拉、受压、受扭等构件的配筋计算。

(2)常见构件的抗裂计算。具体包括受弯、受拉、偏心受压等构件的抗裂计算。

(3)常见构件的限裂计算。具体包括受弯、受拉、偏心受压等构件的裂缝宽度计算。

(4)附赠钢筋选配工具、钢筋混凝土常用表格查询工具等。

4.1.2.3　钢筋 CAD 制图模块功能

(1)提供批量绘制构件钢筋图的模板功能。自动批量绘制常用构件，如闸底板、闸墩、铺盖、护坦、U 形槽、悬臂挡土墙、箱形涵洞的钢筋图，包括钢筋表和材料表。以后逐步增加其他构件钢筋图的自动批量绘图功能。

(2)提供交互式绘制任意构件钢筋图功能。动态可视化进行钢筋标注，自动生成钢筋表和材料表，并能任意查询、批量修改钢筋的编号、根数、级别、直径、长度、间距等各种属性。

(3)提供结构图上常用的标注工具，如高程、水位、长度、坡度、坐标、比例尺、图号、建筑物图例等。

(4)提供图纸修改工具，如图形智能缩放、批量修改线宽、批量修改图中文字(含尺寸标注)字高等。

(5)提供表格绘制功能、CAD 中数字快速计算功能、文本字表批量输入输出功能。

(6)提供地形图切剖面的各种平面图处理功能。

4.1.3　百图水工挡土墙设计软件

挡土墙计算模块功能包括以下几点：

(1)重力式挡土墙计算。

(2)半重力式挡土墙计算。

(3)衡重式挡土墙计算。

(4)悬臂式挡土墙计算。

(5)扶壁式挡土墙计算。

(6)板式挡土墙计算。

(7)悬臂挡土嵌岩桩计算。

图形与数据对应,所见即所得,操作方便、灵活。

4.1.4 百图土地整理设计软件包

百图土地整理设计软件包功能简介:

(1)平面图设计。平面图上自动切剖面并获取现状纵横断面数据,平面展点,平面布桩,平面坐标标注,根据铺工表数据自动计算工程平面坐标,批量绘制工程轮廓线(坡脚线、开挖线等)。

(2)纵断面图设计及绘制。纵断面图中的线条多少不受限制。可在纵断面图上拉坡并标注道路竖曲线。

(3)横断面图设计、绘制及工程量计算。对土石方工程(如堤防、河道、渠道、土坝、道路等)的横断面图进行设计,批量绘制横断面图,自动生成设计工程量表。

(4)场地平整。对任意形状的地块,软件可自动计算出平整高程和平整方量,并画出断面图。

(5)水力计算。包括梯形渠道、复式渠道、弧脚梯形渠道、U形渠道、圆管等的均匀流过流计算。

(6)统计功能。对点坐标、两点距离、折线长度、面积、高程等各种属性进行查询、统计,生成数据文件,以备调用。

(7)额外提供近百个制图工具和辅助程序,如常用图例符号插入、批量高程更改(平面图、断面图全改)、批量修改线宽、调整出图比例、制表、表格计算、文本字表输入输出(CAD与记事本、Excel、Word表格转换)、数字可视化计算等。

4.1.5 "断面CAD2002"安装指南

"断面CAD2002"绘图设计软件是在AutoCAD2002绘图平台的基础上开发的,因此AutoCAD2002对计算机的要求就是"断面CAD2002"系统对计算机的要求。建议用户在奔腾二代、64 MB内存以上的PC机上使用"断面CAD2002"软件。如果用户的PC机的内存小于32 MB,可以事先在Windows 9x/NT下通过"设置/控制面板/系统/性能",人工指定虚拟内存的最小值为120 MB,然后重新启动计算机。

另外,在安装前,PC机硬盘上最好有400 MB以上的自由空间。

安装步骤如下:

(1)参考有关材料,安装AutoCAD2002绘图平台。安装完成后,运行一次,看是否运行正常,然后关闭AutoCAD2002(若已安装,该步可省略)。

(2)安装"断面CAD2002"。运行断面CAD软件光盘中dmcad2002_文件夹下的dmcad.exe。安装口令：________。其他地方都使用默认值，用户只需按“下一步”或“完成”按钮。安装完毕，安装程序自动建立断面 CAD 程序组和快捷方式。

(3)安装断面 CAD 软件狗驱动程序。运行断面 CAD 软件光盘中的软件狗驱动程序文件夹下的 SoftDogInstdrv.exe 文件。安装过程中，根据提示，在计算机上插入软件狗。安装完毕，重新启动计算机(试用版，该步可省略)。

4.1.6 “水力计算软件 2002”安装指南

“水力计算软件 2002”是在 AutoCAD2002 绘图平台的基础上开发的，因此 AutoCAD2002 对计算机的要求就是“水力计算软件 2002”对计算机的要求。建议用户在奔腾二代、64 MB 内存以上的 PC 机上使用“水力计算软件 2002”。

另外，在安装前，PC 机硬盘上最好有 400 MB 以上的自由空间。

安装步骤如下：

(1)参考有关材料，安装 AutoCAD2002 绘图平台。安装完成后，运行一次，看是否运行正常，然后关闭 AutoCAD2002。若已安装，该步可省略。

(2)安装“水力计算软件 2002”：

运行断面 CAD 软件光盘中 SMX2002 文件夹下的 smx.exe。安装口令：________。其他地方都使用默认值，用户只需按“下一步”或“完成”按钮。安装完毕，安装程序自动建立水力计算软件程序组和快捷方式。

(3)安装水力计算软件软件狗驱动程序。

运行断面 CAD 软件光盘中的软件狗驱动程序文件夹下的 SoftDogInstdrv.exe 文件。安装过程中，根据提示，在计算机上插入软件狗。安装完毕，重新启动计算机(试用版，该步可省略)。

4.2 软件启动与设置

4.2.1 启动“断面 CAD2002”

因为“断面 CAD2002”的二级平台是 Windows 95/98/XP/2000/NT，所以在 Windows 下操作“断面 CAD2002”非常方便，只需在桌面上用鼠标双击如图 4-1 所示“断面 CAD2002”图标即可。

也可以从断面 CAD 程序组里，选择“断面 CAD2002”程序，具体操作步骤为“开始\程序\断面 CAD\断面 CAD2002”。

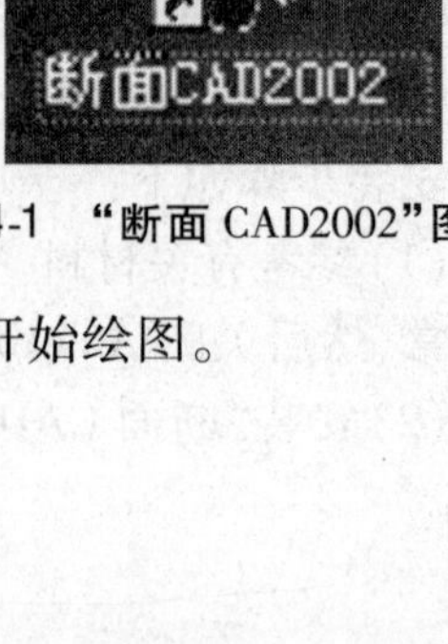

图 4-1 “断面 CAD2002”图标

为了保持图形设置的一致性，“断面 CAD2002”在启动过程中，会自动以 1_Dmcad.dwt 为样板文件开始绘图，同时自动建立许多图层，比如原状断面层(yuanshi、yuanshi1)、设计断面层(sheji)、竣工断面层(jungong)等。

当用户“新建”图形时，也要选择 1_Dmcad.dwt 为样板文件，开始绘图。

4.2.2 设置绘图参数

"断面 CAD2002"系统允许用户在水平方向和竖直方向以不同的比例来绘制纵横断面图。

在开始绘制断面图之前，首要一步工作是设置绘图参数，包括水平向绘图比例、竖直向绘图比例、长度单位（高程在任何时候均以米为单位，不需用户设置）、长度和坡度标注小数位数等，因为线条的粗细、文字的大小等都与绘图比例有关。

当用户设置完绘图参数，"断面 CAD"系统自动计算图中标注文字的高度和粗实线的线宽。其中，标注文字高度等于2.5×竖直向绘图比例，粗实线宽度等于0.5×竖直向绘图比例。

当断面图的水平方向和竖直方向比例相等时，不管用户设置的绘图比例为多大，断面 CAD 系统仍然以工程的实际尺寸转换成毫米单位绘图，例如1米长的竖直标尺在图形文件中测量长度为1 000 毫米。打印出图时，以用户事先设置的绘图比例为出图比例。

当断面图的水平方向和竖直方向比例不相等时，"断面 CAD"系统以工程的竖直方向的实际尺寸转换成毫米单位绘图，水平方向长度做相应调整。此时只能用长度标注工具标注水平向长度，不能用来标注倾斜或竖直向长度，因为当标注线非水平时，系统给定的长度缺省值不正确，除非用户事后修改长度标注缺省值。打印出图时，以用户事先设置的竖直方向的绘图比例为出图比例。

具体操作时，从"断面"下拉菜单中选择"设置绘图参数"菜单项，"断面 CAD2002"系统会弹出如图4-2所示的对话框。如果缺省值正确，用户可直接点"确定"按钮，关闭对话框，否则须重新输入有关数值。

另外，在任何时候，都可以用 dimdec 命令重新设置长度标注小数位数，用 eledec 命令重新设置高程标注小数位数，如图4-2所示。

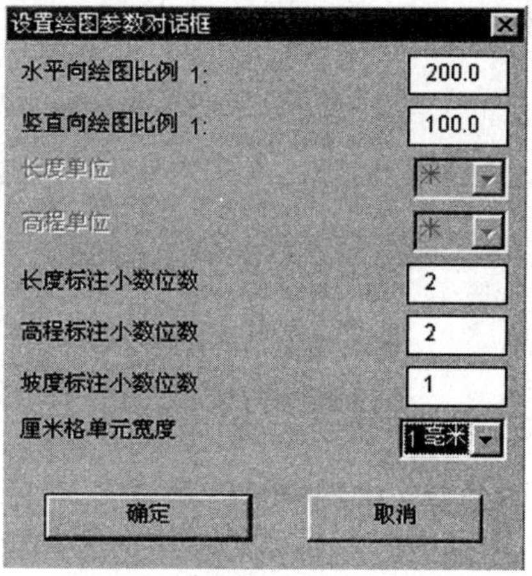

图4-2 设置绘图参数对话框

4.2.3 批量绘制土石方工程纵断面图

4.2.3.1 准备纵断数据文件

绘制纵向断面时，"断面 CAD" 系统要求用户事先准备一个文本格式的数据文件，文本或数据之间用空格隔开，该文本文件实际上构成了一个数据表格。数据表格的行数和列数不受限制，只要求数据表格的第一行为表头，正文第一列为桩号，其他各列记录某项工程各个断面上的具有某种特征的数据，如现状堤顶高程、设计堤顶高程等。

如果某桩号的某项高程值不定，那么可以用斜线代替，软件绘图时，纵断线自动在该处断开。

有时某些特征数据（例如挖深、填高）不需要绘制纵断线，只需要把数据填入纵断图

下面的表格中，此时相应项的表头前只需加竖线（举例："|填高、|测量桩号"），以示区别。

有时某些特征数据（例如相邻两桩号之间的长度值）不需要绘制纵断线，只需要把数据填入纵断图下面的表格中，此时相应项的表头前只需加一下划线（举例："_相邻间距"），以示区别。

有时还需要把坡度比值以对角的形式表示在纵断图下面的表格中，此时相应项的表头前只需加一斜线（举例："\渠底坡降"），以示区别。

文本文件的最后一列，可以加上有关注释，注释如果是中文，绘图时系统会在对应位置上作出标记。

在原始横断测量成果表中，当某些特征点有注释时，可以利用"提取纵断数据"命令，来辅助生成纵断数据文件。

下表就是一个命名为"2_成果表.zd"的纵断数据文件。

桩号	现状高程	堤脚高程	设防水位	\纵比降	_间距	注释
305 +550	54.92	45.91	53.89	\	\	李庄
305 +600	54.99	44.5	53.88	-0.0001	50	
305 +650	54.61	44.47	53.87	-0.0001	50	泵站
305 +700	55.02	45.66	53.86	-0.0001	50	
305 +750	\	46.1	53.85	-0.0001	50	
305 +800	\	46.04	53.84	-0.0001	50	王庄
305 +850	54.99	45	53.83	-0.0001	50	
305 +900	54.79	46.3	53.82	-0.0001	50	
305 +950	54.52	45.93	53.81	-0.0001	50	
306 +000	\	47.13	53.8	-0.0001	50	
306 +050	54.97	46.6	53.79	-0.0001	50	
306 +100	54.98	46.87	53.78	-0.0001	50	
306 +150	55.02	46.45	53.77	-0.0001	50	
306 +200	55.03	46.94	53.76	-0.0001	50	

4.2.3.2　设置绘图参数

从"设置"下拉菜单中选择"绘图参数"菜单项，弹出如图4-3所示的对话框，可以修改其中的缺省设置。

4.2.3.3　批量绘制纵向断面图

从"断面"下拉菜单中选择"批量绘制纵断面"命令，激活后，弹出如图4-4所示的批量绘制纵向断面对话框，在该对话框中按"纵向断面数据文件名"按键，在浏览方式下指定记录纵断数据的文件名，核选"图纸自动分幅"核选框，选择图框大小，然后按"确定"按钮，并在绘图区指定插入点后，系统会立即绘出纵断图形。然后用户可选择插入图框、绘制图号、绘制比例尺等功能。

4.2.4　利用现有模板设计绘制工程横断面图

"断面CAD"系统提供了一些设计模板，如果用户要绘制的断面图与设计模板一样，就可以按"断面CAD"系统要求的格式（点击菜单"横断模板"下面的"横断模板设计要素格式汇总"菜单项查看格式）整理数据文件，快速绘制横断面图。这里面列出的格式数据

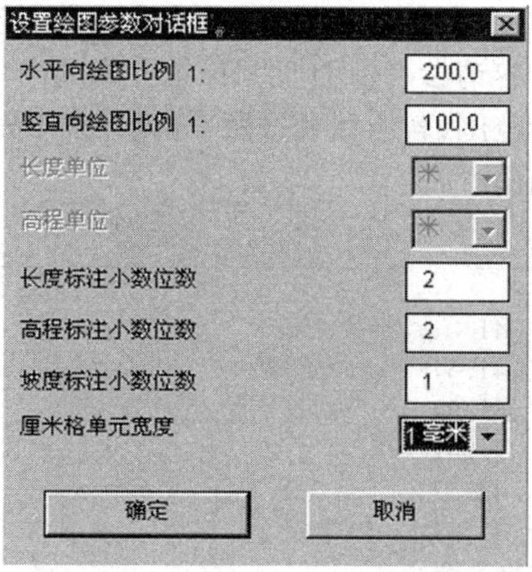

图 4-3　设置绘图参数对话框

是必须有的内容，在此基础上可以加 1 ~ 3 列水位数据，若增加水位值，则软件会在横断面图上自动批量标注出水位值。

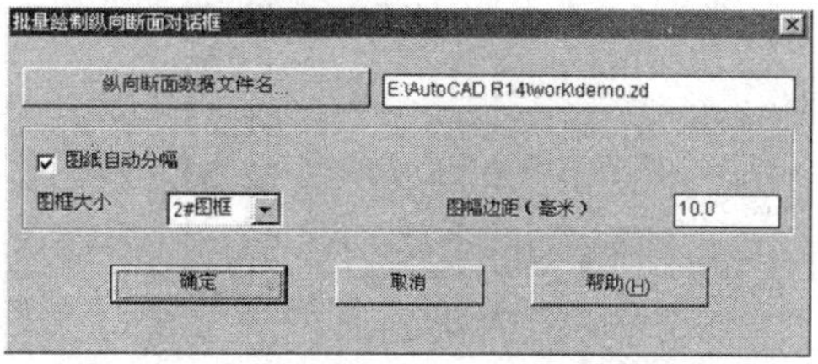

图 4-4　批量绘制纵向断面对话框

4.2.5　梯形断面渠道开挖 1

该程序批量绘制梯形断面渠道开挖工程横断面图，自动生成工程项目文件、湿周数据(推算水面线用)、工程量表和铺工表，操作步骤如下。

4.2.5.1　准备原始横断面成果表文件

原始横断面测量成果表的格式如下：

```
 桩号
起点距   高程   点注释
起点距   高程   点注释
起点距   高程   点注释
  ⋮
 桩号
起点距   高程   点注释
起点距   高程   点注释
  ⋮
```

测量成果表中，桩号允许带“ + ”或“ - ”，但不允许有其他非数字文本，程序通过加减号来识别桩号。起点距即是累距，零点桩的起点距为 0。每个点的数据占一行，包括“起点距”、“高程”和“点注释”三项，中间用空格隔开，空格多少不受限制，其中“点注释”可以省略。

用户需用 Windows 下的记事本软件(操作方法为：开始\程序\附件\记事本)把原始测量记录输入整理成测量成果表，并保存成文本格式的文件，或者利用“断面工具”下的

"测量数据转为成果表"功能把原始测量读数(来自水准仪、经纬仪、全站仪、GPS 等)转换为横断测量成果表,详细内容请参考《用户手册》第九章的内容。

提示:用户须注意测量范围,若原始线过短,与设计线不发生两个以上的交点,不能构成多边形,则设计线不会画出。

横断成果表举例如下:

15 +000	
-38	41
-15	41.57
-4.2	41.97
0	41.57
4	42.37
13.5	41.33
46.7	41.08
15 +050	
-37	41.17
-14.5	41.57
-4.5	42.45
0	42.05
4	41.65
14.5	42.53
32.4	42.24
48.7	41.38
15 +100	
-37.8	41.12
-15.2	41.67
-4.3	41.97
0	42.37

4.2.5.2 整理设计要素文件

在 Excel 中整理设计要素数据,另存为文本文件(*.txt),格式如下:

桩号	中心距	设计渠底高程
15 +000	1.5	38.5
15 +050	2	38.4
15 +100	3.5	38.3
15 +150	4	38.2
15 +200	5	38.1
15 +250	6.5	38
15 +300	7.5	37.9
15 +350	7	37.8

中心距为渠道轴线偏离原始断面线的零点桩的距离,左负右正。可以利用"断面CAD"系统统计两点距离工具,从平面图或原状断面图上统计出中心距(保存成文件)。特殊情况下,当原始断面线的零点桩在渠道轴线上时,中心距取 0。

4.2.5.3 设置绘图参数(该步可省略)

从"横断模板"下拉菜单中选择"设置绘图参数"菜单项,弹出如图 4-5 所示的对话框，可以修改其中的缺省设置。

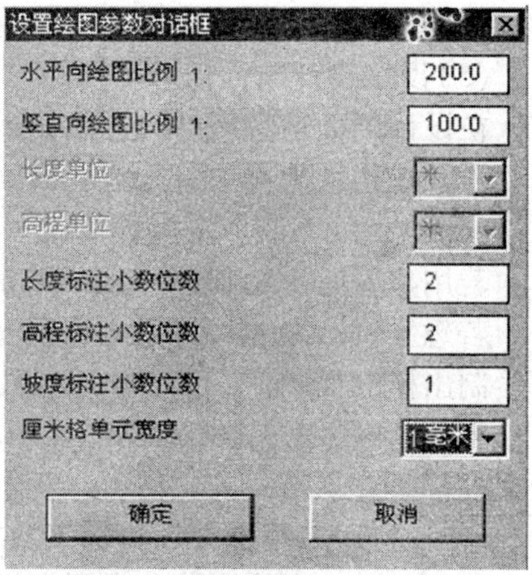

图 4-5　设置绘图参数对话框

4.2.5.4　批量绘图与计算

从"横断模板"下拉菜单中选择"梯形渠道开挖1"菜单项，系统弹出如图4-6所示的梯形断面渠道开挖批量绘制横断面图对话框，在该对话框中需要用户进行以下各项参数的设置。

(1)指定断面排列间距。

(2)设定标尺信息。

在对话框中的标尺信息区，核选是否绘制标尺；指定标尺偏移距离，标尺偏移距离表示标尺与原始断面上零点桩的水平距离，负值表示向左偏移，正值表示向右偏移；指定标尺高度。

(3)设定米格信息。

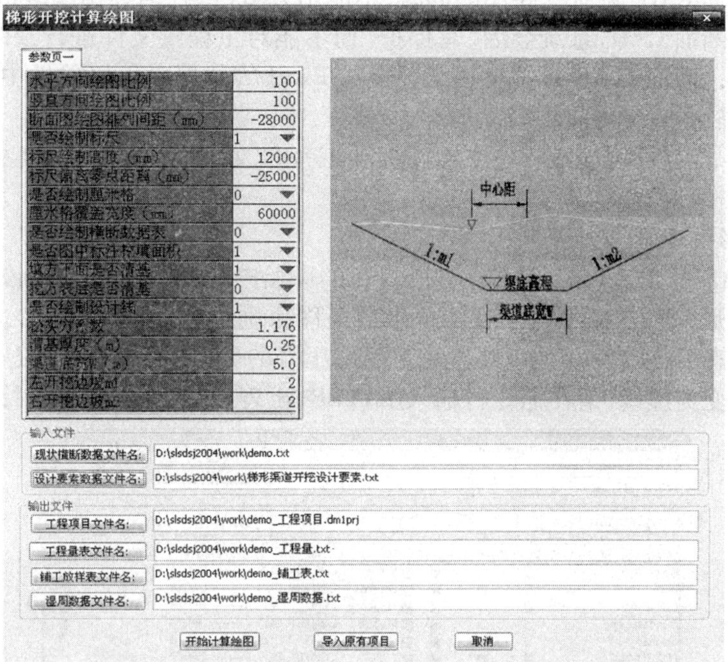

图 4-6　梯形断面渠道开挖批量绘制横断面图对话框

核选是否绘制米格以及米格的宽度。系统内设定，米格的高度等于标尺的高度，只有同时核选绘制标尺和绘制米格的情况下，才能绘制出米格。

(4)设定数据文件名称。

按"现状横断数据文件名"按键，在浏览方式下指定记录原始横断面数据的文件名。按"设计要素数据文件名"按键，在浏览方式下指定记录设计要素信息的文件名。系统会同时自动生成工程项目文件名、工程量表文件名、铺工放样表文件名和湿周数据文件名，其中工程项目文件便于以后进行修改操作，湿周数据文件用来推算水面线，工程量表文件和铺工放样表文件都是文本格式文件，都可以用 Windows 的记事本或 Excel 打开。

(5)设定设计断面信息。

在设计断面信息区，核选是否绘制设计断面，若绘制，在该对话框中输入其他设计数据。若开挖边坡为直坡，理论值 m1 = 0、m2 = 0，实际操作中请用 0.001 代替 0。

(6)给点绘图或取消操作。

若用户暂时不绘图，可点击“取消”按钮，取消操作。

若想立即绘图，点击“开始计算绘图”按钮后，用鼠标在绘图区任意指定一点，系统即可绘制出横断面图。

另外，如果用户选择绘制设计断面，那么系统会自动生成工程量表和铺工放样表，两个文件都是文本格式的文件，可以用 Windows 的记事本或 Excel 等程序打开。

4.2.5.5　打印工程量文件和铺工放样表文件

用 Windows 下的记事本或写字板软件（操作方法为：开始\程序\附件\记事本或写字板）打开“批量绘制横断面”时所指定的工程量文件和铺工放样表文件，观察软件计算结果。

注意：“断面 CAD”系统在绘图的同时，不能用 Excel 等任何数据库编辑软件打开工程量文件，否则“断面 CAD”系统会因“写保护”而不能对工程量文件进行及时更新。当然，在这种情况下，“断面 CAD”系统会提示用户从 Excel 等数据库编辑软件中暂时关闭工程量文件或铺工放样表文件。

批量绘图结束后，可以用 Excel 软件打开工程量文件和铺工放样表文件，加上表格线，进行进一步地编辑或打印。

4.2.5.6　图形整理、修饰

用 AutoCAD 的 Trim（修剪）命令剪断过长的原始断面线，插入图框（该功能在断面工具菜单下），图形（连同标尺）可以在图框中适当移动，绘制图号、比例尺等。

在缺省状态下，横断面图中，被新修工程占压着的原始断面线也画成实线，有时用户如果想把实线变为虚线，请在命令行输入 LAYER，出现如图 4-7 所示的对话框，用鼠标点

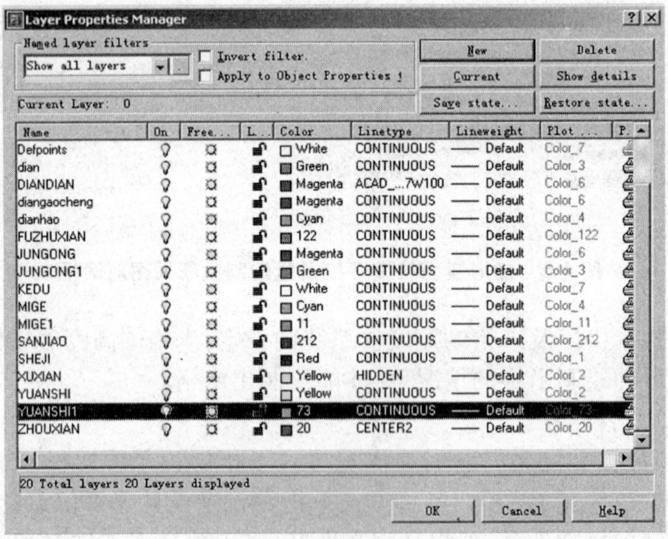

图 4-7　图层与线型特性对话框

蓝"YUANSHI1",再点该行最右方的"CONTINUOUS", 出现如图 4-8 所示的对话框,用鼠标点蓝"Hidden",确定关闭对话框即可。

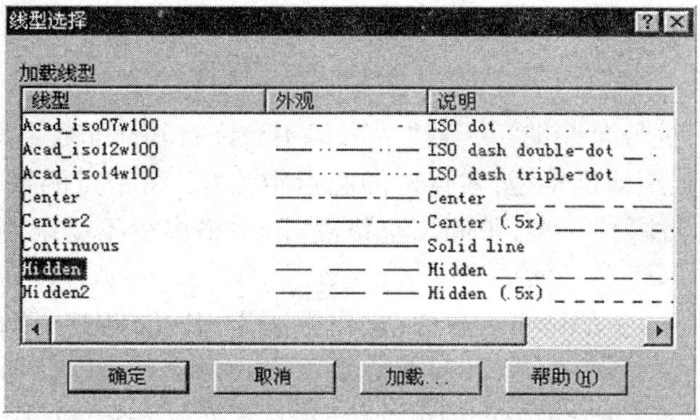

图 4-8　"线型选择"对话框

4.2.6　梯形断面渠道开挖 2

该程序批量绘制梯形断面渠道开挖(河道设计中也可借用)工程横断面图,自动计算挖方工程量和铺工表数据,自动生成工程项目文件、工程量表和铺工表。

该功能可以随时变换断面底宽,设计要素表的格式如下:

桩号	中心距	设计渠底高程	设计渠底宽度
0 + 000	1.5	38.5	10
0 + 050	2	38.4	11
0 + 100	3	38.3	11.5
0 + 150	4.5	38.2	12
0 + 200	5	38.1	12
0 + 250	6.5	38	12.5
0 + 300	7.5	37.9	11

操作步骤同"4.2.5　梯形断面渠道开挖 1",请参考本节内容。

4.2.7　梯形断面渠道开挖筑堤 1

该程序批量绘制梯形断面渠道开挖筑堤工程横断面图,自动生成工程项目文件、湿周数据(推算水面线用)、工程量表和铺工表,操作步骤如下。

4.2.7.1　准备原始横断面成果表文件

原始横断面测量成果表的格式如下:

桩号		
起点距	高程	点注释
起点距	高程	点注释
起点距	高程	点注释
⋮		

```
桩号
起点距    高程    点注释
起点距    高程    点注释
   ⋮
```

测量成果表中,桩号允许带“+”或“-”,但不允许有其他非数字文本,程序通过加减号来识别桩号。起点距即是累距,零点桩的起点距为0。每个点的数据占一行,包括“起点距”、“高程”和“点注释”三项,中间用空格隔开,空格多少不受限制,其中“点注释”可以省略。

用户需用 Windows 下的记事本软件(操作方法为:开始\程序\附件\记事本)把原始测量记录输入整理成测量成果表,并保存成文本格式的文件,或者利用“断面工具”下的“测量数据转为成果表”功能把原始测量读数(来自水准仪、经纬仪、全站仪、GPS 等)转换为横断测量成果表,详细内容请参考《用户手册》第九章的内容。

提示:用户须注意测量范围,若原始线过短,与设计线不发生两个以上的交点,不能构成多边形,则设计线不会画出。

横断成果表举例如下:

```
15+000
 -38        41
 -15        41.57
 -4.2       41.97
0           41.57
4           42.37
13.5        41.33
46.7        41.08
15+050
 -37        41.17
 -14.5      41.57
 -4.5       42.45
0           42.05
4           41.65
14.5        42.53
32.4        42.24
48.7        41.38
15+100
 -37.8      41.12
 -15.2      41.67
 -4.3       41.97
0           42.37
4           42.47
13.5        42.33
46.7        41.08
```

4.2.7.2 整理设计要素文件

在 Excel 中整理设计要素数据,另存为文本文件(*.txt),格式如下:

桩号	中心距	设计渠底高程	设计左堤高程	设计右堤高程
15+000	5	40	44	43.5
15+050	5.5	39.975	43.975	43.475
15+100	6	39.95	43.95	43.45
15+150	5	39.925	43.925	43.425
15+200	5.6	39.9	43.9	43.4
15+250	4	39.875	43.875	43.375
15+300	6	39.85	43.85	43.35

中心距为渠道轴线偏离原始断面线的零点桩的距离,左负右正。可以利用"断面CAD"系统统计两点距离工具,从平面图或原状断面图上统计出中心距(保存成文件)。特殊情况下,当原始断面线的零点桩在渠道轴线上时,中心距取0。

4.2.7.3 设置绘图参数(该步可省略)

从"横断模板"下拉菜单中选择"设置绘图参数"菜单项,弹出如图4-9所示的对话框,可以修改其中的缺省设置。

4.2.7.4 批量绘图与计算

从"横断模板"菜单中,选择"梯形渠道开挖筑堤1"菜单项,系统弹出如图4-10所示的批量绘图设置对话框,在该对话框中需要用户进行以下各项参数的设置:

(1)指定断面排列间距。

(2)设定标尺信息。

在对话框中的标尺信息区,核选是否绘制标尺;指定标尺偏移距离,标尺偏移距离表示标尺与原始断面上零点桩的水平距离,负值表示向左偏移,正值表示向右偏移;指定标尺高度。

(3)设定米格信息。

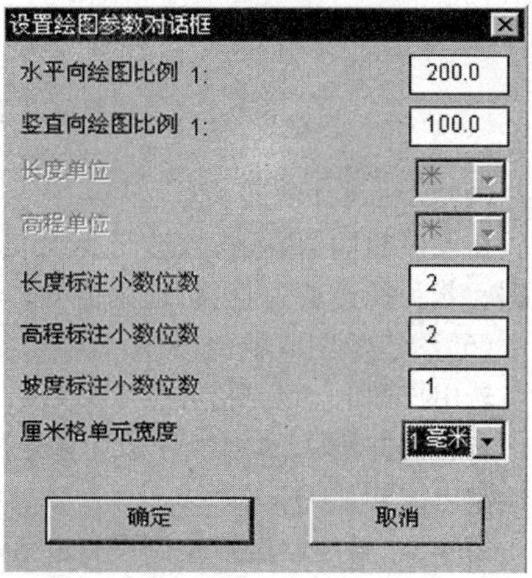

图4-9 设置绘图参数对话框

核选是否绘制米格以及米格的宽度。系统内设定,米格的高度等于标尺的高度,只有同时核选绘制标尺和绘制米格的情况下,才能绘制出米格。

(4)设定数据文件名称。

按"现状横断数据文件名"按键,在浏览方式下指定记录原始横断面数据的文件名。按"设计要素数据文件名"按键,在浏览方式下指定记录设计要素信息的文件名。系统会同时自动生成工程项目文件名、工程量表文件名、铺工放样表文件名和湿周数据文件名,其中工程项目文件便于以后进行修改操作,湿周数据文件用来推算水面线,工程量表文件和铺工放样表文件都是文本格式文件,都可以用 Windows 的记事本或 Excel 打开。

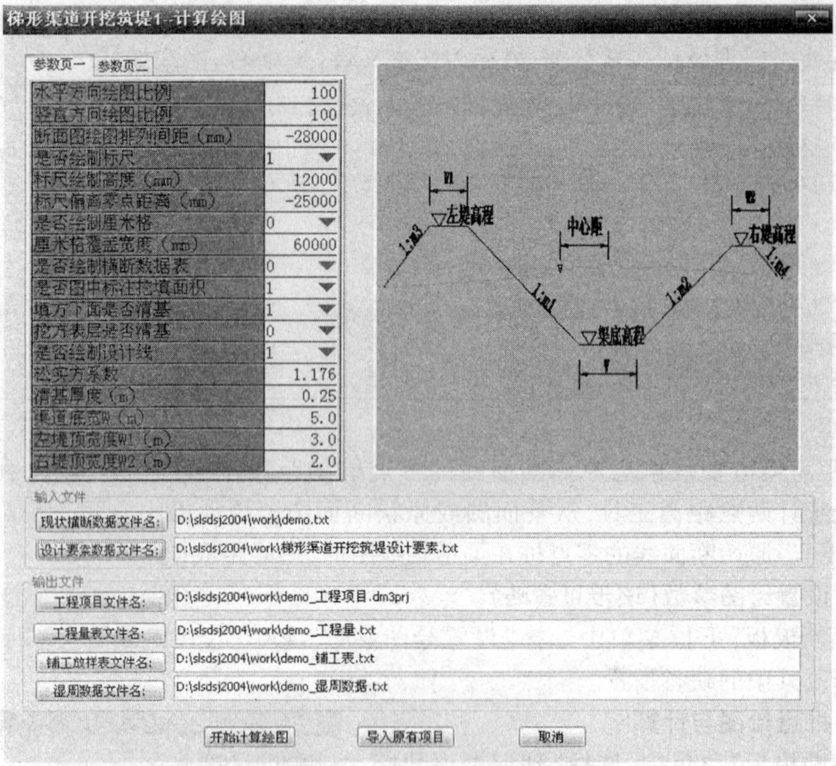

图 4-10　梯形断面渠道开挖筑堤批量绘制横断面图对话框

(5)设定设计断面信息。

在设计断面信息区,核选是否绘制设计断面,若绘制,在该对话框中输入渠底宽度等数据。若开挖边坡为直坡,理论值 m1 =0、m2 =0,实际操作中请用 0.001 代替 0。

(6)给点绘图或取消操作。

若用户暂时不绘图,可点击“取消”按钮,取消操作。

若想立即绘图,点击“开始计算绘图”按钮后,用鼠标在绘图区任意指定一点,系统即可绘制出横断面图。

另外,如果用户选择绘制设计断面,那么系统会自动生成工程量表和铺工放样表,两个文件都是文本格式的文件,可以用 Windows 的记事本或 Excel 等程序打开。

4.2.7.5　打印工程量文件和铺工放样表文件

用 Windows 下的记事本或写字板软件(操作方法为:开始\程序\附件\记事本或写字板)打开“批量绘制横断面”时所指定的工程量文件和铺工放样表文件,观察软件计算结果。

断面 CAD 系统中认为上下方系数是自然方与压实后的体积比,大于或等于 1.0,系统把填方面积和填方工程量乘以上下方系数,因此系统列出的填方工程量为自然方。

注意:“断面 CAD”系统在绘图的同时,不能用 Excel 等任何数据库编辑软件打开工程量文件,否则“断面 CAD”系统会因“写保护”而不能对工程量文件进行及时更新。当然,在这种情况下,“断面 CAD”系统会提示用户从 Excel 等数据库编辑软件中暂时关闭工程量文件或铺工放样表文件。

批量绘图结束后,可以用 Excel 软件打开工程量文件和铺工放样表文件,加上表格线,进行进一步地编辑或打印。

4.2.7.6 图形整理、修饰

参考4.2.5.6节的内容,对图形进行整理、修饰,最后出图。

4.2.8 梯形断面渠道开挖筑堤2

该程序批量绘制梯形断面渠道开挖筑堤(河道设计中也可借用)工程横断面图,自动生成工程项目文件、湿周数据(推算水面线用)、工程量表和铺工表。

该功能可以随时变换渠道断面底宽,设计要素表的格式如下:

桩号	中心距	设计渠底高程	设计左堤高程	设计右堤高程	设计渠底宽度
0+000	1.5	38.5	44.5	43.5	10
0+050	2	38.4	44.4	43.4	11
0+100	3	38.3	44.3	43.3	11.5
0+150	4.5	38.2	44.2	43.2	12
0+200	5	38.1	44.1	43.1	12
0+250	6.5	38	44	43	12.5
0+300	7.5	37.9	43.9	42.9	11

操作步骤同“4.2.7 梯形断面渠道开挖筑堤1”,请参考该节的内容。

4.2.9 梯形断面渠道开挖筑堤3

该程序批量绘制梯形断面渠道开挖筑堤(河道设计中也可借用)工程横断面图,自动生成工程项目文件、湿周数据(推算水面线用)、工程量表和铺工表。

该功能可以随时变换渠道断面底宽和堤顶宽度,设计要素表的格式如下:

桩号	中心距	设计渠底高程	设计左堤顶高程	设计右堤顶高程	设计渠底宽度	设计左堤顶宽	设计右堤顶宽
0+000	0	277.5	281.5	281.5	4	5	3
0+050	0	277.45	281.45	281.45	4	5	3
0+100	0	277.4	281.4	281.4	4	5	3
0+150	0	277.35	281.35	281.35	4	5	3
0+200	0	277.3	281.3	281.3	5	7	4
0+250	0	277.25	281.25	281.25	5	7	4
0+300	0	277.2	281.2	281.2	5	7	4
0+350	0	277.15	281.15	281.15	5	7	4
0+400	0	277.1	281.1	281.1	5	7	4

操作步骤同“4.2.7 梯形断面渠道开挖筑堤1”,请参考该节的内容。

4.2.10 复式断面渠道开挖筑堤1

该程序批量绘制复式断面渠道开挖筑堤工程横断面图,自动生成工程项目文件、湿周

数据(推算水面线用)、工程量表和铺工表。

4.2.10.1 **准备原始横断面成果表文件**

原始横断面测量成果表的格式如下:

```
 桩号
起点距   高程   点注释
起点距   高程   点注释
起点距   高程   点注释
  ⋮
 桩号
起点距   高程   点注释
起点距   高程   点注释
  ⋮
```

测量成果表中,桩号允许带“+”或“-”,但不允许有其他非数字文本,程序通过加减号来识别桩号。起点距即是累距,零点桩的起点距为0。每个点的数据占一行,包括“起点距”、“高程”和“点注释”三项,中间用空格隔开,空格多少不受限制,其中“点注释”可以省略。

用户需用 Windows 下的记事本软件(操作方法为:开始\程序\附件\记事本)把原始测量记录输入整理成测量成果表,并保存成文本格式的文件,或者利用“断面工具”下的“测量数据转为成果表”功能把原始测量读数(来自水准仪、经纬仪、全站仪、GPS 等)转换为横断测量成果表,详细内容请参考《用户手册》第九章的内容。

横断测量成果表举例如下:

```
15+000
-38      41
-15      41.57
-4.2     41.97
0        41.57
4        42.37
13.5     41.33
46.7     41.08
15+050
-37      41.17
-14.5    41.57
-4.5     42.45
0        42.05
4        41.65
14.5     42.53
32.4     42.24
48.7     41.38
15+100
-37.8    41.12
```

-15.2	41.67
-4.3	41.97
0	42.37
4	42.47
13.5	42.33
46.7	41.08

提示:用户须注意测量范围,若原始线过短,与设计线不发生两个以上的交点,不能构成多边形,则设计线不会画出。

4.2.10.2 整理设计要素文件

在 Excel 中整理设计要素数据,另存为文本文件(*.txt),格式如下:

桩号	中心距	设计渠底高程	设计戗台高程	设计左堤高程	设计右堤高程
15+000	1.5	38.5	42	44.5	43.5
15+050	2	38.4	41.9	44.4	43.4
15+100	3	38.3	41.8	44.3	43.3
15+150	4.5	38.2	41.7	44.2	43.2
15+200	5	38.1	41.6	44.1	43.1
15+250	6.5	38	41.5	44	43
15+300	7.5	37.9	41.4	43.9	42.9

中心距为渠道轴线偏离原始断面线的零点桩的距离,左负右正。可以利用“断面CAD”系统统计两点距离工具,从平面图或原状断面图上统计出中心距(保存成文件)。特殊情况下,当原始断面线的零点桩在渠道轴线上时,中心距取0。

4.2.10.3 设置绘图参数(该步可省略)

从“横断模板”下拉菜单中选择“设置绘图参数”菜单项,弹出图4-11所示的对话框,可以修改其中的缺省设置。

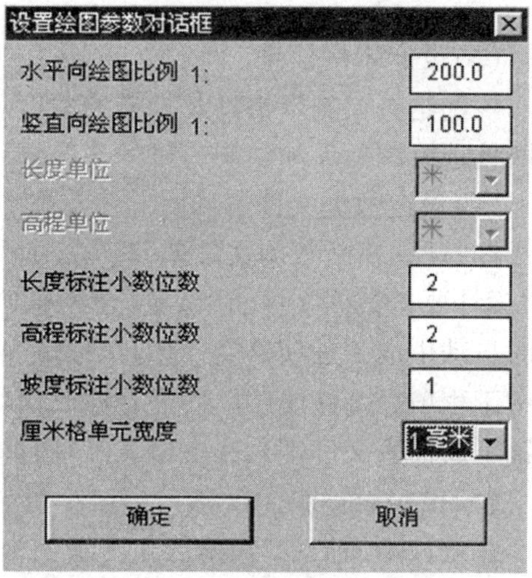

图4-11 设置绘图参数对话框

4.2.10.4 批量绘图与计算

从“横断模板”菜单中选择“复式渠道开挖筑堤1”菜单项,系统弹出如图4-12所示的复式渠道开挖筑堤1-计算绘图对话框,在该对话框中需要用户进行以下各项参数的设置:

(1)指定断面排列间距。

(2)设定标尺信息。

在对话框中的标尺信息区,核选是否绘制标尺;指定标尺偏移距离,标尺偏移距离表示标尺与原始断面上零点桩的水平距离,负值表示向左偏移,正值表示向右偏移;指定标尺高度。

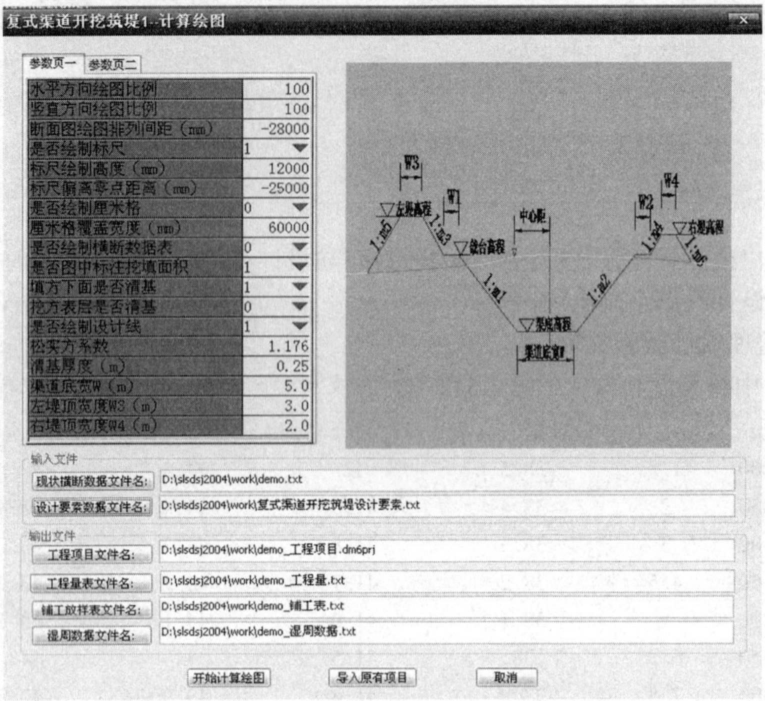

图 4-12　复式渠道开挖筑堤 1 – 计算绘图对话框

(3)设定米格信息。

核选是否绘制米格以及米格的宽度。系统内设定，米格的高度等于标尺的高度，只有同时核选绘制标尺和绘制米格的情况下，才能绘制出米格。

(4)设定数据文件名称。

按“现状横断数据文件名”按键，在浏览方式下指定记录原始横断面数据的文件名。按“设计要素数据文件名”按键，在浏览方式下指定记录设计要素信息的文件名。系统会同时自动生成工程项目文件名、工程量表文件名、铺工放样表文件名和湿周数据文件名，其中工程项目文件便于以后进行修改操作，湿周数据文件用来推算水面线，工程量表文件和铺工放样表文件都是文本格式文件，都可以用 Windows 的记事本或 Excel 打开。

(5)设定设计断面信息。

在设计断面信息区，核选是否绘制设计断面，若绘制，在该对话框中输入其他设计数据。若开挖边坡为直坡，理论值 m1 = 0、m2 = 0、m3 = 0、m4 = 0，实际操作中请用 0.001 代替 0。若不设戗台，理论值 W1 = 0、W2 = 0，实际操作中请用 0.001 代替 0。

(6)给点绘图或取消操作。

若用户暂时不绘图，可点击“取消”按钮，取消操作。

若想立即绘图，点击“开始计算绘图”按钮后，用鼠标在绘图区任意指定一点，系统即可绘制出横断面图。

另外，如果用户选择绘制设计断面，那么系统会自动生成工程量表和铺工放样表，两个文件都是文本格式的文件，可以用 Windows 的记事本或 Excel 等程序打开。

4.2.10.5 打印工程量文件和铺工放样表文件

用 Windows 下的记事本或写字板软件(操作方法为:开始\程序\附件\记事本或写字板)打开“批量绘制横断面”时所指定的工程量文件和铺工放样表文件,观察软件计算结果。

“断面CAD”系统中认为上下方系数是自然方与压实后的体积比,大于或等于1.0,系统把填方面积和填方工程量乘以上下方系数,因此系统列出的填方工程量为自然方。

注意:“断面CAD”系统在绘图的同时,不能用Excel等任何数据库编辑软件打开工程量文件,否则“断面CAD”系统会因“写保护”而不能对工程量文件进行及时更新。当然,在这种情况下,“断面CAD”系统会提示用户从Excel等数据库编辑软件中暂时关闭工程量文件或铺工放样表文件。

批量绘图结束后,可以用Excel软件打开工程量文件和铺工放样表文件,加上表格线,进行进一步地编辑或打印。

4.2.10.6 图形整理、修饰

参考4.2.5.6节的内容,对图形进行整理、修饰,最后出图。

4.2.11 复式断面渠道开挖筑堤2

该程序批量绘制复式断面渠道开挖筑堤工程横断面图,自动生成工程项目文件、湿周数据(推算水面线用)、工程量表和铺工表。

该功能可以随时变换复式断面底宽、左戗台(滩地)宽度、右戗台(滩地)宽度,设计要素表的格式如下:

桩号	中心距	设计渠底高程	设计左戗高程	设计右戗高程	设计左堤高程	设计右堤高程	设计渠底宽度	设计左戗宽度	设计右戗宽度
0+000	1.5	38.5	42	42.5	44.5	43.5	10	3	3
0+050	2	38.4	41.9	42.4	44.4	43.4	11	3	3
0+100	3	38.3	41.8	42.3	44.3	43.3	11.5	3	3
0+150	4.5	38.2	41.7	42.2	44.2	43.2	12	3	3
0+200	5	38.1	41.6	42.1	44.1	43.1	13	3	3
0+250	6.5	38	41.5	42.0	44	43	12	3	3
0+300	7.5	37.9	41.4	41.9	43.9	42.9	12	3	3
0+350	7.5	37.9	41.4	41.9	43.9	42.9	12	3	3

操作步骤同“4.2.10 复式断面渠道开挖筑堤1”,请参考该节的内容。

4.2.12 复式断面渠道开挖筑堤3

该程序批量绘制复式断面渠道开挖筑堤工程横断面图,自动生成工程项目文件、湿周数据(推算水面线用)、工程量表和铺工表。

该功能可以随时变换复式断面底宽、左戗台(滩地)宽度、右戗台(滩地)宽度、左堤顶宽度、右堤顶宽度等,设计要素表的格式如下:

桩号	中心距	设计渠底高程	设计左戗高程	设计右戗高程	设计左堤高程	设计右堤高程	设计渠底宽度	设计左戗宽度	设计右戗宽度	设计左堤顶宽	设计右堤顶宽
0+000	0	276	279.5	279.5	281.5	282	4	2	2	5	3
0+050	0	275.95	279.45	279.45	281.45	281.95	4	2	2	5	3
0+100	0	275.9	279.4	279.4	281.4	281.9	4	2	2	5	3
0+150	0	275.85	279.35	279.35	281.35	281.85	4	2	2	5	3
0+200	0	275.8	279.3	279.3	281.3	281.8	4.5	2	2	7	4
0+250	0	275.75	279.25	279.25	281.25	281.75	4.5	2	2	7	4
0+300	0	275.7	279.2	279.2	281.2	281.7	4.5	2	2	7	4

操作步骤同“4.2.10　复式断面渠道开挖筑堤 1”，请参考该节的内容。

4.2.13　弧形坡脚梯形断面渠道

该程序批量绘制弧形坡脚梯形断面渠道横断面图，自动生成工程项目文件、湿周数据(推算水面线用)、工程量表和铺工表，操作步骤如下。

4.2.13.1　准备原始横断面成果表文件

原始横断面测量成果表的格式如下：

```
 桩号
起点距    高程    点注释
起点距    高程    点注释
起点距    高程    点注释
  ⋮
 桩号
起点距    高程    点注释
起点距    高程    点注释
  ⋮
```

测量成果表中，桩号允许带“+”或“-”，但不允许有其他非数字文本，程序通过加减号来识别桩号。起点距即是累距，零点桩的起点距为 0。每个点的数据占一行，包括“起点距”、“高程”和“点注释”三项，中间用空格隔开，空格多少不受限制，其中“点注释”可以省略。

用户需用 Windows 下的记事本软件(操作方法为：开始\程序\附件\记事本)把原始测量记录输入整理成测量成果表，并保存成文本格式的文件，或者利用“断面工具”下的“测量数据转为成果表”功能把原始测量读数(来自水准仪、经纬仪、全站仪、GPS 等)转换为横断测量成果表。

横断测量成果表举例如下：

15 +000	
-38	41
-15	41.57
-4.2	41.97
0	41.57
4	42.37
13.5	41.33
46.7	41.08
15 +050	
-37	41.17
-14.5	41.57
-4.5	42.45
0	42.05
4	41.65
14.5	42.53
32.4	42.24
48.7	41.38
15 +100	
-37.8	41.12
-15.2	41.67
-4.3	41.97
0	42.37
4	42.47
13.5	42.33
46.7	41.08

提示：用户需注意测量范围，若原始线过短，与设计线不发生两个以上的交点，不能构成多边形，则设计线不会画出。

4.2.13.2 整理设计要素文件

在Excel中整理设计要素数据，另存为文本文件（*.txt），格式如下：

桩号	中心距	设计渠底高程
15 +000	1.5	38.5
15 +050	2	38.4
15 +100	3	38.3
15 +150	4.5	38.2
15 +200	5	38.1
15 +250	6.5	38
15 +300	7.5	37.9
15 +350	7	37.8

中心距为渠道轴线偏离原始断面线的零点桩的距离，左负右正。可以利用“断面CAD”系统统计两点距离工具，从平面图或原状断面图上统计出中心距（保存成文件）。特殊情况下，当原始断面线的零点桩在渠道轴线上时，中心距取0。

4.2.13.3　设置绘图参数(该步可省略)

从"横断模板"下拉菜单中选择"设置绘图参数"菜单项,弹出如图4-13所示的对话框,可以修改其中的缺省设置。因为图中有圆弧,所以纵横比例须相等。

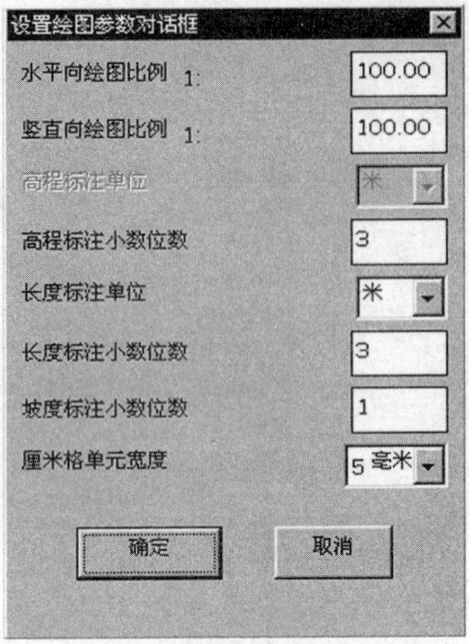

图4-13　设置绘图参数对话框

4.2.13.4　批量绘图与计算

从"横断模板"菜单中,选择"弧角梯形渠道"菜单项,系统弹出如图4-14所示的批量绘图设置对话框,在该对话框中需要用户进行以下各项参数的设置:

(1)指定断面排列间距。

(2)设定标尺信息。

在对话框中的标尺信息区,核选是否绘制标尺;指定标尺偏移距离,标尺偏移距离表示标尺与原始断面上零点桩的水平距离,负值表示向左偏移,正值表示向右偏移;指定标尺高度。

(3)设定米格信息。

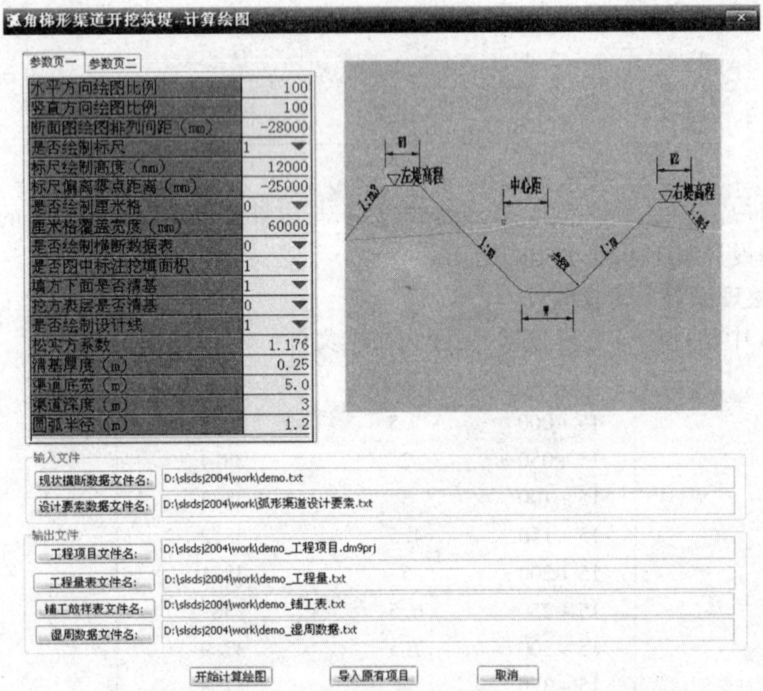

图4-14　弧形坡脚梯形断面渠道批量绘制横断面图对话框

核选是否绘制米格以及米格的宽度。系统内设定,米格的高度等于标尺的高度,只有同时核选绘制标尺和绘制米格的情况下,才能绘制出米格。

（4）设定数据文件名称。

按“现状横断数据文件名”按键，在浏览方式下指定记录原始横断面数据的文件名。按“设计要素数据文件名”按键，在浏览方式下指定记录设计要素信息的文件名。系统会同时自动生成工程项目文件名、工程量表文件名、铺工放样表文件名和湿周数据文件名，其中工程项目文件便于以后进行修改操作，湿周数据文件用来推算水面线，工程量表文件和铺工放样表文件都是文本格式文件，都可以用 Windows 的记事本或 Excel 打开。

（5）设定设计断面信息。

在设计断面信息区，核选是否绘制设计断面，若绘制，在该对话框中输入其他设计数据。若开挖边坡为直坡，理论值 m = 0，实际操作中请用 0.001 代替 0。不管是挖方还是填方，外坡比 m3、m4 均输入正值，软件会根据地面高低情况，自动绘制成挖方或填方。

（6）给点绘图或取消操作。

若用户暂时不绘图，可点击“取消”按钮，取消操作。

若想立即绘图，点击“开始计算绘图”按钮后，用鼠标在绘图区任意指定一点，系统即可绘制出横断面图。

另外，如果用户选择绘制设计断面，那么系统会自动生成工程量表和铺工放样表，两个文件都是文本格式的文件，可以用 Windows 的记事本或 Excel 等程序打开。

4.2.13.5　打印工程量文件和铺工放样表文件

用 Windows 下的记事本或写字板软件（操作方法为：开始\程序\附件\记事本或写字板）打开“批量绘制横断面”时所指定的工程量文件和铺工放样表文件，观察软件计算结果。

工程量表中，不包括衬砌部分的开挖量和回填量。因为该数值为定值，可以从任何一个图形中直接量出断面面积。

“断面 CAD”系统中认为上下方系数是自然方与压实后的体积比，大于或等于1.0，系统把填方面积和填方工程量乘以上下方系数，因此系统列出的填方工程量为自然方。

注意：“断面 CAD”系统在绘图的同时，不能用 Excel 等任何数据库编辑软件打开工程量文件，否则“断面 CAD”系统会因“写保护”而不能对工程量文件进行及时更新。当然，在这种情况下，“断面 CAD”系统会提示用户从 Excel 等数据库编辑软件中暂时关闭工程量文件或铺工放样表文件。

批量绘图结束后，可以用 Excel 软件打开工程量文件和铺工放样表文件，加上表格线，进行进一步地编辑或打印。

4.2.13.6　绘制衬砌图线及图形整理、修饰

在任何一个断面图中，利用“偏移”命令，以毫米为单位，绘制出衬砌部分的图线。用 wblock 命令把这些衬砌图线制作成一个图块，并指定图块的插入点为渠底中心，然后利用“断面”菜单下的“横断面批量插入图块”菜单项，可以把衬砌批量插入到所有的横断面图中。横断面图批量插入图块操作时，所指定的原始数据文件名仍然为 4.2.13.4 节操作时所指定的原始数据文件名（不变）。

参考 4.2.5.6 节的内容，对图形进行整理、修饰，最后出图。

4.2.14　U形断面渠道1

该程序批量绘制U形断面渠道横断面图,自动生成工程项目文件、湿周数据(推算水面线用)、工程量表和铺工表,操作步骤如下。

4.2.14.1　准备原始横断面成果表文件

原始横断面测量成果表的格式如下:

```
桩号
起点距　高程　点注释
起点距　高程　点注释
起点距　高程　点注释
　⋮
桩号
起点距　高程　点注释
起点距　高程　点注释
　⋮
```

测量成果表中,桩号允许带"+"或"-",但不允许有其他非数字文本,程序通过加减号来识别桩号。起点距即累距,零点桩的起点距为0。每个点的数据占一行,包括"起点距"、"高程"和"点注释"三项,中间用空格隔开,空格多少不受限制,其中"点注释"可以省略。

用户需用Windows下的记事本软件(操作方法为:开始\程序\附件\记事本)把原始测量记录输入整理成测量成果表,并保存成文本格式的文件,或者利用"断面工具"下的"测量数据转为成果表"功能把原始测量读数(来自水准仪、经纬仪、全站仪、GPS等)转换为横断测量成果表,详细内容请参考《用户手册》第九章的内容。

横断测量成果表举例如下:

```
15+000
-38     41
-15     41.57
-4.2    41.97
0       41.57
4       42.37
13.5    41.33
46.7    41.08
15+050
-37     41.17
-14.5   41.57
-4.5    42.45
0       42.05
4       41.65
14.5    42.53
```

32.4	42.24
48.7	41.38
15+100	
-37.8	41.12
-15.2	41.67
-4.3	41.97
0	42.37
4	42.47
13.5	42.33
46.7	41.08

提示:用户需注意测量范围,若原始线过短,与设计线不发生两个以上的交点,不能构成多边形,则设计线不会画出。

4.2.14.2　整理设计要素文件

在 Excel 中整理设计要素数据,另存为文本文件(*.txt),格式如下:

桩号	中心距	设计渠底高程
15+000	1.5	38.5
15+050	2	38.4
15+100	3	38.3
15+150	4.5	38.2
15+200	5	38.1
15+250	6.5	38
15+300	7.5	37.9
15+350	7	37.8

中心距为渠道轴线偏离原始断面线的零点桩的距离,左负右正。可以利用"断面CAD"系统统计两点距离工具,从平面图或原状断面图上统计出中心距(保存成文件)。特殊情况下,当原始断面线的零点桩在渠道轴线上时,中心距取0。

4.2.14.3　设置绘图参数(该步可省略)

从"横断模板"下拉菜单中选择"设置绘图参数"菜单项,弹出如图4-15所示的对话框,可以修改其中的缺省设置。因为图中有圆弧,所以纵横比例须相等。

4.2.14.4　批量绘图与计算

从"横断模板"菜单中,选择"U形渠道1"菜单项,系统弹出如图4-16所示的批量绘图设置对话框,在该对话框中需要用户进行以下各项参数的设置:

(1)指定断面排列间距。

(2)设定标尺信息。

在对话框中的标尺信息区,核选是否绘制标尺;指定标尺偏移距离,标尺偏移距离表示标尺与原始断面上零点桩的水平距离，负值表示向左偏移，正值表示向右偏移；指定标尺高度。

(3)设定米格信息。

核选是否绘制米格以及米格的宽度。系统内设定，米格的高度等于标尺的高度，只有同时核选绘制标尺和绘制米格的情况下，才能绘制出米格。

(4)设定数据文件名称。

按"现状横断数据文件名"按键，在浏览方式下指定记录原始横断面数据的文件名。按"设计要素数据文件名"按键，在浏览方式下指定记录设计要素信息的文件名。系统会同时自动生成工程项目文件名、工程量表文件名、铺工放样表文件名和湿周数据文件名，其中工程项目文件便于以后进行修改操作，湿周数据文件用来推算水面线，工程量表文件和铺工放样表文件都是文本格式文件，都可以用 Windows 的记事本或 Excel 打开。

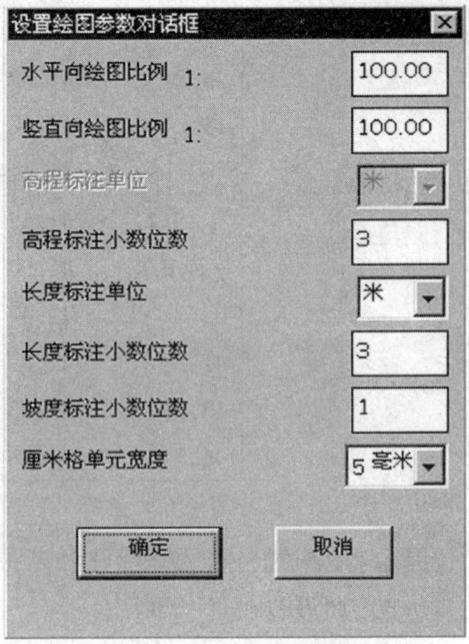

图 4-15 设置绘图参数对话框

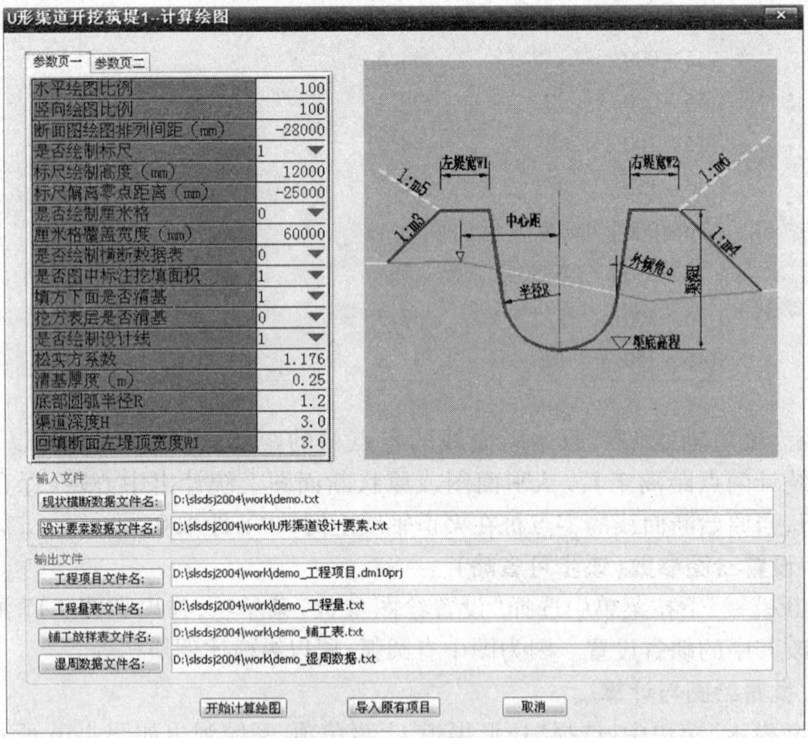

图 4-16 U 形断面渠道 1 批量绘制横断面图对话框

(5)设定设计断面信息。

在设计断面信息区，核选是否绘制设计断面，若绘制，在该对话框中输入其他设计数据。若开挖边坡为直坡，理论值内坡外倾角 $\alpha=0$，实际操作中请用0.01代替0。不管是挖方还是填方，外坡比m3、m4均输入正值，软件会根据地面高低情况，自动绘制成挖方或填方。

(6)给点绘图或取消操作。

若用户暂时不绘图，可点击“取消”按钮，取消操作。

若想立即绘图，点击“开始计算绘图”按钮后，用鼠标在绘图区任意指定一点，系统即可绘制出横断面图。

另外，如果用户选择绘制设计断面，那么系统会自动生成工程量表和铺工放样表，两个文件都是文本格式的文件，可以用Windows的记事本或Excel等程序打开。

4.2.14.5 打印工程量文件和铺工放样表文件

用Windows下的记事本或写字板软件(操作方法为：开始\程序\附件\记事本或写字板)打开“批量绘制横断面”时所指定的工程量文件和铺工放样表文件，观察软件计算结果。

工程量表中，不包括衬砌部分的开挖量和回填量。因为该数值为定值，可以从任何一个图形中直接量出断面面积。

“断面CAD”系统中认为上下方系数是自然方与压实后的体积比，大于或等于1.0，系统把填方面积和填方工程量乘以上下方系数，因此系统列出的填方工程量为自然方。

注意：“断面CAD”系统在绘图的同时，不能用Excel等任何数据库编辑软件打开工程量文件，否则“断面CAD”系统会因“写保护”而不能对工程量文件进行及时更新。当然，在这种情况下，“断面CAD”系统会提示用户从Excel等数据库编辑软件中暂时关闭工程量文件或铺工放样表文件。

批量绘图结束后，可以用Excel软件打开工程量文件和铺工放样表文件，加上表格线，进行进一步地编辑或打印。

4.2.14.6 绘制衬砌图线及图形整理、修饰

在任何一个断面图中，利用“偏移”命令，以毫米为单位，绘制出衬砌部分的图线。用wblock命令把这些衬砌图线制作成一个图块，并指定图块的插入点为渠底中心，然后利用“断面”菜单下的“横断面批量插入图块”菜单项，可以把衬砌批量插入到所有的横断面图中。横断面图批量插入图块操作时，所指定的原始数据文件名仍然为第四步操作时所指定的原始数据文件名(不变)。

参考4.2.5.6节的内容，对图形进行整理、修饰，最后出图。

4.2.15 U形断面渠道2

该程序批量绘制U形断面渠道横断面图，自动生成工程项目文件、湿周数据(推算水面线用)、工程量表和铺工表。

该功能可以画出缘台，上部类似复式断面渠道，设计要素表的格式如下：

桩号	中心距	设计渠底高程
15 + 000	1.5	38.5
15 + 050	2	38.4
15 + 100	3	38.3
15 + 150	4.5	38.2
15 + 200	5	38.1
15 + 250	6.5	38
15 + 300	7.5	37.9
15 + 350	7	37.8

操作步骤同“4.2.14　U形断面渠道1”，请参考该节的内容。

4.2.16　U形断面渠道先期筑坝胎

该程序批量绘制梯形断面坝胎的工程横断面图，自动计算填方工程量和铺工表数据，自动生成工程量表和铺工表，操作步骤如下。

4.2.16.1　准备原始横断面成果表文件

原始横断面测量成果表的格式如下：

```
桩号
起点距　高程　点注释
起点距　高程　点注释
起点距　高程　点注释
  ⋮
桩号
起点距　高程　点注释
起点距　高程　点注释
  ⋮
```

测量成果表中，桩号允许带”+”或”-”，但不允许有其他非数字文本，程序通过加减号来识别桩号。起点距即累距，零点桩的起点距为0。每个点的数据占一行，包括“起点距”、“高程”和“点注释”三项，中间用空格隔开，空格多少不受限制，其中“点注释”可以省略。

用户需用Windows下的记事本软件（操作方法为：开始\程序\附件\记事本）把原始测量记录输入整理成测量成果表，并保存成文本格式的文件，或者利用“断面工具”下的“测量数据转为成果表”功能把原始测量读数（来自水准仪、经纬仪、全站仪、GPS等）转换为横断测量成果表，详细内容请参考《用户手册》第九章的内容。

横断测量成果表举例如下：

15 +000	
-38	41
-15	41.57
-4.2	41.97
0	41.57
4	42.37
13.5	41.33
46.7	41.08
15 +050	
-37	41.17
-14.5	41.57
-4.5	42.45
0	42.05
4	41.65
14.5	42.53
32.4	42.24
48.7	41.38
15 +100	
-37.8	41.12
-15.2	41.67
-4.3	41.97
0	42.37
4	42.47
13.5	42.33
46.7	41.08

提示:用户须注意测量范围,若原始线过短,与设计线不发生两个以上的交点,不能构成多边形,则设计线不会画出。

4.2.16.2 整理设计要素文件

在 Excel 中整理设计要素数据,另存为文本文件(*.txt),格式举例如下:

桩号	中心距	设计坝顶高程
15 +000	1.5	50
15 +050	2	50
15 +100	3	50
15 +150	4.5	50
15 +200	5	50
15 +250	6.5	50
15 +300	7.5	50
15 +350	7	50

中心距为大坝轴线偏离原始断面线的零点桩的距离,左负右正。可以利用"断面

CAD”系统统计两点距离工具，从平面图或原状断面图上统计出中心距（保存成文件）。特殊情况下，当原始断面线的零点桩在大坝轴线上时，中心距取0。

4.2.16.3　**设置绘图参数（该步可省略）**

从“横断模板”下拉菜单中选择“设置绘图参数”菜单项，弹出如图4-17所示的对话框，可以修改其中的缺省设置。

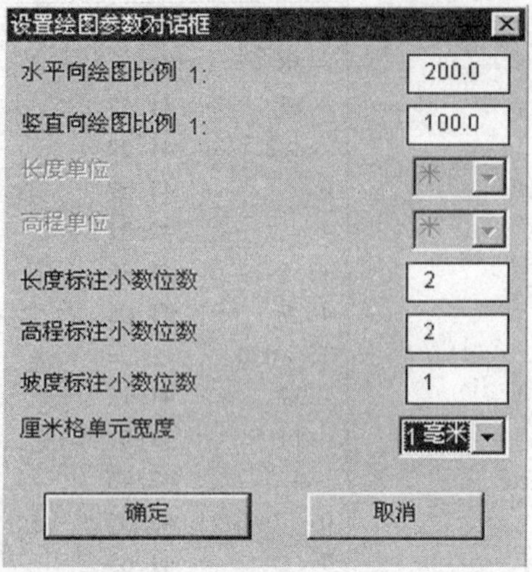

图4-17　设置绘图参数对话框

4.2.16.4　**批量绘图与计算**

从“横断模板”菜单中，选择“U形渠道先期筑坝胎”菜单项，系统弹出如图4-18所示的批量绘图设置对话框，在该对话框中需要用户进行以下各项参数的设置：

（1）指定断面排列间距。

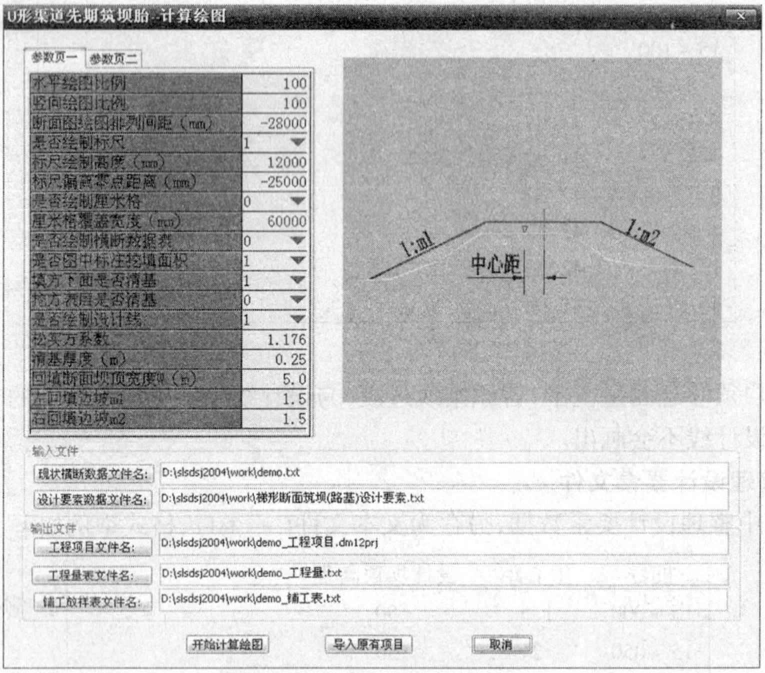

图4-18　U形渠道先期筑坝胎批量绘制横断面图对话框

（2）设定标尺信息。

在对话框中的标尺信息区，核选是否绘制标尺；指定标尺偏移距离，标尺偏移距离表示标尺与原始断面上零点桩的水平距离，负值表示向左偏移，正值表示向右偏移；指定标尺高度。

（3）设定米格信息。

核选是否绘制米格以及米格的宽度。系统内设定，米格的高度等于标尺的高度，只有同时核选绘制标尺和绘制米格的情况下，才能绘制出米格。

(4)设定数据文件名称。

按“现状横断数据文件名”按键，在浏览方式下指定记录原始横断面数据的文件名。按“设计要素数据文件名”按键，在浏览方式下指定记录设计要素信息的文件名。系统会同时自动生成工程项目文件名、工程量表文件名、铺工放样表文件名，其中工程项目文件便于以后进行修改操作，工程量表文件和铺工放样表文件都是文本格式文件，都可以用Windows的记事本或Excel打开。

(5)设定设计断面信息。

在设计断面信息区，核选是否绘制设计断面，若绘制，在该对话框中输入坝顶宽度、左右边坡坡比等设计数据。

(6)给点绘图或取消操作。

若用户暂时不绘图，可点击“取消”按钮，取消操作。

若想立即绘图，点击“开始计算绘图”按钮后，用鼠标在绘图区任意指定一点，系统即可绘制出横断面图。

另外，如果用户选择绘制设计断面，那么系统会自动生成工程量表和铺工放样表，两个文件都是文本格式的文件，可以用Windows的记事本或Excel等程序打开。

4.2.16.5 打印工程量文件和铺工放样表文件

用Windows下的记事本或写字板软件(操作方法为：开始\程序\附件\记事本或写字板)打开“批量绘制横断面”时所指定的工程量文件和铺工放样表文件，观察软件计算结果。

“断面CAD”系统中认为上下方系数是自然方与压实后的体积比，大于或等于1.0，系统把填方面积和填方工程量乘以上下方系数，因此系统列出的填方工程量为自然方。

注意：“断面CAD”系统在绘图的同时，不能用Excel等任何数据库编辑软件打开工程量文件，否则“断面CAD”系统会因“写保护”而不能对工程量文件进行及时更新。当然，在这种情况下，“断面CAD”系统会提示用户从Excel等数据库编辑软件中暂时关闭工程量文件或铺工放样表文件。

批量绘图结束后，可以用Excel软件打开工程量文件和铺工放样表文件，加上表格线，进行进一步地编辑或打印。

4.2.16.6 图形整理、修饰

参考4.2.5.6节的内容，对图形进行整理、修饰，最后出图。

4.2.17 砌石渠道

该程序批量绘制砌石渠道工程横断面图，自动生成工程项目文件、工程量表(包括开挖土方工程量和砌石工程量)和铺工表，操作步骤如下。

4.2.17.1 准备原始横断面成果表文件

原始横断面测量成果表的格式如下：

```
桩号
起点距　高程　点注释
起点距　高程　点注释
起点距　高程　点注释
⋮
桩号
起点距　高程　点注释
起点距　高程　点注释
⋮
```

测量成果表中,桩号允许带"+"或"-",但不允许有其他非数字文本,程序通过加减号来识别桩号。起点距即累距,零点桩的起点距为0。每个点的数据占一行,包括"起点距"、"高程"和"点注释"三项,中间用空格隔开,空格多少不受限制,其中"点注释"可以省略。

用户需用 Windows 下的记事本软件(操作方法为:开始\程序\附件\记事本)把原始测量记录输入整理成测量成果表,并保存成文本格式的文件,或者利用"断面工具"下的"测量数据转为成果表"功能把原始测量读数(来自水准仪、经纬仪、全站仪、GPS 等)转换为横断测量成果表,详细内容请参考《用户手册》第九章的内容。

横断测量成果表举例如下:

```
15+000
-38      41
-15      41.57
-4.2     41.97
0        41.57
4        42.37
13.5     41.33
46.7     41.08
15+050
-37      41.17
-14.5    41.57
-4.5     42.45
0        42.05
4        41.65
14.5     42.53
32.4     42.24
48.7     41.38
15+100
-37.8    41.12
-15.2    41.67
-4.3     41.97
0        42.37
4        42.47
13.5     42.33
46.7     41.08
```

提示:用户须注意测量范围,若原始线过短,与设计线不发生两个以上的交点,不能构成多边形,则设计线不会画出。

4.2.17.2 整理设计要素文件

在 Excel 中整理设计要素数据,另存为文本文件(* . txt),格式如下:

桩号	中心距	设计渠底高程	设计左堤高程	设计右堤高程	设计渠底宽度
0 +000	1.5	38.5	44.5	43.5	10
0 +050	2	38.4	44.4	43.4	11
0 +100	3	38.3	44.3	43.3	11.5
0 +150	4.5	38.2	44.2	43.2	12
0 +200	5	38.1	44.1	43.1	12
0 +250	6.5	38	44	43	12.5
0 +300	7.5	37.9	43.9	42.9	11

中心距为渠道轴线偏离原始断面线的零点桩的距离,左负右正。可以利用"断面 CAD"系统统计两点距离工具,从平面图或原状断面图上统计出中心距(保存成文件)。特殊情况下,当原始断面线的零点桩在渠道轴线上时,中心距取 0。

4.2.17.3 设置绘图参数(该步可省略)

从"横断模板"下拉菜单中选择"设置绘图参数"菜单项,弹出如图 4-19 所示的对话框,可以修改其中的缺省设置。

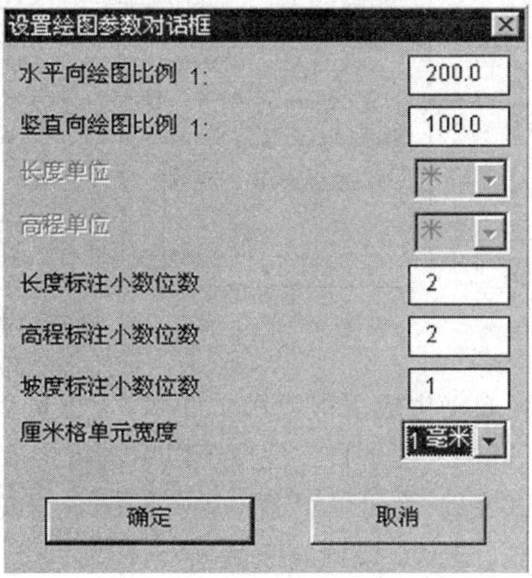

图 4-19 设置绘图参数对话框

4.2.17.4 批量绘图与计算

从"横断模板"菜单中,选择"砌石渠道"菜单项,系统弹出如图 4-20 所示的批量绘图设置对话框,在该对话框中需要用户进行以下各项参数的设置:

(1)指定断面排列间距。

(2)设定标尺信息。

在对话框中的标尺信息区,核选是否绘制标尺;指定标尺偏移距离,标尺偏移距离表示标尺与原始断面上零点桩的水平距离,负值表示向左偏移,正值表示向右偏移;指定标尺高度。

(3)设定米格信息。

核选是否绘制米格以及米格的宽度。系统内设定,米格的高度等于标尺的高度,只有同时核选绘制标尺和绘制米格的情况下,才能绘制出米格。

(4)设定数据文件名称。

按"现状横断数据文件名"按键,在浏览方式下指定记录原始横断面数据的文件名。按"设计要素数据文件名"按键,在浏览方式下指定记录设计要素信息的文件名。系统会

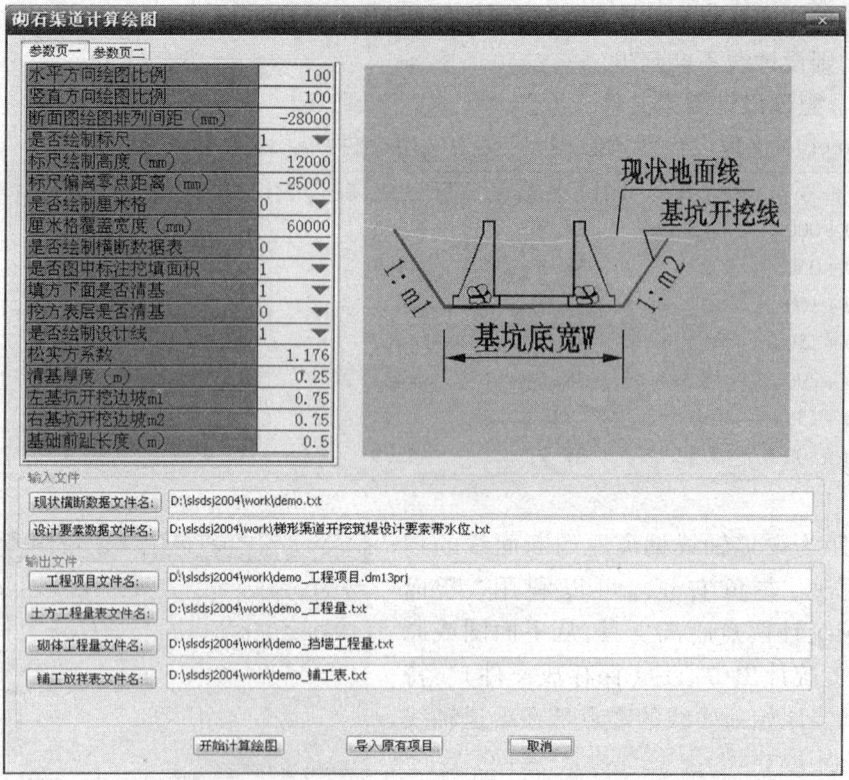

图 4-20　砌石渠道批量绘制横断面图对话框

同时自动生成工程项目文件名、工程量表文件名、铺工放样表文件名和砌体工程量文件名，其中工程项目文件便于以后进行修改操作，工程量表文件和铺工放样表文件都是文本格式文件，都可以用 Windows 的记事本或 Excel 打开。

(5)设定设计断面信息。

在设计断面信息区，核选是否绘制设计断面，若绘制，在该对话框中输入渠底宽度等其他设计数据。若开挖边坡为直坡，理论值 m1 = 0、m2 = 0，实际操作中请用 0.001 代替 0。

(6)给点绘图或取消操作。

若用户暂时不绘图，可点击“取消”按钮，取消操作。

若想立即绘图，点击“开始计算绘图”按钮后，用鼠标在绘图区任意指定一点，系统即可绘制出横断面图。

另外，如果用户选择绘制设计断面，那么系统会自动生成工程量表和铺工放样表，两个文件都是文本格式的文件，可以用 Windows 的记事本或 Excel 等程序打开。

4.2.17.5　打印工程量文件和铺工放样表文件

用 Windows 下的记事本或写字板软件（操作方法为：开始\程序\附件\记事本或写字板）打开“批量绘制横断面”时所指定的工程量文件和铺工放样表文件，观察软件计算结果。

“断面CAD”系统中认为上下方系数是自然方与压实后的体积比,大于或等于1.0,系统把填方面积和填方工程量乘以上下方系数,因此系统列出的填方工程量为自然方。

注意:“断面CAD”系统在绘图的同时,不能用Excel等任何数据库编辑软件打开工程量文件,否则“断面CAD”系统会因“写保护”而不能对工程量文件进行及时更新。当然,在这种情况下,“断面CAD”系统会提示用户从Excel等数据库编辑软件中暂时关闭工程量文件或铺工放样表文件。

批量绘图结束后,可以用Excel软件打开工程量文件和铺工放样表文件,加上表格线,进行进一步地编辑或打印。

4.2.17.6 图形整理、修饰

参考4.2.5.6节的内容,对图形进行整理、修饰,最后出图。

4.2.18 河道梯形开挖原地复堤(定起坡点)

该程序批量绘制河道开挖复堤工程横断面图,断面的底宽可以变化,可以一次绘制整个河道的横断面图,自动生成工程项目文件、湿周数据(推算水面线用)、工程量表和铺工表。操作步骤如下。

4.2.18.1 准备原始横断面成果表文件

原始横断面测量成果表的格式如下:

```
 桩号
起点距    高程    点注释
起点距    高程    点注释
起点距    高程    点注释
   ⋮
 桩号
起点距    高程    点注释
起点距    高程    点注释
   ⋮
```

测量成果表中,桩号允许带“+”或“-”,但不允许有其他非数字文本,程序通过加减号来识别桩号。起点距即累距,零点桩的起点距为0。每个点的数据占一行,包括“起点距”、“高程”和“点注释”三项,中间用空格隔开,空格多少不受限制,其中“点注释”可以省略。

用户需用Windows下的记事本软件(操作方法为:开始\程序\附件\记事本)把原始测量记录输入整理成测量成果表,并保存成文本格式的文件,或者利用“断面工具”下的“测量数据转为成果表”功能把原始测量读数(来自水准仪、经纬仪、全站仪、GPS等)转换为横断测量成果表,详细内容请参考《用户手册》第九章的内容。

横断测量成果表举例如下:

```
15 +000
 -38      41
 -15      41.57
 -4.2     41.97
0         41.57
4         42.37
13.5      41.33
46.7      41.08
15 +050
 -37      41.17
 -14.5    41.57
 -4.5     42.45
0         42.05
4         41.65
14.5      42.53
32.4      42.24
48.7      41.38
15 +100
 -37.8    41.12
 -15.2    41.67
 -4.3     41.97
0         42.37
4         42.47
13.5      42.33
46.7      41.08
```

提示:用户须注意测量范围,若原始线过短,与设计线不发生两个以上的交点,不能构成多边形,则设计线不会画出。

4.2.18.2 整理设计要素文件

在 Excel 中整理设计要素数据,另存为文本文件(＊. txt),格式举例如下:

桩号	中心距	设计河底高程	左堤起坡点编号	设计左堤高程	右堤起坡点编号	设计右堤高程	设计河底宽度
0 +000	3	38.5	3	43.5	26	42.5	11
0 +050	3.5	38.49	3	43.49	26	42.49	11.5
0 +100	3	38.48	4	43.48	27	42.48	12
0 +150	3.1	38.47	4	43.47	26	42.47	12
0 +200	3	38.46	4	43.46	27	42.46	12.5
0 +250	3.5	38.45	3	43.45	26	42.45	12.4
0 +300	3	38.44	5	43.44	26	42.44	12

中心距为河道轴线偏离原始断面线的零点桩的距离,左负右正。可以利用"断面CAD"系统统计两点距离工具,从平面图或原状断面图上统计出中心距(保存成文件)。特殊情况下,当原始断面线的零点桩在河道轴线上时,中心距取 0。

起坡点常常是原始断面线的某个拐点(如堤脚或堤肩),起坡点编号是原始断面线上拐点的编号,从起点开始按 0、1、2、3……的序列编排。可以利用“断面 CAD”系统的统计点号工具,从原状断面图上统计出点号,再保存成文件,然后用 Excel 拼接成一个完整的要素文件。

当只绘制河道开挖设计线而不绘制左、右筑堤设计线时,可将左、右堤顶高程设置为比较大的数值,或令左、右内堤距为比较大的数值,使左、右堤设计线无法与原状线相交,无法构成封闭图形,此时程序就不再绘制左、右筑堤设计线,同时令左、右筑堤填方为 0。

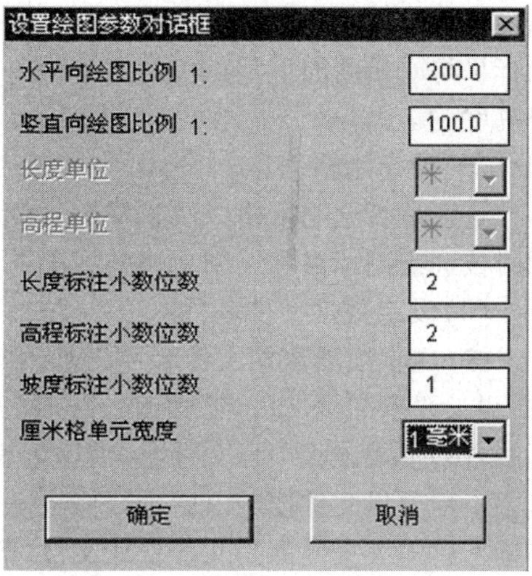

图 4-21　设置绘图参数对话框

4.2.18.3　设置绘图参数(该步可省略)

从“横断模板”下拉菜单中选择“设置绘图参数”菜单项,弹出如图 4-21 所示的对话框,可以修改其中的缺省设置。

4.2.18.4　批量绘图与计算

从“横断模板”菜单中,选择“河道梯形开挖原地复堤(定起坡点)”菜单项,系统弹出如图 4-22 所示的批量绘图设置对话框,在该对话框中需要用户进行以下各项参数的设置:

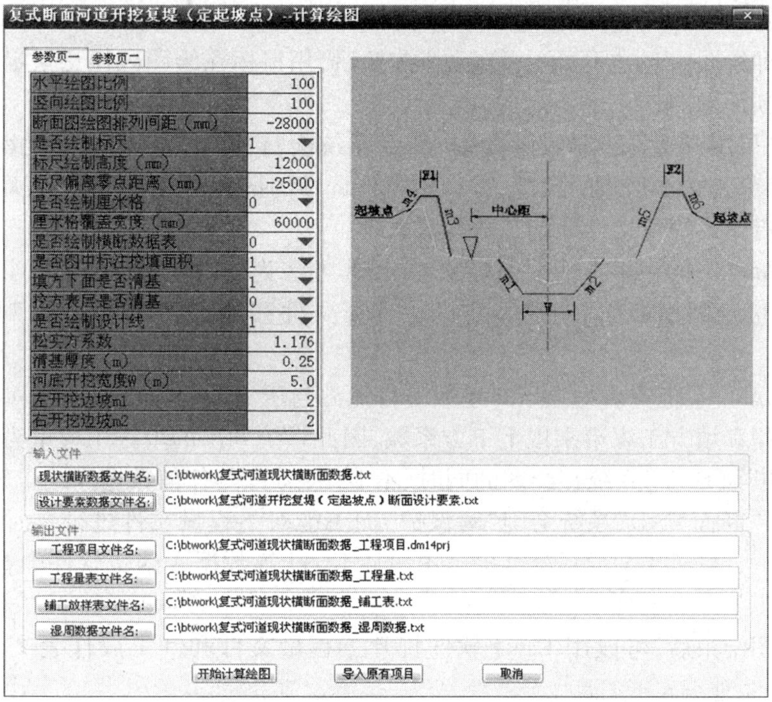

图 4-22　河道梯形开挖原地复堤(定起坡点)批量绘制横断面图对话框

(1)指定断面排列间距。

(2)设定标尺信息。

在对话框中的标尺信息区,核选是否绘制标尺;指定标尺偏移距离,标尺偏移距离表示标尺与原始断面上零点桩的水平距离,负值表示向左偏移,正值表示向右偏移;指定标尺高度。

(3)设定米格信息。

核选是否绘制米格以及米格的宽度。系统内设定,米格的高度等于标尺的高度,只有同时核选绘制标尺和绘制米格的情况下,才能绘制出米格。

(4)设定数据文件名称。

按"现状横断数据文件名"按键,在浏览方式下指定记录原始横断面数据的文件名。按"设计要素数据文件名"按键,在浏览方式下指定记录设计要素信息的文件名。系统会同时自动生成工程项目文件名、工程量表文件名、铺工放样表文件名和湿周数据文件名,其中工程项目文件便于以后进行修改操作,湿周数据文件用来推算水面线,工程量表文件和铺工放样表文件都是文本格式文件,都可以用 Windows 的记事本或 Excel 打开。

(5)设定设计断面信息。

在设计断面信息区,核选是否绘制设计断面,若绘制,在该对话框中输入其他设计数据。若开挖边坡为直坡,理论值 m1 = 0、m2 = 0、m3 = 0、m5 = 0,实际操作中请用 0.001 代替 0。

(6)给点绘图或取消操作。

若用户暂时不绘图,可点击"取消"按钮,取消操作。

若想立即绘图,点击"开始计算绘图"按钮后,用鼠标在绘图区任意指定一点,系统即可绘制出横断面图。

另外,如果用户选择绘制设计断面,那么系统会自动生成设计工程量表和铺工放样表,两个文件都是文本格式的文件,可以用 Windows 的记事本或 Excel 等程序打开。

4.2.18.5 打印工程量文件和铺工放样表文件

用 Windows 下的记事本或写字板软件(操作方法为:开始\程序\附件\记事本或写字板)打开"批量绘制横断面"时所指定的工程量文件和铺工放样表文件,观察软件计算结果。

"断面 CAD"系统中认为上下方系数是自然方与压实后的体积比,大于或等于 1.0,系统把填方面积和填方工程量乘以上下方系数,因此系统列出的填方工程量为自然方。

注意:"断面 CAD"系统在绘图的同时,不能用 Excel 等任何数据库编辑软件打开工程量文件,否则"断面 CAD"系统会因"写保护"而不能对工程量文件进行及时更新。当然,在这种情况下,"断面 CAD"系统会提示用户从 Excel 等数据库编辑软件中暂时关闭工程量文件或铺工放样表文件。

批量绘图结束后,可以用 Excel 软件打开工程量文件和铺工放样表文件,加上表格线,进行进一步地编辑或打印。

4.2.18.6 图形整理、修饰

参考 4.2.5.6 节的内容,对图形进行整理、修饰,最后出图。

4.2.19　河道梯形开挖并搬堤(定内堤距)

该程序批量绘制复式河道开挖筑堤工程横断面图,断面的底宽可以变化,可以一次绘制整个河道的横断面图,自动生成工程项目文件、湿周数据(推算水面线用)、工程量表和铺工表,操作步骤如下。

4.2.19.1　准备原始横断面成果表文件

原始横断面测量成果表的格式如下:

```
 桩号
起点距    高程    点注释
起点距    高程    点注释
起点距    高程    点注释
  ⋮
 桩号
起点距    高程    点注释
起点距    高程    点注释
  ⋮
```

测量成果表中,桩号允许带“+”或“-”,但不允许有其他非数字文本,程序通过加减号来识别桩号。起点距即累距,零点桩的起点距为 0。每个点的数据占一行,包括“起点距”、“高程”和“点注释”三项,中间用空格隔开,空格多少不受限制,其中“点注释”可以省略。

用户需用 Windows 下的记事本软件(操作方法为:开始\程序\附件\记事本)把原始测量记录输入整理成测量成果表,并保存成文本格式的文件,或者利用“断面工具”下的“测量数据转为成果表”功能把原始测量读数(来自水准仪、经纬仪、全站仪、GPS 等)转换为横断测量成果表,详细内容请参考《用户手册》第九章的内容。

横断测量成果表举例如下:

```
15+000
 -38      41
 -15      41.57
 -4.2     41.97
0         41.57
4         42.37
13.5      41.33
46.7      41.08
15+050
 -37      41.17
 -14.5    41.57
 -4.5     42.45
0         42.05
4         41.65
```

14.5	42.53
32.4	42.24
48.7	41.38
15 +100	
-37.8	41.12
-15.2	41.67
-4.3	41.97
0	42.37
4	42.47
13.5	42.33
46.7	41.08

提示:用户须注意测量范围,若原始线过短,与设计线不发生两个以上的交点,不能构成多边形,则设计线不会画出。

4.2.19.2 整理设计要素文件

在 Excel 中整理设计要素数据,另存为文本文件(* . txt),格式举例如下:

桩号	中心距	设计河底高程	左内堤距	设计左堤高程	右内堤距	设计右堤高程	设计河底宽度
15 +000	3	38.5	-25	43.5	26	42.5	11
15 +050	3.5	38.49	-25.5	43.49	26.6	42.49	11.5
15 +100	3	38.48	-25.6	43.48	26.7	42.48	12
15 +150	3.1	38.47	-25.7	43.47	26.8	42.47	12
15 +200	3	38.46	-25	43.46	26	42.46	12.5
15 +250	3.5	38.45	-25.5	43.45	26.6	42.45	12.4
15 +300	3	38.44	-25.6	43.44	26.7	42.44	12
15 +350	3.1	38.43	-25.7	43.43	26.8	42.43	12.5

中心距为河道轴线偏离原始断面线的零点桩的距离,左负右正。可以利用"断面CAD"系统统计两点距离工具,从平面图或原状断面图上统计出中心距(保存成文件)。特殊情况下,当原始断面线的零点桩在河道轴线上时,中心距取0。

左内堤距为左堤内肩偏离设计河底轴线的距离,因为向左偏离,所以左内堤距为负值。

右内堤距为右堤内肩偏离设计河底轴线的距离,因为向右偏离,所以右内堤距为正值。

当只绘制河道开挖设计线而不绘制左、右筑堤设计线时,可令左、右堤顶高程为比较大的数值,或令左、右内堤距为比较大的数值,使左、右堤设计线无法与原状线相交,无法构成封闭图形,此时程序就不再绘制左、右筑堤设计线,同时令左、右筑堤填方为0。

4.2.19.3　设置绘图参数(该步可省略)

从“横断模板”下拉菜单中选择“设置绘图参数”菜单项，弹出图 4-23 所示的对话框，可以修改其中的缺省设置。

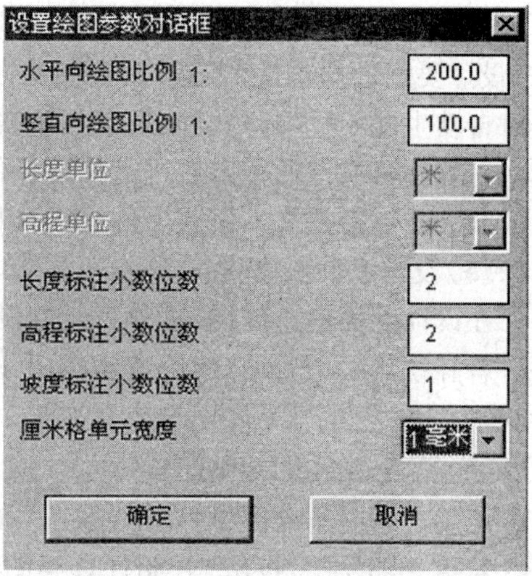

图 4-23　设置绘图参数对话框

4.2.19.4　批量绘图与计算

从“横断模板”菜单中，选择“河道梯形开挖、搬堤(定内堤距)”菜单项，系统弹出如图 4-24所示的批量绘图设置对话框，在该对话框中需要用户进行以下各项参数的设置：

(1)指定断面排列间距。

(2)设定标尺信息。

在对话框中的标尺信息区，核选是否绘制标尺；指定标尺偏移距离，标尺偏移距离表示标尺与原始断面上零点桩的水平距离，负值表示向左偏移，正值表示向右偏移；指定标尺高度。

(3)设定米格信息。

核选是否绘制米格以及米格的宽度。系统内设定，米格的高度等于标尺的高度，只有同时核选绘制标尺和绘制米格的情况下，才能绘制出米格。

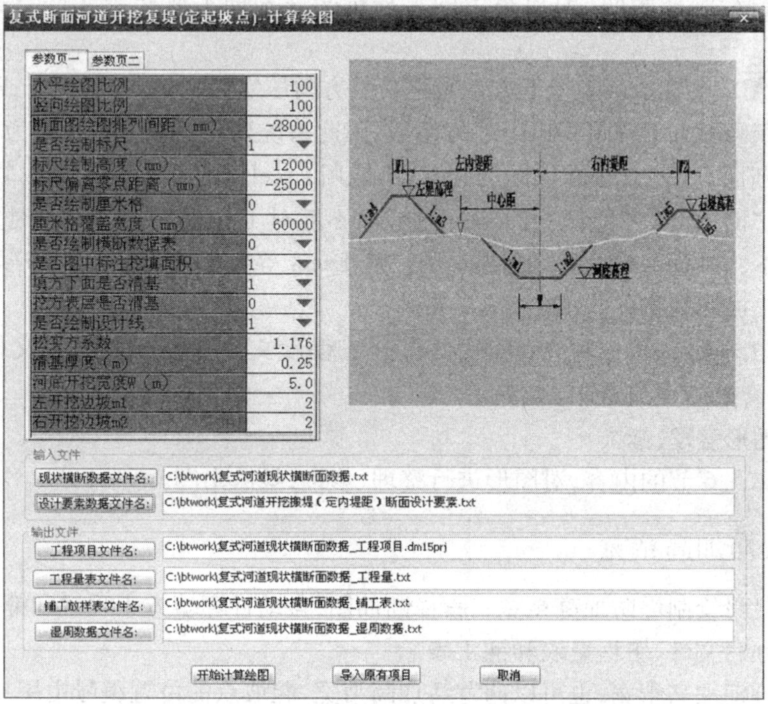

图 4-24　河道梯形开挖并搬堤(定内堤距)批量绘制横断面图对话框

(4)设定数据文件名称。

按“现状横断数据文件名”按键,在浏览方式下指定记录原始横断面数据的文件名。按“设计要素数据文件名”按键,在浏览方式下指定记录设计要素信息的文件名。系统会同时自动生成工程项目文件名、工程量表文件名、铺工放样表文件名和湿周数据文件名,其中工程项目文件便于以后进行修改操作,湿周数据用来推算水面线,工程量表文件和铺工放样表文件都是文本格式文件,都可以用 Windows 的记事本或 Excel 打开。

(5)设定设计断面信息。

在设计断面信息区,核选是否绘制设计断面,若绘制,在该对话框中输入其他设计数据。若开挖边坡为直坡,理论值 m1 =0、m2 =0、m3 =0、m5 =0,实际操作中请用0.001代替0。

(6)给点绘图或取消操作。

若用户暂时不绘图,可点击“取消”按钮,取消操作。

若想立即绘图,点击“开始计算绘图”按钮后,用鼠标在绘图区任意指定一点,系统即可绘制出横断面图。

另外,如果用户选择绘制设计断面,那么系统会自动生成工程量表和铺工放样表,两个文件都是文本格式的文件,可以用 Windows 的记事本或 Excel 等程序打开。

4.2.19.5 打印工程量文件和铺工放样表文件

用 Windows 下的记事本或写字板软件(操作方法为:开始\程序\附件\记事本或写字板)打开“批量绘制横断面”时所指定的工程量文件和铺工放样表文件,观察软件计算结果。

“断面 CAD”系统中认为上下方系数是自然方与压实后的体积比,大于或等于1.0,系统把填方面积和填方工程量乘以上下方系数,因此系统列出的填方工程量为自然方。

注意:“断面 CAD”系统在绘图的同时,不能用 Excel 等任何数据库编辑软件打开工程量文件,否则“断面 CAD”系统会因“写保护”而不能对工程量文件进行及时更新。当然,在这种情况下,“断面 CAD”系统会提示用户从 Excel 等数据库编辑软件中暂时关闭工程量文件或铺工放样表文件。

批量绘图结束后,可以用 Excel 软件打开工程量文件和铺工放样表文件,加上表格线,进行进一步地编辑或打印。

4.2.19.6 图形整理、修饰

参考4.2.5.6节的内容,对图形进行整理、修饰,最后出图。

4.2.20 堤防加高帮宽

该程序批量绘制堤防加高帮宽工程横断面图,自动计算填方工程量和铺工表数据,自动生成工程项目文件、工程量表和铺工表。

可以向临河加高帮宽,也可以向背河加高帮宽,起坡点的位置编号由用户指定。若通过中心距定设计线的位置,可以采用梯形断面筑坝的程序。操作步骤如下。

4.2.20.1 准备原始横断面成果表文件

原始横断面测量成果表的格式如下:

```
 桩号
起点距   高程   点注释
起点距   高程   点注释
起点距   高程   点注释
  ⋮
 桩号
起点距   高程   点注释
起点距   高程   点注释
  ⋮
```

测量成果表中,桩号允许带"+"或"-",但不允许有其他非数字文本,程序通过加减号来识别桩号。起点距即累距,零点桩的起点距为0。每个点的数据占一行,包括"起点距""高程"和"点注释"三项,中间用空格隔开,空格多少不受限制,其中"点注释"可以省略。

用户需用Windows下的记事本软件(操作方法为:开始\程序\附件\记事本)把原始测量记录输入整理成测量成果表,并保存成文本格式的文件,或者利用"断面工具"下的"测量数据转为成果表"功能把原始测量读数(来自水准仪、经纬仪、全站仪、GPS等)转换为横断测量成果表。

横断测量成果表举例如下:

```
5+550
 -57.04    46.88
 -44.41    47.02
 -28.71    47.59
 -6.85     54.99     LJ
0          54.92     DZ
2.8        54.9
4.31       55.73     DD
6.16       55.7
17.41      50.95
34.26      45.91     BPJ
38.09      44.51     DX
47.31      43.8      DX
62.17      43.75     DX
5+600
 -59.36    46.79
 -48.14    46.79     DX
 -42.7     46.85
 -28.8     47.38     LPJ
 -15.28    51.54
 -6.24     55.12     BJ
0          54.99     DZ
6.03       55.29     LJ
19.01      51.39     P1
33         44.5B     PJ
63.83      44.51     DX
```

提示:用户须注意测量范围,若原始线过短,与设计线不发生两个以上的交点,不能构成多边形,则设计线不会画出。

4.2.20.2　整理设计要素文件

在 Excel 中整理设计要素数据,另存为文本文件(∗.txt),格式如下:

桩号	起坡点编号	设计堤顶高程
5 + 550	4	58
5 + 600	4	57.995
5 + 650	4	57.99
5 + 700	4	57.985
5 + 750	5	57.98
5 + 800	4	57.975
5 + 850	4	57.97
5 + 900	4	57.965
5 + 950	5	57.96
6 + 000	5	57.955
6 + 050	4	57.95
6 + 100	4	57.945
6 + 150	4	57.94
6 + 200	4	57.935

起坡点常常是原始断面线的某个拐点(如堤脚或堤肩),起坡点编号是原始断面线上拐点的编号,有两条规则同时适用:其一,规定原始断面线上端点从起点开始按 0、1、2、3……的序列编号;其二,规定原始断面线上零点桩的编号为 +0,紧邻 +0 点,起点距为负值的拐(端)点的编号为 -1,其次为 -2,依次类推;紧邻 +0 点,起点距为正值的拐(端)点的编号为 +1,其次为 +2,依次类推,如图 4-25 所示。

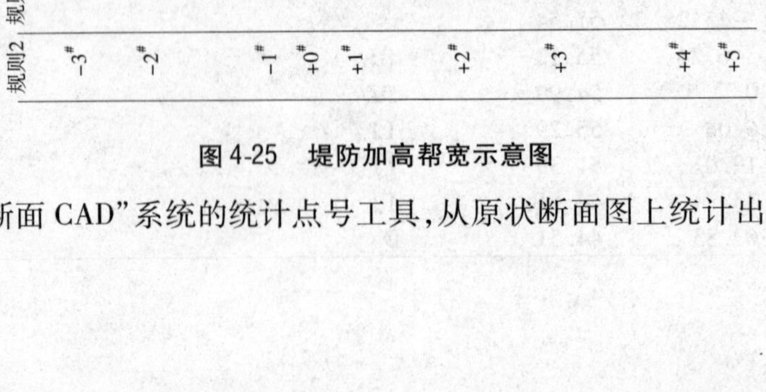

图 4-25　堤防加高帮宽示意图

可以利用“断面 CAD”系统的统计点号工具,从原状断面图上统计出点号(保存成文件)。

4.2.20.3 设置绘图参数(该步可省略)

从“横断模板”下拉菜单中选择“设置绘图参数”菜单项,弹出如图4-26所示的对话框,可以修改其中的缺省设置。

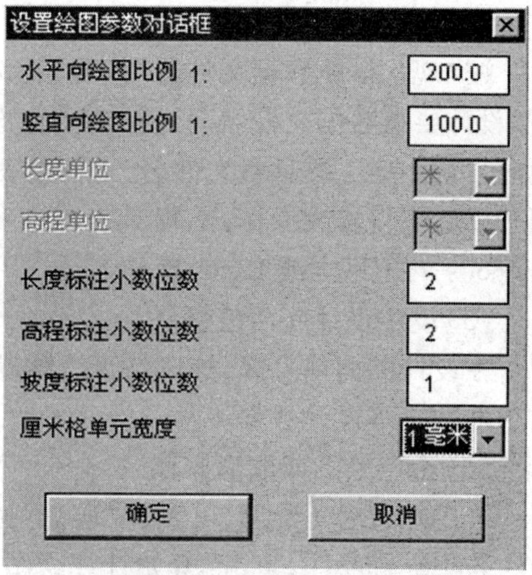

图4-26 设置绘图参数对话框

4.2.20.4 批量绘图与计算

从“横断模板”菜单中,选择“堤防加高无戗台”菜单项,系统弹出如图4-27所示的批量绘图设置对话框,在该对话框中需要用户进行以下各项参数的设置:

(1)指定断面排列间距。

(2)设定标尺信息。

在对话框中的标尺信息区,核选是否绘制标尺;指定标尺偏移距离,标尺偏移距离表示标尺与原始断面上零点桩的水平距离,负值表示向左偏移,正值表示向右偏移;指定标尺高度。

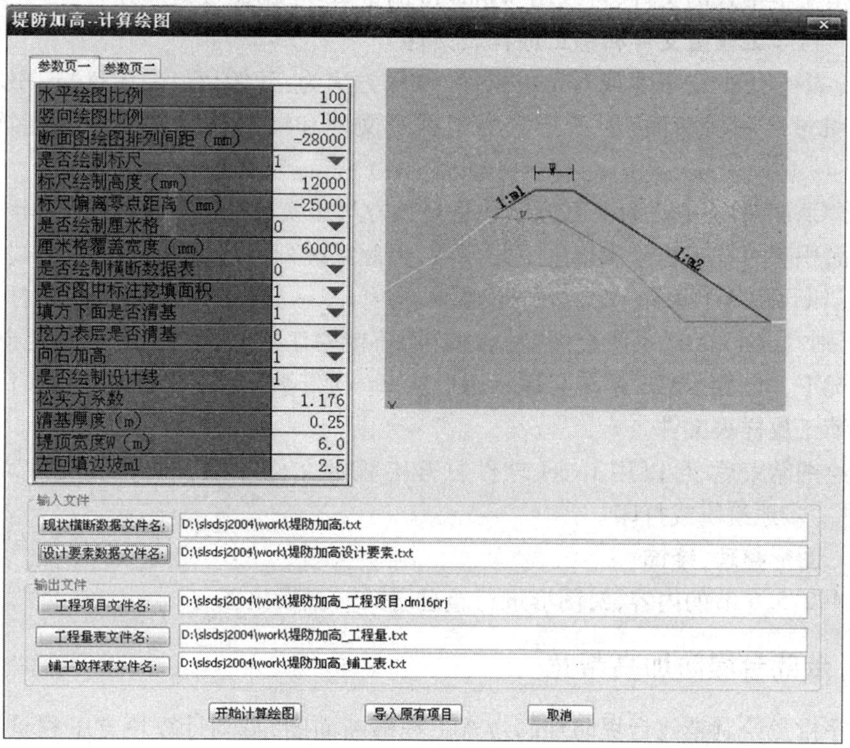

图4-27 堤防加高无戗台批量绘制横断面图对话框

(3)设定米格信息。

核选是否绘制米格以及米格的宽度。系统内设定,厘米格的高度等于标尺的高度,只有同时核选绘制标尺和绘制米格的情况下,才能绘制出厘米格。

(4)设定数据文件名称。

按"现状横断数据文件名"按键,在浏览方式下指定记录原始横断面数据的文件名。按"设计要素数据文件名"按键,在浏览方式下指定记录设计要素信息的文件名。系统会同时自动生成工程项目文件名、工程量表文件名、铺工放样表文件名,其中工程项目文件便于以后进行修改操作,工程量表文件和铺工放样表文件都是文本格式文件,都可以用 Windows 的记事本或 Excel 打开。

(5)设定设计断面信息。

在设计断面信息区,核选是否绘制设计断面,若绘制,在该对话框中输入堤顶宽度、左右边坡坡比等设计数据。

(6)给点绘图或取消操作。

若用户暂时不绘图,可点击"取消"按钮,取消操作。

若想立即绘图,点击"开始计算绘图"按钮后,用鼠标在绘图区任意指定一点,系统即可绘制出横断面图。

另外,如果用户选择绘制设计断面,那么系统会自动生成工程量表和铺工放样表,两个文件都是文本格式的文件,可以用 Windows 的记事本或 Excel 等程序打开。

4.2.20.5 打印工程量文件和铺工放样表文件

用 Windows 下的记事本或写字板软件(操作方法为:开始\程序\附件\记事本或写字板)打开"批量绘制横断面"时所指定的工程量文件和铺工放样表文件,观察软件计算结果。

"断面 CAD"系统中认为上下方系数是自然方与压实后的体积比,大于或等于 1.0,系统把填方面积和填方工程量乘以上下方系数,因此系统列出的填方工程量为自然方。

注意:"断面 CAD"系统在绘图的同时,不能用 Excel 等任何数据库编辑软件打开工程量文件,否则"断面 CAD"系统会因"写保护"而不能对工程量文件进行及时更新。当然,在这种情况下,"断面 CAD"系统会提示用户从 Excel 等数据库编辑软件中暂时关闭工程量文件或铺工放样表文件。

批量绘图结束后,可以用 Excel 软件打开工程量文件和铺工放样表文件,加上表格线,进行进一步地编辑或打印。

4.2.20.6 图形整理、修饰

参考 4.2.5.6 节的内容,对图形进行整理、修饰,最后出图。

4.2.21 带戗台堤防加高帮宽

该程序批量绘制带戗台堤防加高帮宽工程横断面图,自动计算填方工程量和铺工表数据,自动生成工程项目文件、工程量表和铺工表。

可以向临河加高帮宽,也可以向背河加高帮宽,起坡点的位置编号由用户指定。若通过中心距定设计线的位置,可以采用筑坝的程序。操作步骤如下。

4.2.21.1 准备原始横断面成果表文件

原始横断面测量成果表的格式如下:

```
 桩号
起点距    高程    点注释
起点距    高程    点注释
起点距    高程    点注释
   ⋮
 桩号
起点距    高程    点注释
起点距    高程    点注释
   ⋮
```

测量成果表中,桩号允许带"+"或"-",但不允许有其他非数字文本,程序通过加减号来识别桩号。起点距即累距,零点桩的起点距为0。每个点的数据占一行,包括"起点距""高程"和"点注释"三项,中间用空格隔开,空格多少不受限制,其中"点注释"可以省略。

用户需用 Windows 下的记事本软件(操作方法为:开始\程序\附件\记事本)把原始测量记录输入整理成测量成果表,并保存成文本格式的文件,或者利用"断面工具"下的"测量数据转为成果表"功能把原始测量读数(来自水准仪、经纬仪、全站仪、GPS 等)转换为横断测量成果表,详细内容请参考《用户手册》第九章的内容。

横断测量成果表举例如下:

```
5+550
 -57.04     46.88
 -44.41     47.02
 -28.71     47.59
 -6.85      54.99      LJ
0           54.92      DZ
2.8         54.9
4.31        55.73      DD
6.16        55.7
17.41       50.95
34.26       45.91      BPJ
38.09       44.51      DX
47.31       43.8       DX
62.17       43.75      DX
5+600
 -59.36     46.79
 -48.14     46.79      DX
 -42.7      46.85
 -28.8      47.38      LPJ
 -15.28     51.54
 -6.24      55.12      BJ
0           54.99      DZ
6.03        55.29      LJ
```

提示:用户须注意测量范围,若原始线过短,与设计线不发生两个以上的交点,不能构成多边形,则设计线不会画出。

4.2.21.2　整理设计要素文件

设计要素为文本文件,格式举例如下:

桩号	起坡点编号	设计堤顶高程	设计戗顶高程
5 +550	4	58	54
5 +600	4	57.995	53.995
5 +650	4	57.99	53.99
5 +700	4	57.985	53.985
5 +750	4	57.98	53.98
5 +800	3	57.975	53.975
5 +850	4	57.97	53.97
5 +900	5	57.965	53.965
5 +950	4	57.96	53.96
6 +000	4	57.955	53.955
6 +050	4	57.95	53.95
6 +100	4	57.945	53.945

起坡点常常是原始断面线的某个拐点(如堤脚或堤肩),起坡点编号是原始断面线上拐点的编号,有两条规则同时适用:其一,规定原始断面线上端点从起点开始按 0、1、2、3…的序列编号;其二,规定原始断面线上零点桩的编号为 +0,紧邻 +0 点,起点距为负值的拐(端)点的编号为 -1,其次为 -2,依次类推;紧邻 +0 点,起点距为正值的拐(端)点的编号为 +1,其次为 +2,依次类推,如图 4-25 所示。

可以利用“断面 CAD”系统的统计点号工具,从原状断面图上统计出点号(保存成文件)。

4.2.21.3　设置绘图参数(该步可省略)

从“横断模板”下拉菜单中选择“设置绘图参数”菜单项,弹出如图 4-28 所示的对话框,可以修改其中的缺省设置。

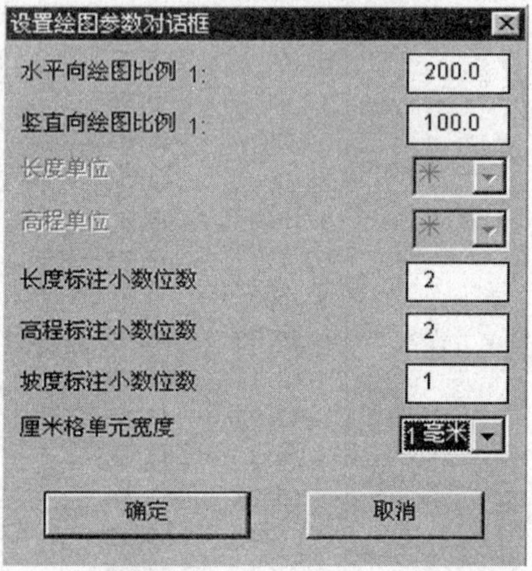

图 4-28　设置绘图参数对话框

4.2.21.4　批量绘图与计算

从“横断模板”菜单中,选择“堤防加高带戗台”菜单项,系统弹出如图 4-29 所示的批量绘图设置对话框,在该对话框中需要用户进行以下各项参数的设置:

(1)指定断面排列间距。

(2)设定标尺信息。

在对话框中的标尺信息区,核选是否绘制标尺;指定标尺偏移距离,标尺偏移距离表示标尺与原始断面上零点桩的水平距离,负值表

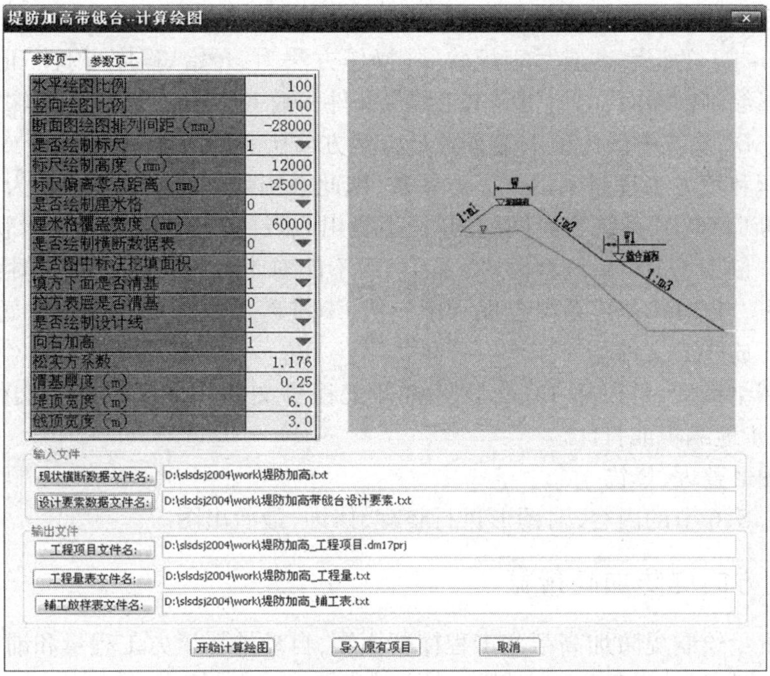

图 4-29 堤防加高带戗台批量绘制横断面图对话框

示向左偏移，正值表示向右偏移；指定标尺高度。

(3)设定米格信息。

核选是否绘制米格以及米格的宽度。系统内设定，米格的高度等于标尺的高度，只有同时核选绘制标尺和绘制米格的情况下，才能绘制出米格。

(4)设定数据文件名称。

按“现状横断数据文件名”按键，在浏览方式下指定记录原始横断面数据的文件名。按“设计要素文件名”按键，在浏览方式下指定记录设计要素信息的文件名。系统会同时自动生成工程项目文件名、工程量表文件名、铺工放样表文件名，其中工程项目文件便于以后进行修改操作，工程量表文件和铺工放样表文件都是文本格式文件，都可以用 Windows 的记事本或 Excel 打开。

(5)设定设计断面信息。

在设计断面信息区，核选是否绘制设计断面，核选向左或向右绘制设计断面等选项，输入堤顶宽度、戗顶宽度、左右边坡坡比等设计数据。

(6)给点绘图或取消操作。

若用户暂时不绘图，可点击“取消”按钮，取消操作。

若想立即绘图，点击“开始计算绘图”按钮后，用鼠标在绘图区任意指定一点，系统即可绘制出横断面图。

另外，如果用户选择绘制设计断面，那么系统会自动生成工程量表和铺工放样表，两个文件都是文本格式的文件，可以用 Windows 的记事本或 Excel 等程序打开。

4.2.21.5 打印工程量文件和铺工放样表文件

用 Windows 下的记事本或写字板软件（操作方法为：开始\程序\附件\记事本或写字板）打开“批量绘制横断面”时所指定的工程量文件和铺工放样表文件，观察软件计算结果。

“断面 CAD”系统中认为上下方系数是自然方与压实后的体积比，大于或等于 1.0，系统把填方面积和填方工程量乘以上下方系数，因此系统列出的填方工程量为自然方。

注意：“断面 CAD”系统在绘图的同时，不能用 Excel 等任何数据库编辑软件打开工程量文件，否则“断面 CAD”系统会因“写保护”而不能对工程量文件进行及时更新。当然，在这种情况下，“断面 CAD”系统会提示用户从 Excel 等数据库编辑软件中暂时关闭工程量文件或铺工放样表文件。

批量绘图结束后，可以用 Excel 软件打开工程量文件和铺工放样表文件，加上表格线，进行进一步地编辑或打印。

4.2.21.6 图形整理、修饰

参考 4.2.5.6 节的内容，对图形进行整理、修饰，最后出图。

4.2.22 变方向堤防加高帮宽

该程序批量绘制堤防加高帮宽工程横断面图，自动计算填方工程量和铺工表数据，自动生成工程项目文件、工程量表和铺工表。

可以向临河加高帮宽，也可以向背河加高帮宽，起坡点的位置编号由用户指定。若通过中心距定设计线的位置，可以采用筑坝的程序。操作步骤如下。

4.2.22.1 准备原始横断面成果表文件

原始横断面测量成果表的格式如下：

```
 桩号
起点距   高程   点注释
起点距   高程   点注释
  ⋮
 桩号
起点距   高程   点注释
起点距   高程   点注释
  ⋮
```

测量成果表中，桩号允许带“+”或“-”，但不允许有其他非数字文本，程序通过加减号来识别桩号。起点距即累距，零点桩的起点距为 0。每个点的数据占一行，包括“起点距”“高程”和“点注释”三项，中间用空格隔开，空格多少不受限制，其中“点注释”可以省略。

用户需用 Windows 下的记事本软件（操作方法为：开始\程序\附件\记事本）把原始测量记录输入整理成测量成果表，并保存成文本格式的文件，或者利用“断面工具”下的“测量数据转为成果表”功能把原始测量读数（来自水准仪、经纬仪、全站仪、GPS 等）转换为横断测量成果表，详细内容请参考《用户手册》第九章的内容。

横断测量成果表举例如下：

5+550		
-57.04	46.88	
-44.41	47.02	
-28.71	47.59	
-6.85	54.99	LJ
0	54.92	DZ
2.8	54.9	
4.31	55.73	DD
6.16	55.7	
17.41	50.95	
34.26	45.91	BPJ
38.09	44.51	DX
47.31	43.8	DX
62.17	43.75	DX
5+600		
-59.36	46.79	
-48.14	46.79	DX
-42.7	46.85	
-28.8	47.38	LPJ
-15.28	51.54	
-6.24	55.12	BJ
0	54.99	DZ
6.03	55.29	LJ

提示：用户须注意测量范围，若原始线过短，与设计线不发生两个以上的交点，不能构成多边形，则设计线不会画出。

4.2.22.2 整理设计要素文件

在 Excel 中整理设计要素数据，另存为文本文件（*.txt），格式举例如下：

桩号	起坡点编号	设计堤顶高程	加高方向(1:向右)
5+550	4	58	1
5+600	4	57.995	1
5+650	4	57.99	1
5+700	4	57.985	0
5+750	5	57.98	0
5+800	4	57.975	0
5+850	4	57.97	1
5+900	4	57.965	1
5+950	5	57.96	1
6+000	5	57.955	0
6+050	4	57.95	0
6+100	4	57.945	1
6+150	4	57.94	1

起坡点常常是原始断面线的某个拐点(如堤脚或堤肩),起坡点编号是原始断面线上拐点的编号,有两条规则同时适用:其一,规定原始断面线上端点从起点开始按 0、1、2、3……的序列编号;其二,规定原始断面线上零点桩的编号为 +0,紧邻 +0 点,起点距为负值的拐(端)点的编号为 -1,其次为 -2,依次类推;紧邻 +0 点,起点距为正值的拐(端)点的编号为 +1,其次为 +2,依次类推,如图 4-25 所示。

可以利用“断面 CAD”系统的统计点号工具,从原状断面图上统计出起坡点的点号(保存成文件)。加高方向规定如下:1 代表向右加高,0 代表向左加高。

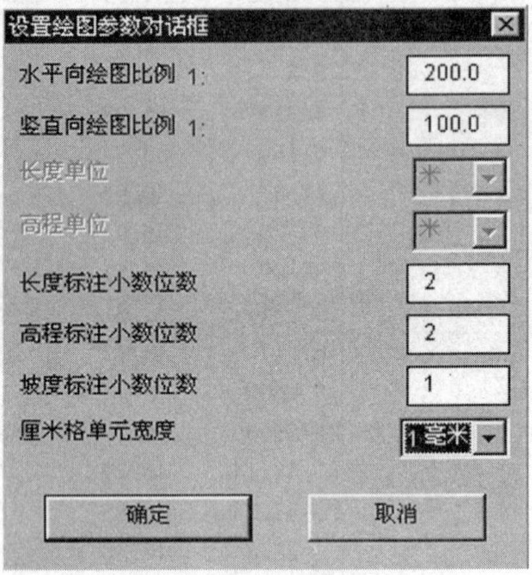

图 4-30 设置绘图参数对话框

4.2.22.3 设置绘图参数(该步可省略)

从“横断模板”下拉菜单中选择“设置绘图参数”菜单项,弹出如图 4-30 所示的对话框,可以修改其中的缺省设置。

4.2.22.4 批量绘图与计算

从“横断模板”菜单中,选择“堤防加高(方向变化)”菜单项,系统弹出如图 4-31 所示的批量绘图设置对话框,在该对话框中需要用户进行以下各项参数的设置:

(1)指定断面排列间距。

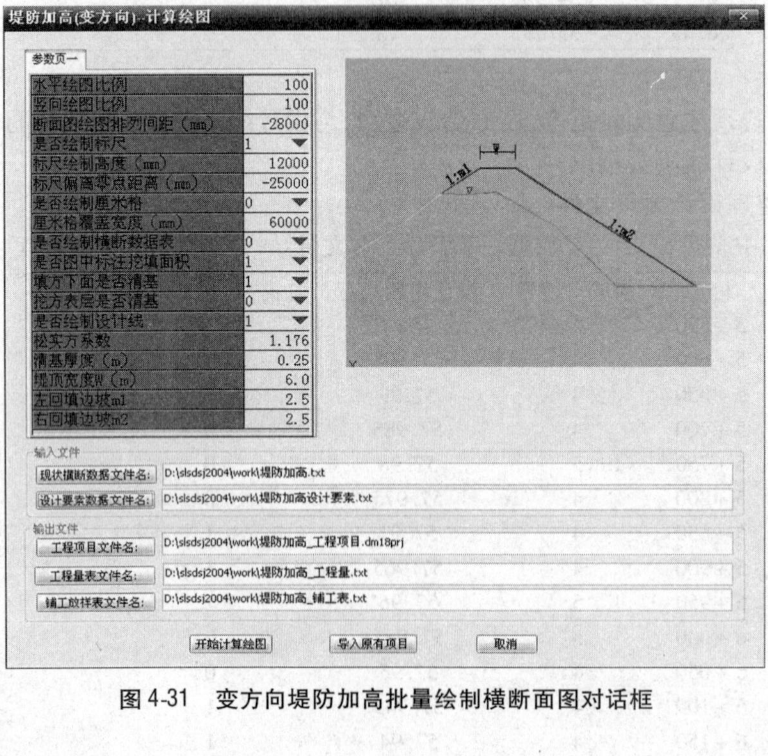

图 4-31 变方向堤防加高批量绘制横断面图对话框

(2)设定标尺信息。

在对话框中的标尺信息区,核选是否绘制标尺;指定标尺偏移距离,标尺偏移距离表示标尺与原始断面上零点桩的水平距离,负值表示向左偏移,正值表示向右偏移;指定标尺高度。

(3)设定米格信息。

核选是否绘制米格以及米格的宽度。系统内设定,米格的高度等于标尺的高度,只有同时核选绘制标尺和绘制米格的情况下,才能绘制出米格。

(4)设定数据文件名称。

按"现状横断数据文件名"按键,在浏览方式下指定记录原始横断面数据的文件名。按"设计要素数据文件名"按键,在浏览方式下指定记录设计要素信息的文件名。系统会同时自动生成工程项目文件名、工程量表文件名、铺工放样表文件名,其中工程项目文件便于以后进行修改操作,工程量表文件和铺工放样表文件都是文本格式文件,都可以用 Windows 的记事本或 Excel 打开。

(5)设定设计断面信息。

在设计断面信息区,核选是否绘制设计断面,若绘制,在该对话框中输入堤顶宽度、左右边坡坡比等设计数据。

(6)给点绘图或取消操作。

若用户暂时不绘图,可点击"取消"按钮,取消操作。

若想立即绘图,点击"开始计算绘图"按钮后,用鼠标在绘图区任意指定一点,系统即可绘制出横断面图。

另外,如果用户选择绘制设计断面,那么系统会自动生成工程量表和铺工放样表,两个文件都是文本格式的文件,可以用 Windows 的记事本或 Excel 等程序打开。

4.2.22.5 打印工程量文件和铺工放样表文件

用 Windows 下的记事本或写字板软件(操作方法为:开始\程序\附件\记事本或写字板)打开"批量绘制横断面"时所指定的工程量文件和铺工放样表文件,观察软件计算结果。

"断面 CAD"系统中认为上下方系数是自然方与压实后的体积比,大于或等于1.0,系统把填方面积和填方工程量乘以上下方系数,因此系统列出的填方工程量为自然方。

注意:"断面 CAD"系统在绘图的同时,不能用 Excel 等任何数据库编辑软件打开工程量文件,否则"断面 CAD"系统会因"写保护"而不能对工程量文件进行及时更新。当然,在这种情况下,"断面 CAD"系统会提示用户从 Excel 等数据库编辑软件中暂时关闭工程量文件或铺工放样表文件。

批量绘图结束后,可以用 Excel 软件打开工程量文件和铺工放样表文件,加上表格线,进行进一步地编辑或打印。

4.2.22.6 图形整理、修饰

参考4.2.5.6节的内容,对图形进行整理、修饰,最后出图。

4.2.23 梯形断面筑坝

该程序批量绘制梯形断面筑坝工程横断面图,自动计算填方工程量和铺工表数据,自

动生成工程量表和铺工表。操作步骤如下。

4.2.23.1 准备原始横断面成果表文件

原始横断面测量成果表的格式如下：

```
桩号
起点距  高程  点注释
起点距  高程  点注释
起点距  高程  点注释
  ⋮
桩号
起点距  高程  点注释
起点距  高程  点注释
  ⋮
```

测量成果表中，桩号允许带"+"或"-"，但不允许有其他非数字文本，程序通过加减号来识别桩号。起点距即累距，零点桩的起点距为0。每个点的数据占一行，包括"起点距""高程"和"点注释"三项，中间用空格隔开，空格多少不受限制，其中"点注释"可以省略。

用户需用 Windows 下的记事本软件（操作方法为：开始\程序\附件\记事本）把原始测量记录输入整理成测量成果表，并保存成文本格式的文件，或者利用"断面工具"下的"测量数据转为成果表"功能把原始测量读数（来自水准仪、经纬仪、全站仪、GPS 等）转换为横断测量成果表，详细内容请参考《用户手册》第九章的内容。

横断测量成果表举例如下：

```
15+000
 -38      41
 -15      41.57
 -4.2     41.97
0         41.57
4         42.37
13.5      41.33
46.7      41.08
15+050
 -37      41.17
 -14.5    41.57
 -4.5     42.45
0         42.05
4         41.65
14.5      42.53
32.4      42.24
48.7      41.38
```

15 + 100	
-37.8	41.12
-15.2	41.67
-4.3	41.97
0	42.37
4	42.47
13.5	42.33
46.7	41.08

提示：用户须注意测量范围，若原始线过短，与设计线不发生两个以上的交点，不能构成多边形，则设计线不会画出。

4.2.23.2 整理设计要素文件

在 Excel 中整理设计要素数据，另存为文本文件（＊.txt），格式举例如下：

桩号	中心距	设计坝顶高程
15 +000	1.5	50
15 +050	2	50
15 +100	3	50
15 +150	4.5	50
15 +200	5	50
15 +250	6.5	50
15 +300	7.5	50
15 +350	7	50

中心距为大坝轴线偏离原始断面线的零点桩的距离，左负右正。可以利用“断面CAD”系统统计两点距离工具，从平面图或原状断面图上统计出中心距（保存成文件）。特殊情况下，当原始断面线的零点桩在大坝轴线上时，中心距取0。

4.2.23.3 设置绘图参数（该步可省略）

从“横断模板”下拉菜单中选择“设置绘图参数”菜单项，弹出如图4-32所示的对话框，可以修改其中的缺省设置。

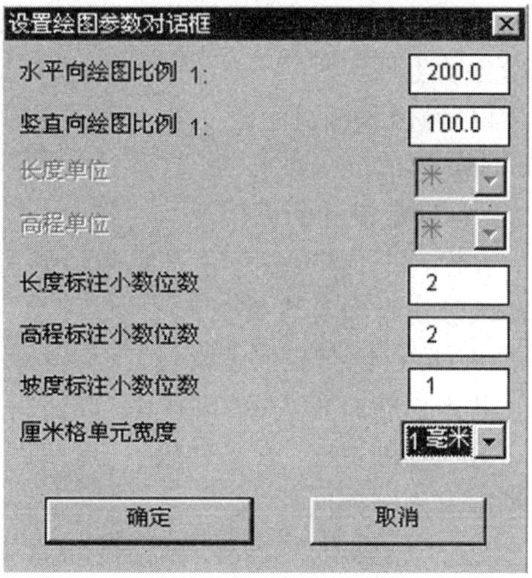

图4-32 设置绘图参数对话框

4.2.23.4 批量绘图与计算

从“横断模板”菜单中，选择“梯形断面筑坝”菜单项，系统弹出如图4-33所示的批量绘图设置对话框，在该对话框中需要用户进行以下各项参数的设置：

（1）指定断面排列间距。

（2）设定标尺信息。

在对话框中的标尺信息区，核选是否绘制标尺；指定标尺偏移距离，标尺偏移距离表示标尺与原始断面上零点桩的水平距离，负值表

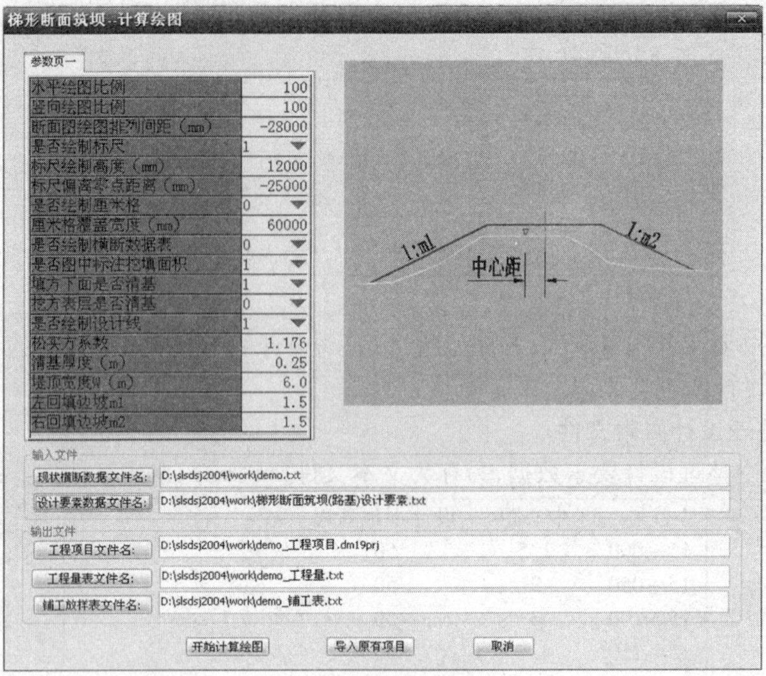

图 4-33　梯形断面筑坝批量绘制横断面图对话框

示向左偏移，正值表示向右偏移；指定标尺高度。

(3)设定米格信息。

核选是否绘制米格以及米格的宽度。系统内设定，米格的高度等于标尺的高度，只有同时核选绘制标尺和绘制米格的情况下，才能绘制出米格。

(4)设定数据文件名称。

按“现状横断数据文件名”按键，在浏览方式下指定记录原始横断面数据的文件名。按“设计要素数据文件名”按键，在浏览方式下指定记录设计要素信息的文件名。系统会同时自动生成工程项目文件名、工程量表文件名、铺工放样表文件名，其中工程项目文件便于以后进行修改操作，工程量表文件和铺工放样表文件都是文本格式文件，都可以用 Windows 的记事本或 Excel 打开。

(5)设定设计断面信息。

在设计断面信息区，核选是否绘制设计断面，若绘制，在该对话框中输入堤顶宽度、左右边坡坡比等设计数据。

(6)给点绘图或取消操作。

若用户暂时不绘图，可点击“取消”按钮，取消操作。

若想立即绘图，点击“开始计算绘图”按钮后，用鼠标在绘图区任意指定一点，系统即可绘制出横断面图。

另外，如果用户选择绘制设计断面，那么系统会自动生成工程量表和铺工放样表，两个文件都是文本格式的文件，可以用 Windows 的记事本或 Excel 等程序打开。

4.2.23.5　打印工程量文件和铺工放样表文件

用 Windows 下的记事本或写字板软件(操作方法为:开始\程序\附件\记事本或写字板)打开"批量绘制横断面"时所指定的工程量文件和铺工放样表文件,观察软件计算结果。

"断面 CAD"系统中认为上下方系数是自然方与压实后的体积比,大于或等于 1.0,系统把填方面积和填方工程量乘以上下方系数,因此系统列出的填方工程量为自然方。

注意:"断面 CAD"系统在绘图的同时,不能用 Excel 等任何数据库编辑软件打开工程量文件,否则"断面 CAD"系统会因"写保护"而不能对工程量文件进行及时更新。当然,在这种情况下,"断面 CAD"系统会提示用户从 Excel 等数据库编辑软件中暂时关闭工程量文件或铺工放样表文件。

批量绘图结束后,可以用 Excel 软件打开工程量文件和铺工放样表文件,加上表格线,进行进一步地编辑或打印。

4.2.23.6　图形整理、修饰

参考 4.2.5.6 节的内容,对图形进行整理、修饰,最后出图。

4.2.24　带戗台筑坝 1

该程序批量绘制带戗台筑坝工程横断面图,自动计算填方工程量和铺工表数据,自动生成工程量表和铺工表。操作步骤如下。

4.2.24.1　准备原始横断面成果表文件

原始横断面测量成果表的格式如下:

```
 桩号
起点距   高程   点注释
起点距   高程   点注释
起点距   高程   点注释
  ⋮
 桩号
起点距   高程   点注释
起点距   高程   点注释
  ⋮
```

测量成果表中,桩号允许带"+"或"-",但不允许有其他非数字文本,程序通过加减号来识别桩号。起点距即累距,零点桩的起点距为 0。每个点的数据占一行,包括"起点距""高程"和"点注释"三项,中间用空格隔开,空格多少不受限制,其中"点注释"可以省略。

用户需用 Windows 下的记事本软件(操作方法为:开始\程序\附件\记事本)把原始测量记录输入整理成测量成果表,并保存成文本格式的文件,或者利用"断面工具"下的"测量数据转为成果表"功能把原始测量读数(来自水准仪、经纬仪、全站仪、GPS 等)转换为横断测量成果表,详细内容请参考《用户手册》第九章的内容。

横断测量成果表举例如下：

15 + 000	
− 38	41
− 15	41.57
− 4.2	41.97
0	41.57
4	42.37
13.5	41.33
46.7	41.08
15 + 050	
− 37	41.17
− 14.5	41.57
− 4.5	42.45
0	42.05
4	41.65
14.5	42.53
32.4	42.24
48.7	41.38
15 + 100	
− 37.8	41.12
− 15.2	41.67
− 4.3	41.97
0	42.37
4	42.47
13.5	42.33
46.7	41.08

提示：用户须注意测量范围，若原始线过短，与设计线不发生两个以上的交点，不能构成多边形，则设计线不会画出。

4.2.24.2　整理设计要素文件

在 Excel 中整理设计要素数据，另存为文本文件（ * . txt），格式举例如下：

桩号	中心距	设计坝顶高程	设计左戗顶高程	设计右戗顶高程
15 + 000	1.5	51.5	48	47.5
15 + 050	2	51.5	48	47.5
15 + 100	3	51.5	48	47.5
15 + 150	4.5	51.5	48	47.5
15 + 200	5	51.5	48	47.5
15 + 250	6.5	51.5	48	47.5
15 + 300	7.5	51.5	48	47.5
15 + 350	7	51.5	48	47.5

中心距为大坝轴线偏离原始断面线的零点桩的距离，左负右正。可以利用“断面CAD”系统统计两点距离工具，从平面图或原状断面图上统计出中心距（保存成文件）。特殊情况下，当原始断面线的零点桩在大坝轴线上时，中心距取 0。

4.2.24.3　设置绘图参数（该步可省略）

从“横断模板”下拉菜单中选择“设置绘图参数”菜单项，弹出如图 4-34 所示的对话框，可以修改其中的缺省设置。

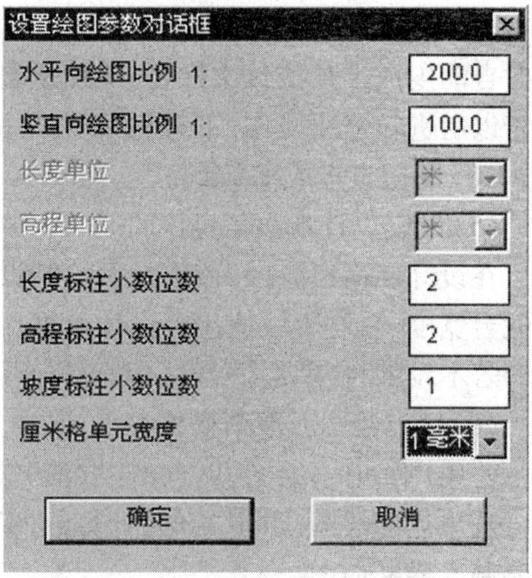

图 4-34　设置绘图参数对话框

4.2.24.4　批量绘图与计算

从“横断模板”菜单中，选择“带戗台筑坝1”菜单项，系统弹出如图 4-35 所示的批量绘图设置对话框，在该对话框中需要用户进行以下各项参数的设置：

（1）指定断面排列间距。

（2）设定标尺信息。

在对话框中的标尺信息区，核选是否绘制标尺；指定标尺偏移距离，标尺偏移距离表示标尺与原始断面上零点桩的水平距离，负值表示向左偏移，正值表示向右偏移；指定标尺高度。

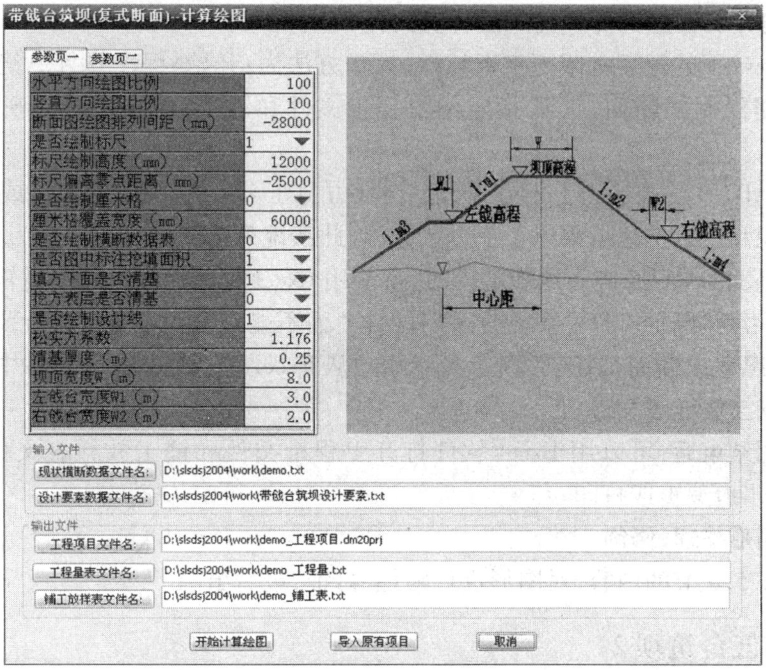

图 4-35　带戗台筑坝批量绘制横断面图对话框

（3）设定米格信息。

核选是否绘制米格以及米格的宽度。系统内设定,米格的高度等于标尺的高度,只有同时核选绘制标尺和绘制米格的情况下,才能绘制出米格。

(4)设定数据文件名称。

按"现状横断数据文件名"按键,在浏览方式下指定记录原始横断面数据的文件名。按"设计要素数据文件名"按键,在浏览方式下指定记录设计要素信息的文件名。系统会同时自动生成工程项目文件名、工程量表文件名、铺工放样表文件名,其中工程项目文件便于以后进行修改操作,工程量表文件和铺工放样表文件都是文本格式文件,都可以用 Windows 的记事本或 Excel 打开。

(5)设定设计断面信息。

在设计断面信息区,核选是否绘制设计断面,若绘制,在该对话框中输入坝顶宽度、左右戗台宽度、左右边坡坡比等设计数据。

若不设戗台,理论值 W1 = 0、W2 = 0,实际操作中请用 0.001 代替 0。

(6)给点绘图或取消操作。

若用户暂时不绘图,可点击"取消"按钮,取消操作。

若想立即绘图,点击"开始计算绘图"按钮后,用鼠标在绘图区任意指定一点,系统即可绘制出横断面图。

另外,如果用户选择绘制设计断面,那么系统会自动生成工程量表和铺工放样表,两个文件都是文本格式的文件,可以用 Windows 的记事本或 Excel 等程序打开。

4.2.24.5　打印工程量文件和铺工放样表文件

用 Windows 下的记事本或写字板软件(操作方法为:开始\程序\附件\记事本或写字板)打开"批量绘制横断面"时所指定的工程量文件和铺工放样表文件,观察软件计算结果。

"断面 CAD"系统中认为上下方系数是自然方与压实后的体积比,大于或等于 1.0,系统把填方面积和填方工程量乘以上下方系数,因此系统列出的填方工程量为自然方。

注意:"断面 CAD"系统在绘图的同时,不能用 Excel 等任何数据库编辑软件打开设计工程量文件,否则"断面 CAD"系统会因"写保护"而不能对工程量文件进行及时更新。当然,在这种情况下,"断面 CAD"系统会提示用户从 Excel 等数据库编辑软件中暂时关闭工程量文件或铺工放样表文件。

批量绘图结束后,可以用 Excel 软件打开工程量文件和铺工放样表文件,加上表格线,进行进一步地编辑或打印。

4.2.24.6　图形整理、修饰

参考 4.2.5.6 节的内容,对图形进行整理、修饰,最后出图。

4.2.25　带戗台筑坝 2

该程序批量绘制带戗台筑坝工程横断面图,自动计算填方工程量和铺工表数据,自动生成工程项目文件、工程量表和铺工表。

该功能可以随时变换断面底宽,设计要素表的格式如下:

桩号	中心距	设计坝顶高程	设计左戗顶高程	设计右戗顶高程	设计坝顶宽度
15+000	1.5	51.5	48	47.5	8
15+050	2	51.5	48	47.5	8
15+100	3	51.5	48	47.5	7
15+150	4.5	51.5	48	47.5	7
15+200	5	51.5	48	47.5	7
15+250	6.5	51.5	48	47.5	7
15+300	7.5	51.5	48	47.5	7
15+350	7	51.5	48	47.5	7

操作步骤同“4.2.24 带戗台筑坝1”,请参考该节的内容。

4.2.26 砌筑单侧挡土墙

该程序批量绘制单侧挡土墙工程横断面图,自动生成工程项目文件、工程量表(包括开挖土方工程量和砌体工程量)和铺工表。操作步骤如下。

4.2.26.1 **准备原始横断面成果表文件**

原始横断面测量成果表的格式如下:

```
 桩号
起点距   高程   点注释
起点距   高程   点注释
起点距   高程   点注释
   ⋮
 桩号
起点距   高程   点注释
起点距   高程   点注释
   ⋮
```

测量成果表中,桩号允许带“+”或“-”,但不允许有其他非数字文本,程序通过加减号来识别桩号。起点距即累距,零点桩的起点距为0。每个点的数据占一行,包括“起点距”“高程”和“点注释”三项,中间用空格隔开,空格多少不受限制,其中“点注释”可以省略。

用户需用Windows下的记事本软件(操作方法为:开始\程序\附件\记事本)把原始测量记录输入整理成测量成果表,并保存成文本格式的文件,或者利用“断面工具”下的“测量数据转为成果表”功能把原始测量读数(来自水准仪、经纬仪、全站仪、GPS等)转换为横断测量成果表,详细内容请参考《用户手册》第九章的内容。

如果测量部门已经提供了现状横断面图,并且横断面图下面有数据表,可以用“断面工具”下的“文本字表转置输出”功能,把记录横断面的数据转换成文本文件,再用Excel打开,作进一步地编辑,成为百图“断面CAD”要求的格式。

横断测量成果表举例如下:

15+000	
-38	41
-15	41.57
-4.2	41.97
0	41.57
4	42.37
13.5	41.33
46.7	41.08
15+050	
-37	41.17
-14.5	41.57
-4.5	42.45
0	42.05
4	41.65
14.5	42.53
32.4	42.24
48.7	41.38
15+100	
-37.8	41.12
-15.2	41.67
-4.3	41.97
0	42.37
4	42.47
13.5	42.33
46.7	41.08

提示:用户须注意测量范围,若原始线过短,与设计线不发生两个以上的交点,不能构成多边形,则设计线不会画出。

4.2.26.2 整理设计要素文件

在 Excel 中整理设计要素数据,另存为文本文件(*.txt),格式如下:

桩号	定位水平距	挡墙基础顶面高程	挡墙顶高程
5+550	0	58	62
5+600	0	57.995	61.995
5+650	0	57.99	61.99
5+700	0	57.985	61.985
5+750	0	57.98	61.98

挡土墙定位水平距为挡土墙迎水面偏离原始断面线的零点桩的距离,左负右正。可以利用“断面 CAD”系统统计两点距离工具,从平面图或原状断面图上统计出定位水平距(再保存成文件)。特殊情况下,当原始断面线的零点桩与挡墙迎水面上下对齐时,中心距取 0。

4.2.26.3　设置绘图参数(该步可省略)

从“横断模板”下拉菜单中选择“设置绘图参数”菜单项,弹出如图 4-36 所示的对话框,可以修改其中的缺省设置。

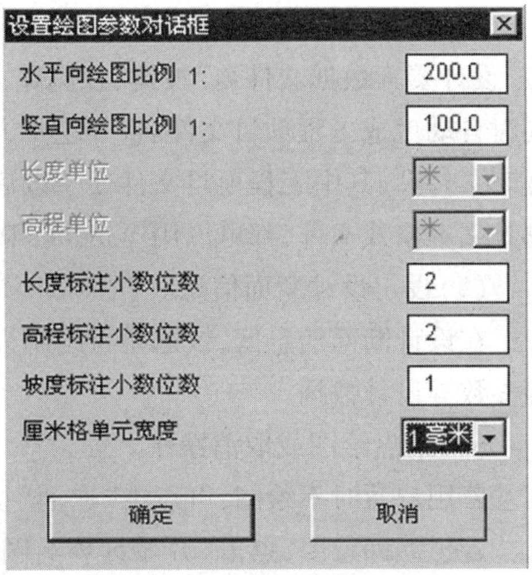

图 4-36　设置绘图参数对话框

4.2.26.4　批量绘图与计算

从“横断模板”菜单中,选择“砌筑单侧挡土墙”菜单项,系统弹出如图 4-37 所示的批量绘图设置对话框,在该对话框中需要用户进行以下各项参数的设置:

(1)指定断面排列间距。

(2)设定标尺信息。

在对话框中的标尺信息区,核选是否绘制标尺;指定标尺偏移距离,标尺偏移距离表示标尺与原始断面上零点桩的水平距离,负值表示向左偏移,正值表示向右偏移;指定标尺高度。

(3)设定米格信息。

核选是否绘制米格以及米格的宽度。系统内设定,米格的高度等于标尺的高度,只有同时核选绘制标尺和绘制米格的情况下,才能绘制出米格。

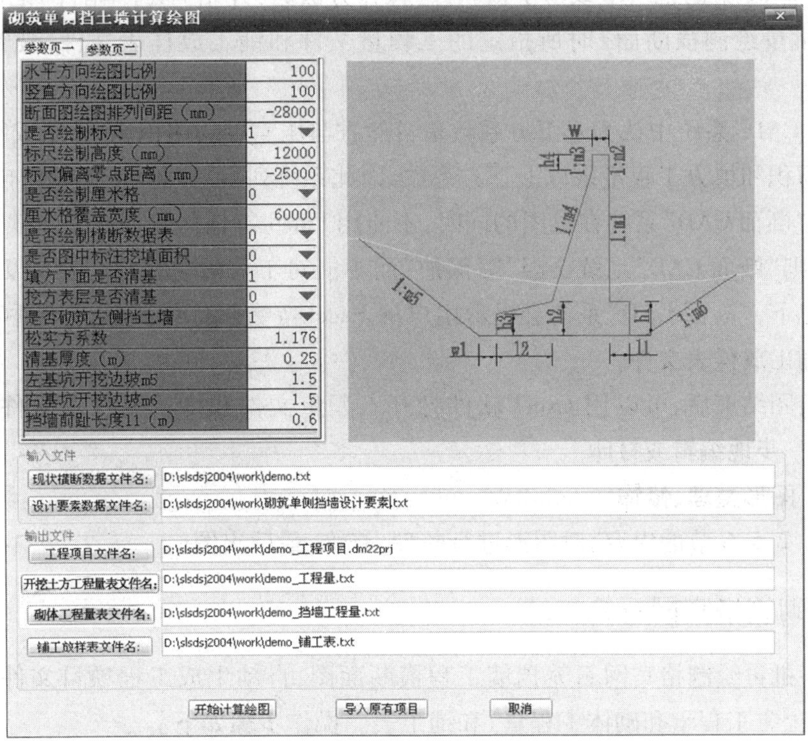

图 4-37　砌筑单侧挡土墙批量绘制横断面图对话框

(4)设定数据文件名称。

按“现状横断数据文件名”按键,在浏览方式下指定记录原始横断面数据的文件名。按“设计要素数据文件名”按键,在浏览方式下指定记录设计要素信息的文件名。系统会同时自动生成工程项目文件名、开挖土方工程量表文件名、砌体工程量表文件名、铺工放样表文件名,其中工程项目文件便于以后进行修改操作,工程量表文件和铺工放样表文件都是文本格式文件,都可以用 Windows 的记事本或 Excel 打开。

(5)设定设计断面信息。

在设计断面信息区,核选是否绘制设计断面,若绘制,在该对话框中输入开挖边坡、挡墙参数等设计数据。

(6)给点绘图或取消操作。

若用户暂时不绘图,可点击“取消”按钮,取消操作。

若想立即绘图,点击“开始计算绘图”按钮后,用鼠标在绘图区任意指定一点,系统即可绘制出横断面图。

另外,如果用户选择绘制设计断面,那么系统会自动生成工程量表和铺工放样表,两个文件都是文本格式的文件,可以用 Windows 的记事本或 Excel 等程序打开。

4.2.26.5 打印工程量文件和铺工放样表文件

用 Windows 下的记事本或写字板软件(操作方法为:开始\程序\附件\记事本或写字板)打开“批量绘制横断面”时所指定的工程量文件和铺工放样表文件,观察软件计算结果。

“断面 CAD”系统中认为上下方系数是自然方与压实后的体积比,大于或等于1.0,系统把填方面积和填方工程量乘以上下方系数,因此系统列出的填方工程量为自然方。

注意:“断面 CAD”系统在绘图的同时,不能用 Excel 等任何数据库编辑软件打开工程量文件,否则“断面 CAD”系统会因“写保护”而不能对工程量文件进行及时更新。当然,在这种情况下,“断面 CAD”系统会提示用户从 Excel 等数据库编辑软件中暂时关闭工程量文件或铺工放样表文件。

批量绘图结束后,可以用 Excel 软件打开工程量文件和铺工放样表文件,加上表格线,进行进一步地编辑或打印。

4.2.26.6 图形整理、修饰

参考4.2.5.6节的内容,对图形进行整理、修饰,最后出图。

4.2.27 砌筑格宾网石笼挡墙

该程序批量绘制格宾网石笼挡墙工程横断面图,自动生成工程项目文件、工程量表(包括开挖土方工程量和砌体工程量)和铺工表。操作步骤如下。

4.2.27.1 准备原始横断面成果表文件

原始横断面测量成果表的格式如下:

```
 桩号
起点距   高程   点注释
起点距   高程   点注释
起点距   高程   点注释
  ⋮
 桩号
起点距   高程   点注释
起点距   高程   点注释
  ⋮
```

测量成果表中，桩号允许带“+”或“-”，但不允许有其他非数字文本，程序通过加减号来识别桩号。起点距即累距，零点桩的起点距为0。每个点的数据占一行，包括“起点距”“高程”和“点注释”三项，中间用空格隔开，空格多少不受限制，其中“点注释”可以省略。

用户需用 Windows 下的记事本软件（操作方法为：开始\程序\附件\记事本）把原始测量记录输入整理成测量成果表，并保存成文本格式的文件，或者利用“断面工具”下的“测量数据转为成果表”功能把原始测量读数（来自水准仪、经纬仪、全站仪、GPS 等）转换为横断测量成果表，详细内容请参考《用户手册》第九章的内容。

横断测量成果表举例如下：

```
15+000
-38       41
-15       41.57
-4.2      41.97
0         41.57
4         42.37
13.5      41.33
46.7      41.08
15+050
-37       41.17
-14.5     41.57
-4.5      42.45
0         42.05
4         41.65
14.5      42.53
32.4      42.24
48.7      41.38
15+100
-37.8     41.12
-15.2     41.67
-4.3      41.97
0         42.37
4         42.47
13.5      42.33
46.7      41.08
```

提示:用户须注意测量范围,若原始线过短,与设计线不发生两个以上的交点,不能构成多边形,则设计线不会画出。

4.2.27.2　**整理设计要素文件**

在 Excel 中整理设计要素数据,另存为文本文件(*.txt),格式如下:

桩号	定位水平距	挡墙基础顶面高程	挡墙顶高程
5+550	0	58	62
5+600	0	57.995	61.995
5+650	0	57.99	61.99
5+700	0	57.985	61.985
5+750	0	57.98	61.98

挡墙定位水平距为挡墙基础左侧面偏离原始断面线的零点桩的距离,左负右正。可以利用"断面 CAD"系统统计两点距离工具,从平面图或原状断面图上统计出定位水平距(再保存成文件)。特殊情况下,当原始断面线的零点桩与挡墙左侧面上下对齐时,中心距取 0。

4.2.27.3　**设置绘图参数(该步可省略)**

从"横断模板"下拉菜单中选择"设置绘图参数"菜单项,弹出如图 4-38 所示的对话框,可以修改其中的缺省设置。

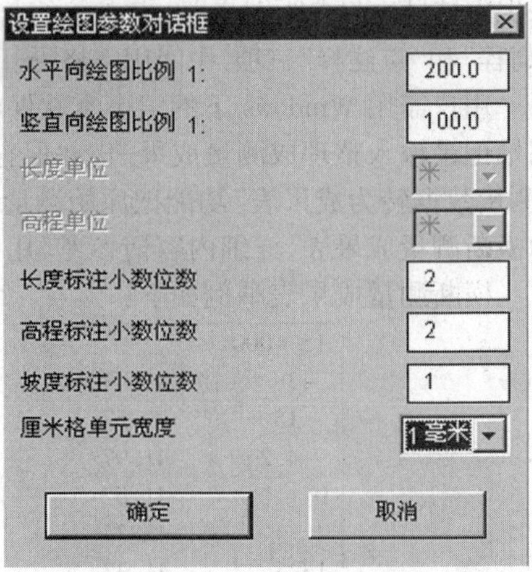

图 4-38　设置绘图参数对话框

4.2.27.4　**批量绘图与计算**

从"横断模板"菜单中,选择"砌筑格宾网石笼挡墙"菜单项,系统弹出如图 4-39 所示的批量绘图设置对话框,在该对话框中需要用户进行以下各项参数的设置:

(1)指定断面排列间距。

(2)设定标尺信息。

在对话框中的标尺信息区,核选是否绘制标尺;指定标尺偏移距离,标尺偏移距离表示标尺与原始断面上零点桩的水平距离,负值表示向左偏移,正值表示向右偏移;指定标尺高度。

(3)设定米格信息。

核选是否绘制米格以及米格的宽度。系统内设定,米格的高度等于标尺的高度,只有同时核选绘制标尺和绘制米格的情况下,才能绘制出米格。

(4)设定数据文件名称。

按"现状横断数据文件名"按键,在浏览方式下指定记录原始横断面数据的文件名。按"设计要素文件名"按键,在浏览方式下指定记录设计要素信息的文件名。系统会同时自动生成工程项目文件名、开挖土方工程量表文件名、砌体工程量表文件名、铺工放样表文件名,其中工程项目文件便于以后进行修改操作,工程量表文件和铺工放样表文件都是

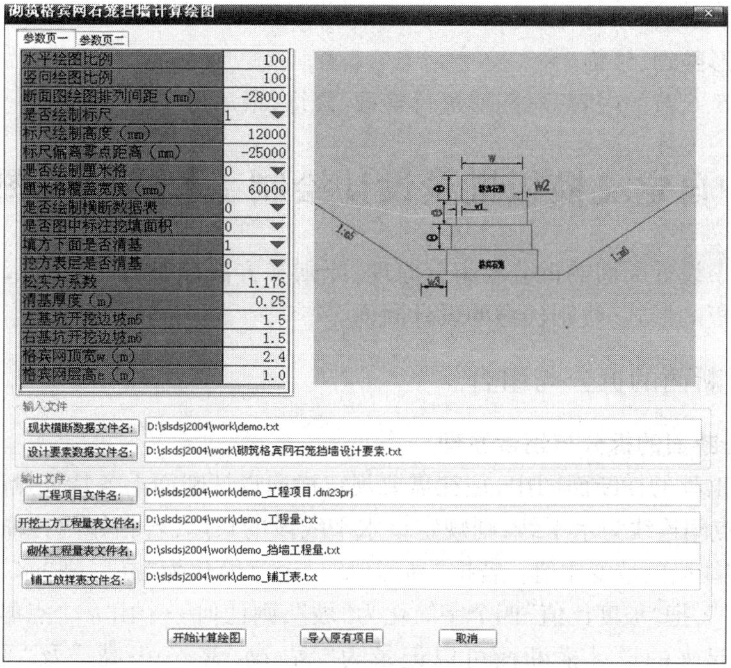

图 4-39　砌筑格宾网石笼挡墙批量绘制横断面图对话框

文本格式文件，都可以用 Windows 的记事本或 Excel 打开。

(5)设定设计断面信息。

在设计断面信息区，核选是否绘制设计断面，若绘制，在该对话框中输入开挖边坡、挡墙参数等设计数据。

(6)给点绘图或取消操作。

若用户暂时不绘图，可点击“取消”按钮，取消操作。

若想立即绘图，点击“开始计算绘图”按钮后，用鼠标在绘图区任意指定一点，系统即可绘制出横断面图。

另外，如果用户选择绘制设计断面，那么系统会自动生成工程量表和铺工放样表，两个文件都是文本格式的文件，可以用 Windows 的记事本或 Excel 等程序打开。

4.2.27.5　打印工程量文件和铺工放样表文件

用 Windows 下的记事本或写字板软件(操作方法为:开始\程序\附件\记事本或写字板)打开“批量绘制横断面”时所指定的工程量文件和铺工放样表文件，观察软件计算结果。

“断面 CAD”系统中认为上下方系数是自然方与压实后的体积比，大于或等于 1.0，系统把填方面积和填方工程量乘以上下方系数，因此系统列出的填方工程量为自然方。

注意:“断面 CAD”系统在绘图的同时，不能用 Excel 等任何数据库编辑软件打开工程量文件，否则“断面 CAD”系统会因“写保护”而不能对工程量文件进行及时更新。当然，在这种情况下，“断面 CAD”系统会提示用户从 Excel 等数据库编辑软件中暂时关闭工程量文件或铺工放样表文件。

批量绘图结束后，可以用 Excel 软件打开工程量文件和铺工放样表文件，加上表格线，进行进一步地编辑或打印。

4.2.27.6　图形整理、修饰

参考4.2.5.6节的内容，对图形进行整理、修饰，最后出图。

4.3　用户自定义模板批量设计绘制工程横断面图

本章论述了设计断面的拆分与组合原理、原则和方法，利用这种方法，用户可以通过自定义设计模板的形式，绘制任意的设计断面。

4.3.1　设计断面的拆分与组合

4.3.1.1　设计断面的拆分与组合原理

在土石方工程的横断面图中，往往需要规定横向设计断面上各特征点的高程。此外，若相邻两特征点间连线为水平线，则规定该水平线段的长度；若相邻两特征点间连线为斜线，则规定该斜线段的坡度比值。若把“高程值”三个字简化为“高”，把“水平线段长度”六个字简化为“平”，把“坡度比值”四个字简化为“坡”，则任何一个由 n 个点组成的且相邻点间用直线连接起来的设计横断面可以记录为“高$_1$ 高$_2$ 高$_3$……高$_n$”及“平$_1$ 坡$_2$ 平$_3$……坡$_{n-1}$”或“高$_1$ 高$_2$ 高$_3$……高$_n$”及“坡$_1$ 平$_2$坡$_3$……平$_{n-1}$”。

根据工程图的图形结构特点，如果我们把任何一个比较复杂的设计横断面线拆分成几个相对简单的部分，那么就可以很容易地记录每一部分的信息。如图4-40所示的图形，可以用两条竖线把设计横断面线拆分为左、中、右三部分，第一部分代表主坝，可以用“高$_1$ 高$_2$ 高$_3$ 高$_4$”及“坡$_1$ 平$_2$ 坡$_3$”来记录；第二部分代表主坝后面的两级后戗，可以用“高$_4$ 高$_5$ 高$_6$ 高$_7$ 高$_8$”及“平$_4$ 坡$_5$ 平$_6$ 坡$_7$”来记录；第三部分代表截渗沟，可以用“高$_8$ 高$_9$ 高$_{10}$高$_{11}$高$_{12}$”及“平$_8$ 坡$_9$ 平$_{10}$坡$_{11}$”来记录。反过来，如果我们给出四种相对简单（基本）的横向设计断面记录形式，即“高$_1$ 高$_2$ 高$_3$ 高$_4$”及“坡平坡”“高$_1$ 高$_3$ 高$_3$”及“平坡”“高$_1$ 高$_2$ 高$_3$ 高$_4$ 高$_5$”及“平坡平坡”“高$_1$ 高$_2$ 高$_3$ 高$_4$ 高$_5$ 高$_6$ 高$_7$”及“平坡平坡平坡”来记录。那么任何一个比较复杂的横向设计断面的记录均可以由这四种基本记录组合而成，从图形上来看，就是复杂的横向设计断面可以由相对简单的基本横向设计断面组合而成。

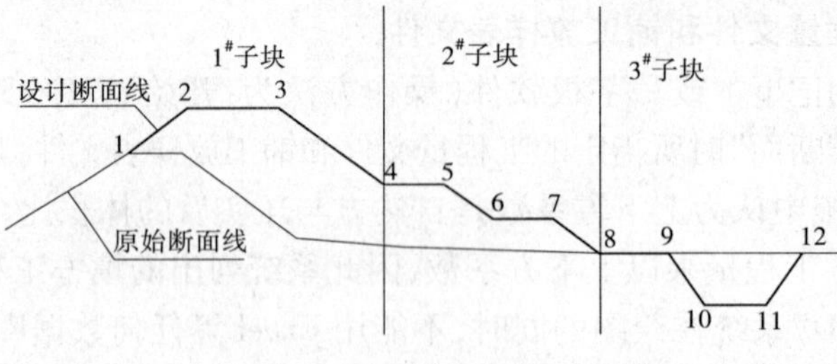

图4-40　设计断面拆分与组合示意图、

在“断面CAD”软件中，从工程实际出发，为方便用户，提供了设计断面拆分后的四种基本形式，即“坡平坡”“平坡”“平坡平坡”“平坡平坡平坡”。在实际应用中，用户可以按

照本软件提供的四种基本形式,对设计断面从设计断面的参照点开始向左、右两个方向进行拆分,本软件不限制设计断面的分块数目。

4.3.1.2 设计断面的拆分原则

对设计断面的拆分原则是:从设计断面的参照点开始,向左、右两个方向进行拆分,特殊情况下,设计线的起点在一端,这时只向一个方向进行拆分。

一般情况下,开挖沟渠、新修大坝、修筑路基等通过轴线来确定设计断面位置,可从设计断面线与轴线的交点开始,向左、右两个方向进行拆分;对堤防进行加高帮宽的,直接从设计线的起点开始,向一个方向进行拆分;对大坝做前后戗加固等通过戗顶高程线与原大坝交点位置来确定设计断面位置的,可从戗顶高程线与原大坝的交点开始,向一个方向进行拆分。

举例:对于图4-41所示的沟渠开挖工程横断面图,由于规定了沟渠中轴线与原始断面零点桩之间的水平距离(即中心距)以及沟底高程,所以沟底中心为设计断面的参照点,即设计线的起点,所以应该从沟底中心点开始向左、右对设计断面进行拆分,左边按照“平坡平坡”的序列,右边按照“平坡平坡平坡”的序列。

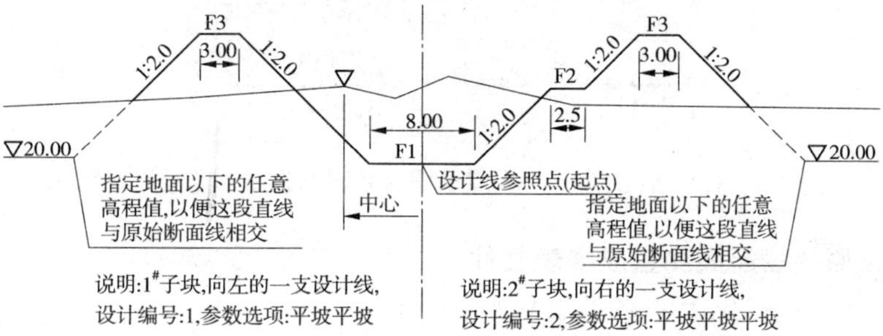

图4-41 沟渠开挖工程横断面图

例如,对于图4-40所示的设计断面拆分与组合设计图,由于规定从原大堤的堤肩(1#点)开始向右起坡加高帮宽,所以1#点是设计断面的参照点,即设计线的起点,所以应该从1#点开始向右按照“坡平坡”“ 平坡平坡”“平坡平坡”的序列对设计断面进行拆分。

再例如,对于图4-42所示的大坝后戗加固横断面图,由于规定戗顶高程及戗顶宽度,所以戗顶高程线与原大坝的交点(1#交点)是设计断面的参照点,即设计线的起点,所以应该从1#交点开始向右按照“平坡平坡平坡”的序列对设计断面进行拆分。

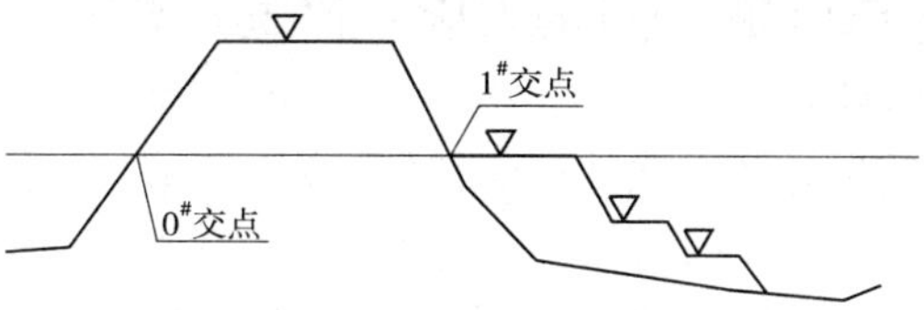

图4-42 前戗或后戗工程断面示意图

4.3.2 挖渠筑坝类批量绘制横断面图

该程序批量绘制渠道、河道、大坝、路基等通过轴线来确定设计断面位置的工程横断面图，自动计算挖、填方工程量和铺工表数据，自动生成工程量表和铺工表。操作步骤如下。

4.3.2.1　**设置绘图参数**

从“断面”下拉菜单中选择“设置绘图参数”菜单项，弹出如图4-43所示的对话框，可以修改其中的缺省设置。

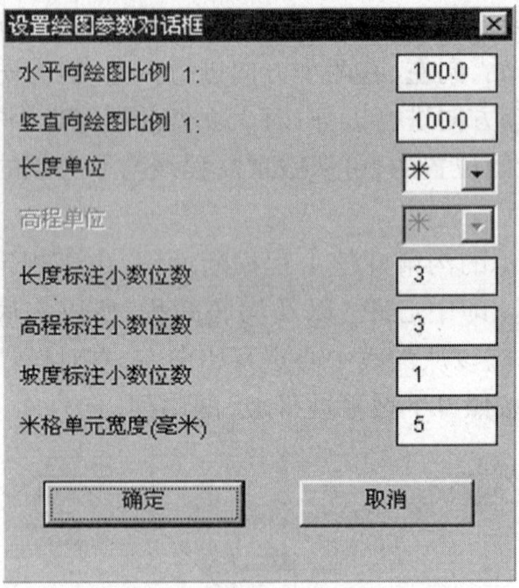

图4-43　设置绘图参数对话框

4.3.2.2　**准备原始横断面测量成果表文件**

原始横断面测量成果表的格式如下：

桩号
起点距　高程　点注释
起点距　高程　点注释
⋮
桩号
起点距　高程　点注释
⋮

测量成果表中，起点距即累距，每个点对应一个“起点距”、一个“高程”和一个“点注释”，其中“点注释”可以省略。

用户须用Windows下的记事本软件（操作方法为：开始\程序\附件\记事本）把原始测量记录输入整理成测量成果表；或者利用“断面工具”下的“测量数据转为成果表”功能把原始测量读数（来自水准仪、经纬仪、全站仪）转换为横断测量成果表，详细内容请参考《用户手册》第九章的内容。

提示：用户须注意测量范围，若原始线过短，与设计线不发生两个以上的交点，不能构成多边形，则设计线不会画出。

测量成果表举例如下：

15 + 000	
-38	41
-15	41.57
-4.2	41.97
0	41.57
4	42.37
46.7	41.08
15 + 050	
-37	41.17
-14.5	41.57
-4.5	42.45
0	42.5
4	41.65
14.5	42.53
32.4	42.24
48.7	41.38
15 + 100	
-37.8	41.12
-15.2	41.67
-4.3	41.97
0	42.37
4	42.47
13.5	42.33
46.7	41.08

4.3.2.3　定义设计断面的形式（打开输入设计参数对话框，输入设计参数）

举例绘制如图 4-44 所示的挖沟横断面图，当地面较高时，软件自动绘成图 4-44(a)所示的图形（虚线部分自动省略）；当地面较低时，软件自动绘成图 4-44(b)所示的图形。软

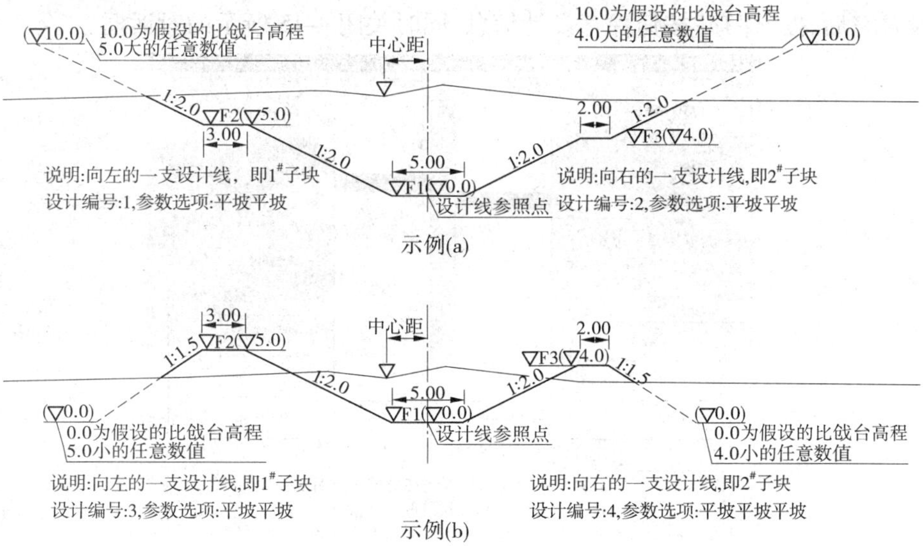

图 4-44　挖沟示意图

件自动判断的依据是戗台与地面的高低位置关系，参与判断的戗台用“异型平坡级数”来控制，从设计线参考点（本例为渠底中心）开始，“一平一坡”为一级，所以戗台的位置为 2 级平坡。本例的特点是设计线在 2 级平坡（戗台）的位置出现了异型，设计线在戗台的位置要么绘制成开挖坡的形式（如图 4-44（a）所示），要么绘制成回填坡的形式（如图 4-44（b）所示），在特殊情况下，若原状线一边高而另一边低，则程序会自动绘制成一边开挖而另一边筑堤的形式。

对于图 4-44 所示的挖沟横断面图，一般情况下，要用两个方案来定义设计断面的形式，本例中方案一对应图 4-44（a），方案二对应图 4-44（b）。当然，如果用户仅输入一个方案的参数，软件仍然会执行，只是不会自动绘制另一个方案的图形。

对于图 4-44 所示的挖沟横断面图，由于已知沟渠中轴线与原始断面之间的水平距离以及沟底高程，所以沟底中心就是设计断面的参照点，即设计线的起点，应该从沟底中心点开始向左、右对设计断面进行拆分，左边按照“平坡平坡”的序列，右边按照“平坡平坡”的序列。对于图 4-44（a）所示的图形，向左的一支设计线对应设计编号 1，向右的一支设计线对应设计编号 2。对于图 4-44（b）所示的图形，向左的一支设计线对应设计编号 3，向右的一支设计线对应设计编号 4。设计编号用任意的一位代码表示，有效的代码是 1、2、3、…、9、A、B、C、…、Z 等，同一个工程设计项目中，所用的设计编号不得重复。

第一次点击“输入设计参数”菜单项，打开输入设计参数对话框，输入如图 4-45 所示的设计参数。输入设计参数，只是定义设计线的形状，在起点高程不省略的情况下，高程可以用相对高程，也可以用绝对高程，本例按相对高程输入设计参数。在“设计线编号”文本框中输入 1，异型平坡级数为 2，注意“向右/向左”核选框中无勾号，代表向左。还需注意设计线终点的高程值 10 是任意假设的数值，当该高程值较大时，末段设计线与原始线相交，相交后，多余的部分，系统绘图时将自动省略；当该高程值较小时，末段设计线将一直延长，直到与原始线相交。

设置完后，按“保存”按钮保存设计信息，同时关闭 4-45 所示的对话框。

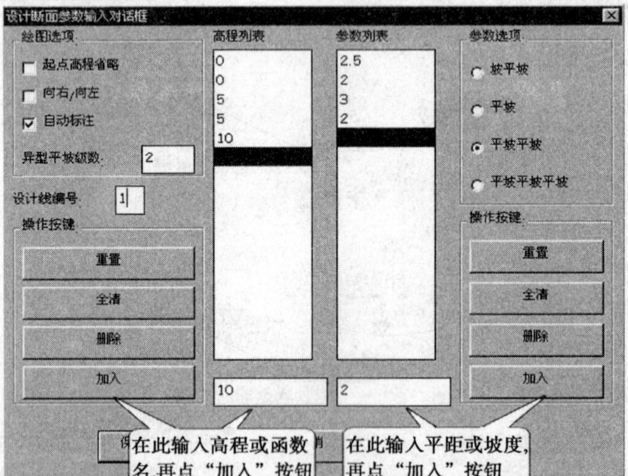

图 4-45　1#子块设计参数

第二次点击“输入设计参数”菜单项，打开输入设计参数对话框，输入如图 4-46 所示的设计参数，在“设计线编号”文本框中输入 2#子块编号 2，按“保存”按钮保存设计信息，同时关闭对话框。

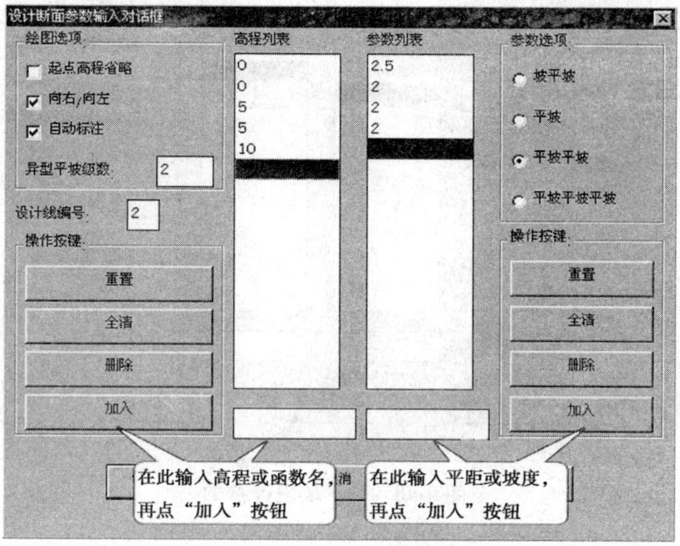

图 4-46　2#子块设计参数

第三次点击“输入设计参数”菜单项，打开输入设计参数对话框，输入如图 4-47 所示的设计参数，在“设计线编号”文本框中输入 3#子块编号 3，按“保存”按钮保存设计信息，同时关闭对话框。

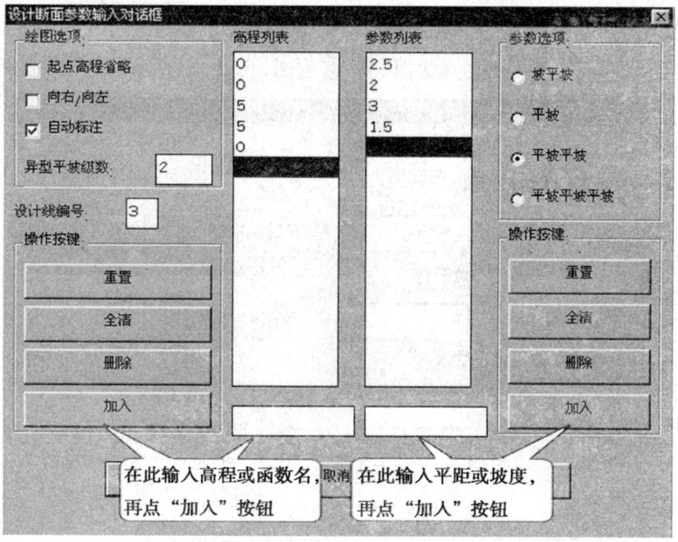

图 4-47　3#子块设计参数

第四次点击“输入设计参数”菜单项，打开输入设计参数对话框，输入如图 4-48 所示的设计参数，在设计编号文本框中输入 4#子块编号 4，按“保存”按钮保存设计信息，同时关闭对话框。

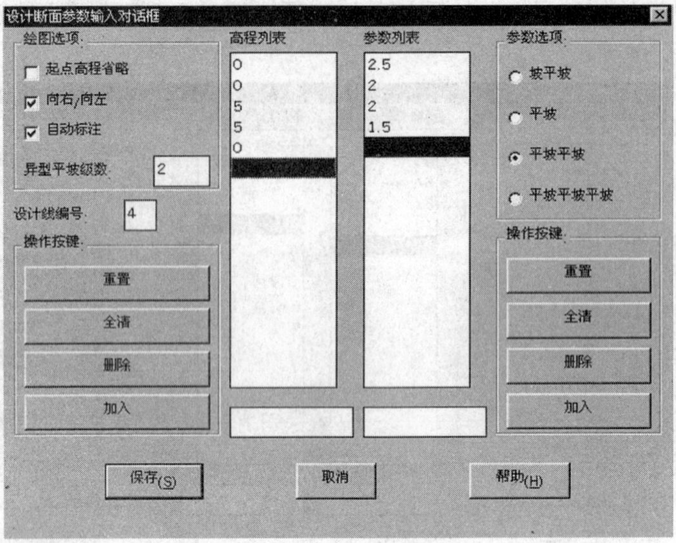

图 4-48　4[#]子块设计参数

4.3.2.4　设计编号组合

从"断面"菜单中,选择"设计编号组合"子菜单,弹出如图 4-49 所示的设计线编号组合对话框,在该对话框中输入工程名称、设计方案适用桩号范围以及各方案的组合情况,在设计方案 1 的"向左编号组合"文本框中输入 1,右侧"向右编号组合"文本框中输入 2,在设计方案 2 的左侧"向左编号组合"文本框中输入 3,右侧"向右编号组合"文本框中输入 4,按"确定"按钮关闭对话框。至此该分段工程的一套完整的设计线模型就定义完毕了,如果还有第二、三等其他工程分段,只需重复 4.3.2.3、4.3.2.4 节的操作即可。

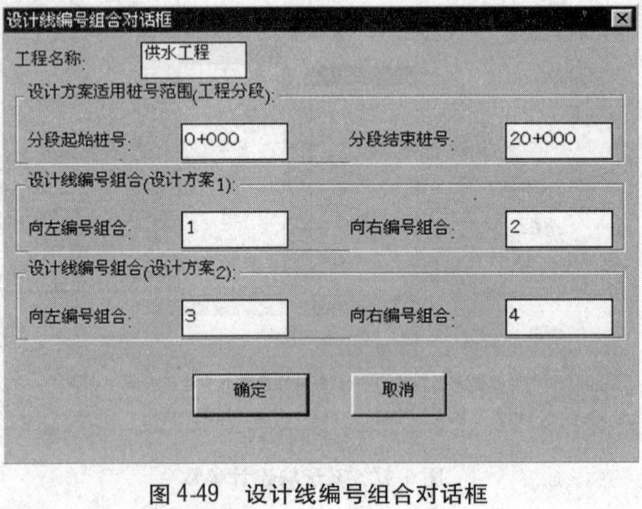

图 4-49　设计线编号组合对话框

4.3.2.5　整理设计要素文件

在 Excel 中整理设计要素数据,另存为文本文件(*. txt),格式如下:

桩号	中心距	设计断面的参照点高程
15 +000	1.5	38.5
15 +050	2	38.4
15 +100	3.5	38.3
15 +150	4	38.2
15 +200	5	38.1
15 +250	6.5	38
15 +300	7.5	37.9
15 +350	7	37.8

中心距为渠道轴线偏离原始断面线的零点桩的距离，左负右正。可以利用“断面CAD”系统统计两点距离工具，从平面图或原状断面图上统计出中心距（保存成文件）。特殊情况下，当原始断面线的零点桩在渠道轴线上时，中心距取 0。

设计断面的参照点高程本例为设计渠底高程。

4.3.2.6　批量绘制横断面

从“断面”菜单中，选择“批量绘制横断面”菜单项，系统首先弹出如图 4-50 所示的设计要求确认对话框。在该对话框的列表中，显示了用户对该工程的分段输入设计要求，在“断面 CAD”系统的工作目录下，用户也可以找到对应的文件名。如果有错误的分段，在列表中用鼠标选中该项，点击“删除”按钮；如果无错误的分段，直接用鼠标点击“确定”按钮，系统接着弹出如图 4-51 所示的批量绘制横断面图对话框，在该对话框中需要用户进行以下各项参数的设置：

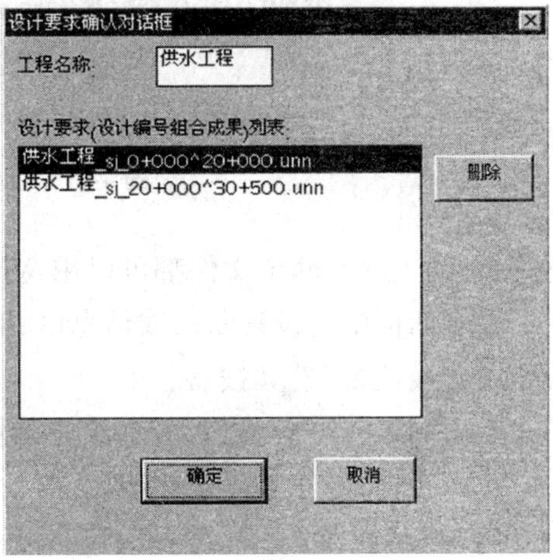

图 4-50　设计要求确认对话框

（1）指定断面排列间距。

（2）在对话框中的标尺信息区，核选是否绘制标尺；指定标尺偏移距离，标尺偏移距离表示标尺与原始断面上零点桩的水平距离，负值表示向左偏移，正值表示向右偏移；指定标尺高度。

（3）核选是否绘制米格以及米格的宽度。系统内设定，米格的高度等于标尺的高度，只有同时核选绘制标尺和绘制米格的情况下，才能绘制出米格。

（4）在对话框中的原始断面信息区，核选正向/反向方向绘制原状断面线（方框中带勾号，表示向右方向绘制原状断面线）；按“原状数据文件名”按键，在浏览方式下指定记录原始断面信息的数据文件名。

另外，在批量绘图设置时，如果用户选择绘制设计断面，那么系统会自动生成设计工程量表和铺工放样表，设计工程量表的缺省文件名是 * _方量. txt，铺工放样表的缺省文件

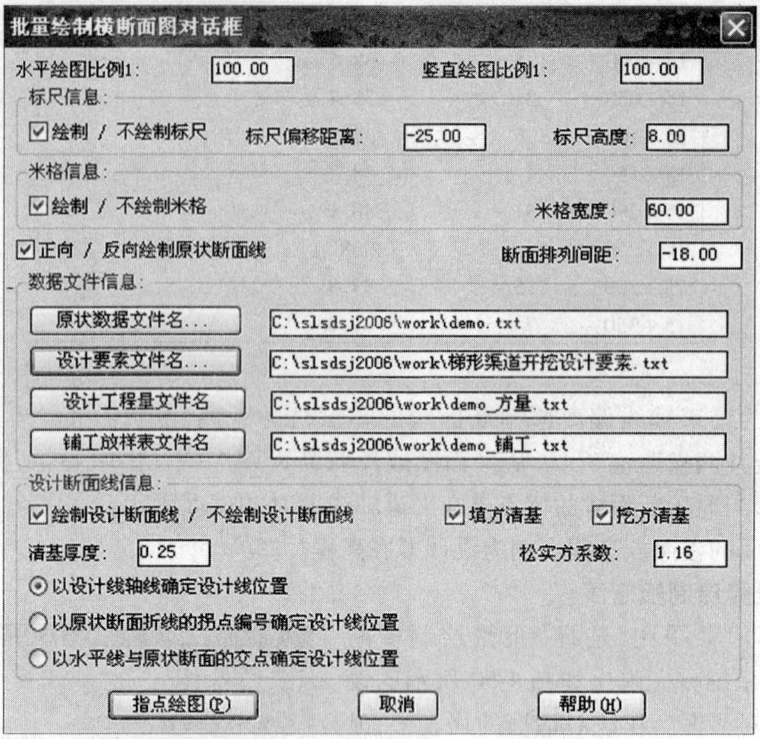

图 4-51　批量绘制横断面图对话框

名是 *_铺工. txt,两个文件都可以用 Windows 的记事本或 Excel 打开。

在对话框中的设计断面线信息区,输入清基厚度和松实方系数,选择"以设计线轴线确定设计线位置"选频按钮。

点击"指点绘图"按钮后,在绘图区任意指定插入点后,即可绘制出横断面图。

4.3.2.7　打印设计工程量文件

用 Excel 或 Windows 下的写字板软件(操作方法为:开始\程序\附件\写字板)打开"批量绘制横断面"时所指定的设计工程量文件,进行进一步地编辑或打印。

注意:"断面 CAD"系统在绘图的同时,不能用 Excel 等任何数据库编辑程序打开设计工程量文件,否则"断面 CAD"系统会因"写保护"而不能对设计工程量文件进行及时更新。

"断面 CAD"系统中认为上下方系数是自然方与压实后的体积比,大于或等于 1.0,系统把填方面积和填方工程量乘以上下方系数,因此系统列出的填方工程量为自然方。

4.3.2.8　打印铺工放样表文件

用 Excel 或 Windows 下的写字板软件打开"批量绘图设置"时所指定的铺工放样表文件,进行进一步地编辑或打印。

注意:"断面 CAD"系统在绘图的同时,不能用 Excel 等任何数据库编辑程序打开铺工放样表文件,否则"断面 CAD"系统会因"写保护"而不能对铺工放样表文件进行及时更新。

4.3.2.9　图形整理、修饰

参考 4.2.5.6 节的内容，对图形进行整理、修饰，最后出图。

4.3.3　堤防加固批量绘制横断面图

该程序批量绘制堤防加固等工程横断面图，自动计算挖、填方工程量和铺工表数据，自动生成工程量表和铺工表。要求设计线从旧大堤上的某个点（堤脚或堤肩）起坡，向临河或背河加高，由用户指定起坡点在原始断面上的位置编号。

举例：绘制如图 4-52 所示的堤防加固横断面图，操作步骤如下。

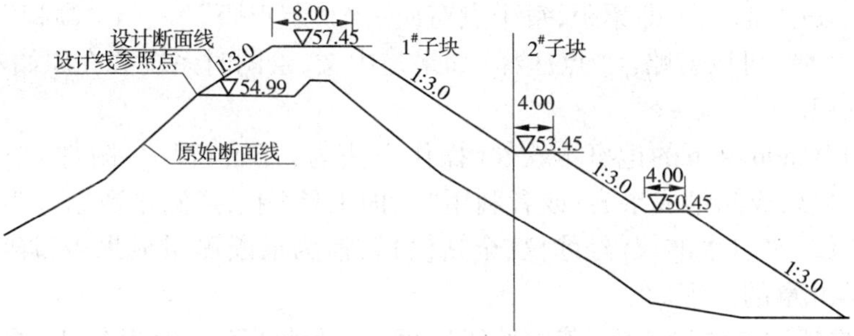

图 4-52　堤防加固横断面示意图

4.3.3.1　设置绘图参数

从“设置”下拉菜单中选择“绘图参数”菜单项，弹出如图 4-53 所示的对话框，可以修改其中的缺省设置。

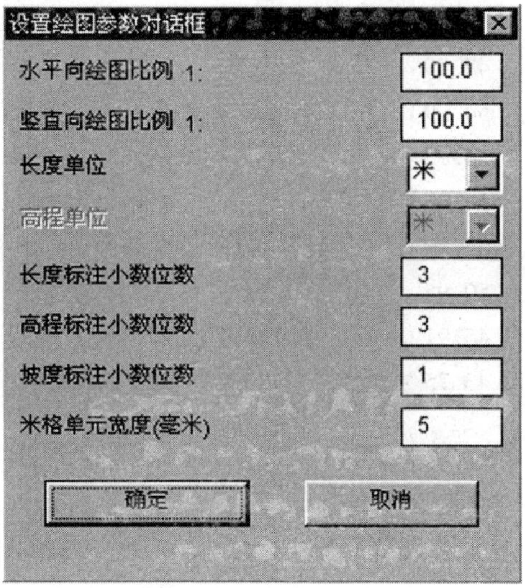

图 4-53　设置绘图参数对话框

4.3.3.2　准备原始横断面测量成果表

原始横断面测量成果表的格式如下：

```
 桩号
起点距    高程    点注释
起点距    高程    点注释
起点距    高程    点注释
  ⋮
 桩号
起点距    高程    点注释
起点距    高程    点注释
  ⋮
```

测量成果表中,起点距即累距,每个点对应一个“起点距”、一个“高程”和一个“点注释”,其中“点注释”可以省略。“点注释”如果是中文,绘图时系统会在原始断面图的对应位置上作出标记。

用户须用 Windows 下的记事本软件(操作方法为:开始\程序\附件\记事本)把原始测量记录输入整理成测量成果表;或者利用“断面工具”下的“测量数据转为成果表”功能把原始测量读数(来自水准仪、经纬仪、全站仪)转换为横断测量成果表,详细内容请参考《用户手册》第九章的内容。

提示:用户须注意测量范围,若原始线过短,与设计线不发生两个以上的交点,不能构成多边形,则设计线不会画出。

测量成果表举例如下:

```
5+550
 -57.04     46.88
 -44.41     47.02
 -28.71     47.59      临河坡脚
 -6.85      54.99      临河堤肩
0.00        54.92        堤中
2.80        54.90
6.16        55.70      背河堤肩
17.41       50.95
34.26       45.91      背河坡脚
62.17       43.75        DX
5+600
 -28.80     47.38        LPJ
 -15.28     51.54
 -6.24      55.12        LJ
0.00        54.99        DZ
```

4.3.3.3 整理设计要素文件(若只绘制原始断面,则该步可省略)

在 Excel 中整理设计要素数据,另存为文本文件(*.txt),格式如下:

桩号	起坡点编号
5 +550	4
5 +600	4
5 +650	4
5 +700	4
5 +750	5

可以利用“断面 CAD”系统的统计点号工具,从原状断面图上统计出起坡点编号(保存成文件)。

起坡点编号的含义解释如下:

当对堤防进行加固时,设计线的起点常常是原始断面线的某个端点(如堤脚或堤肩),见图 4-25。关于原始断面线上端点的编号,有两条规则同时适用:其一,规定原始断面线上端点从起点开始按 0、1、2、3…的序列编号;其二,规定原始断面线上起点距为零的点编号为 +0,紧邻 +0 点,起点距为负值的拐(端)点的编号为 -1,其次为 -2,依次类推;紧邻 +0 点,起点距为正值的拐(端)点的编号为 +1,其次为 +2,依次类推,如图 4-25 所示。

4.3.3.4　设置高程函数初值

当设计堤顶有纵比降时,则堤顶高程是桩号的函数,令堤顶的高程函数为 F1,点击菜单“函数与计算/函数/高程函数 F1”,弹出如图 4-54 所示的对话框,输入任意两个标准断面的高程值,则任何时候堤顶的高程就可以用 F1 来代替,同时系统会自动计算出纵比降值。

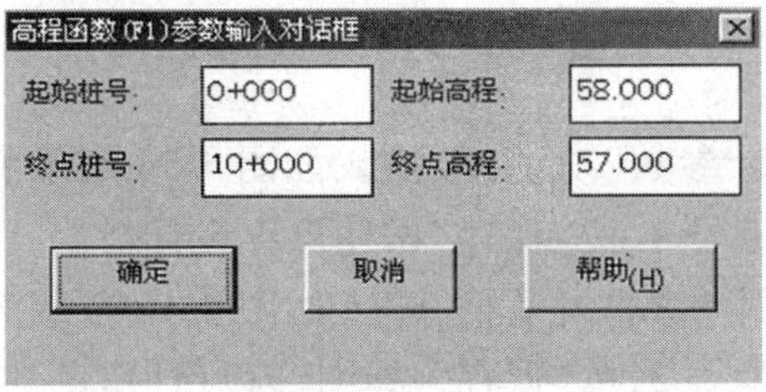

图 4-54　高程函数(F1)参数输入对话框

同理,如果一个设计断面上,还有若干个特征点的高程有纵比降,那么可以利用高程函数 F2、F3、…、F10。

举例:对于图 4-52 所示的堤防加固横断面图形,F2、F3 的高程函数初值如图 4-55 所示。

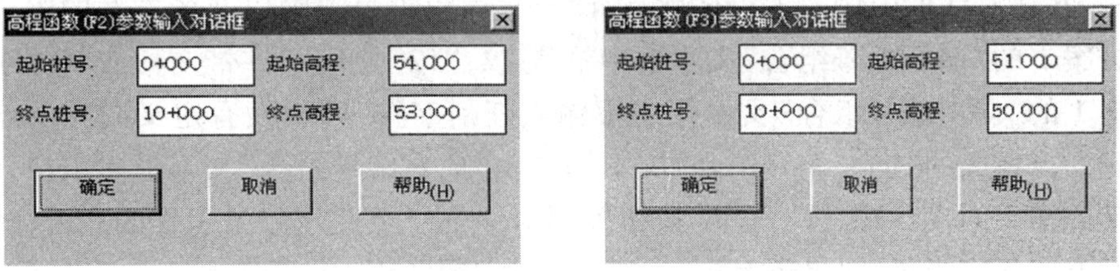

(a)　　(b)

图 4-55　高程函数(F2)、(F3)参数输入对话框

4.3.3.5　**打开输入设计参数对话框，输入设计参数**

对于如图 4-52 所示的堤防加固横断面图，由于以原状线上的某个点（将来以端点编号定位）直接起坡，向一边绘制新大堤设计线，所以应该按照“坡平坡”“平坡平坡”的序列拆分设计断面线并输入设计参数；另外须注意：因为设计线起点的高程值不固定，所以不输入设计线起点的高程值，使绘图选项“起点高程省略”前面的方框中带勾号（见图 4-56）。

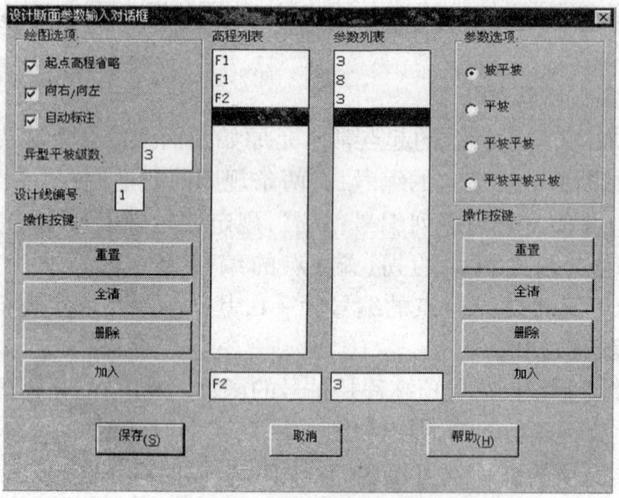

图 4-56　1#子块设计参数

第一次打开“输入设计参数”对话框，输入如图 4-56 所示的设计参数，在“设计线编号”文本框中输入 1#子块编号 1，按“保存”按钮保存设计信息，同时关闭对话框。

第二次打开“输入设计参数”对话框，输入如图 4-57 所示的设计参数，在“设计线编号”文本框中输入 2#子块编号 2，按“保存”按钮保存设计信息，同时关闭对话框。

注意：图 4-57 中设计线终点的高程值 30 是任意假设的一个数值，当该高程值较小时，末段设计线与原始线相交，相交后，多余的部分系统绘图时自动省略。当该高程值较大时，末段设计线将一直延长，直到与原始线相交。

4.3.3.6　**设计编号组合**

从“断面”菜单中，选择“设计编号组合”子菜单，弹出如图 4-58 所示的设计线编号组合对话框，在该对话框中输入工程名称、设计方案适用桩号范围以及各方案的组合情况，在设计方案 1 的“向右编号组合”文本框中输入 12，“12”之间不许带空格或其他字符；在设计方案 1 的“向左编号组合”文本框中不输入任何字符，因为没有定义向左的设计线；同时使设计方案 2 的“向左编号组合”文本框中及“向右编号组合”文本框中空白，因为也没有定义方案 2 的设计线；按“确定”按钮关闭对话框。至此该分段工程的一套完整的设计线模型就定义完毕了，如果还有第二、三等其他工程分段，只需重复 4.3.3.4、4.3.3.5、4.3.3.6 节的操作即可。

4.3.3.7　**批量绘制横断面**

从“断面”菜单中，选择“批量绘制横断面”菜单项，系统首先弹出如图 4-59 所示的设

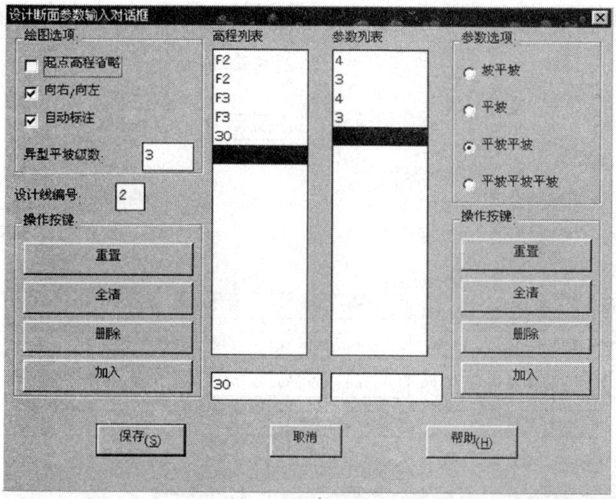

图4-57 2#子块设计参数

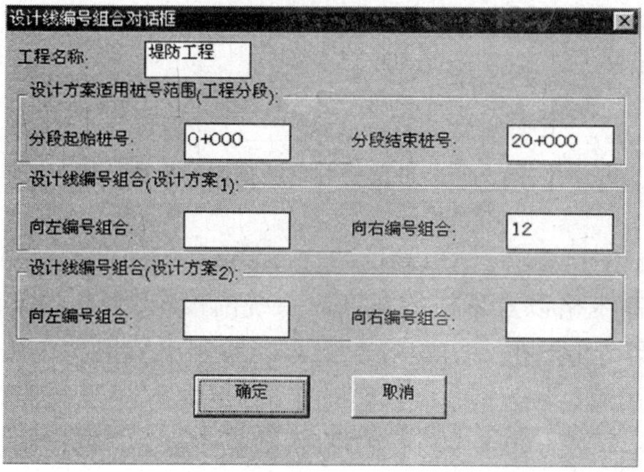

图4-58 设计线编号组合对话框

计要求确认对话框，在该对话框的列表中，显示了用户对该工程的分段输入设计要求，同时在“断面CAD”系统的工作目录下，用户也可以找到对应的文件名。如果有错误的分段，在列表中用鼠标选中该项，点击“删除”按钮；如果无错误的分段，直接用鼠标点击“确定”按钮，系统接着弹出如图4-60所示的批量绘制横断面图对话框，在该对话框中需要用户进行以下各项参数的设置：

（1）指定断面排列间距。

（2）在对话框中的标尺信息区，核选是否绘制标尺；指定标尺偏移距离，标尺偏移距离表示标尺与原始断面上零点桩的水平距离，负值表示向

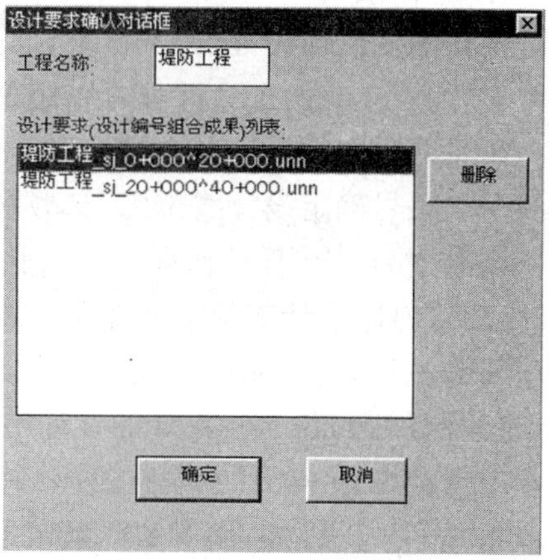

图4-59 设计要求确认对话框

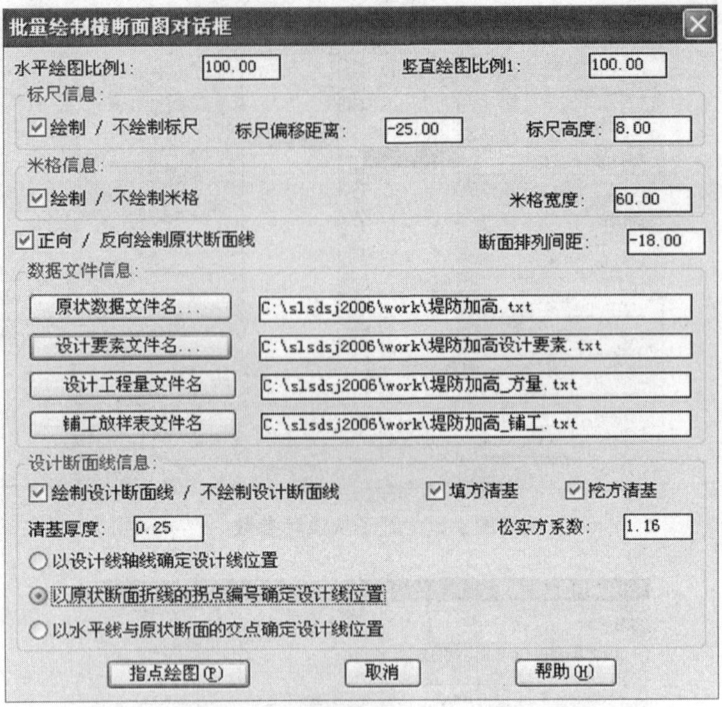

图 4-60　批量绘制横断面图对话框

左偏移,正值表示向右偏移;指定标尺高度。

(3)核选是否绘制米格以及米格的宽度。系统内设定,米格的高度等于标尺的高度,只有同时核选绘制标尺和绘制米格的情况下,才能绘制出米格。

(4)在对话框中的原始断面信息区,核选正向/反向方向绘制原状断面线(方框中带勾号,表示向右方向绘制原状断面线);按"原状数据文件名"按键,在浏览方式下指定记录原始断面信息的数据文件名。

另外,在批量绘图设置时,如果用户选择绘制设计断面,那么系统会自动生成设计工程量表和铺工放样表,设计工程量表的缺省文件名是 * _方量. txt,铺工放样表的缺省文件名是 * _铺工. txt,两个文件都可以用 Windows 的记事本或 Excel 打开。

在对话框中的设计断面线信息区,输入清基厚度和松实方系数,选定"以原状断面折线的拐点编号确定设计线位置"选频按钮。

点击"指点绘图"按钮后,在绘图区任意指定插入点后,即可绘制出断面图。

4.3.3.8　打印设计工程量文件

用 Excel 或 Windows 下的写字板软件(操作方法为:开始\程序\附件\写字板)打开"批量绘制横断面"时所指定的设计工程量文件,进行进一步地编辑或打印。

注意:"断面 CAD"系统在绘图的同时,不能用 Excel 等任何数据库编辑程序打开设计工程量文件,否则"断面 CAD"系统会因"写保护"而不能对设计工程量文件进行及时更新。

"断面 CAD"系统中认为上下方系数是自然方与压实后的体积比,大于或等于 1.0,系统把填方面积和填方工程量乘以上下方系数,因此系统列出的填方工程量为自然方。

4.3.3.9　打印铺工放样表文件

用 Excel 或 Windows 下的写字板软件打开“批量绘制横断面”时所指定的铺工放样表文件,进行进一步地编辑或打印。

注意:“断面 CAD”系统在绘图的同时,不能用 Excel 等任何数据库编辑程序打开铺工放样表文件,否则“断面 CAD”系统会因“写保护”而不能对铺工放样表文件进行及时更新。

4.3.4　堤防前、后戗加固批量绘制横断面图

该程序批量绘制堤防、大坝等前、后戗加固等工程横断面图,自动计算挖、填方工程量和铺工表数据,自动生成工程量表和铺工表。设计线的参照点为旧大堤与戗台顶高程线的交点。

举例:绘制如图 4-61 所示的堤防前、后戗加固横断面图,操作步骤如下。

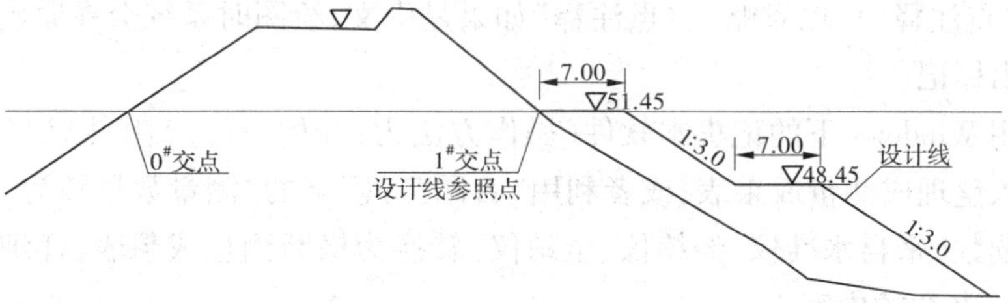

图 4-61　堤防前、后戗加固横断面示意图

4.3.4.1　设置绘图参数

从“设置”下拉菜单中选择“绘图参数”菜单项,弹出如图 4-62 所示的对话框,可以修改其中的缺省设置。

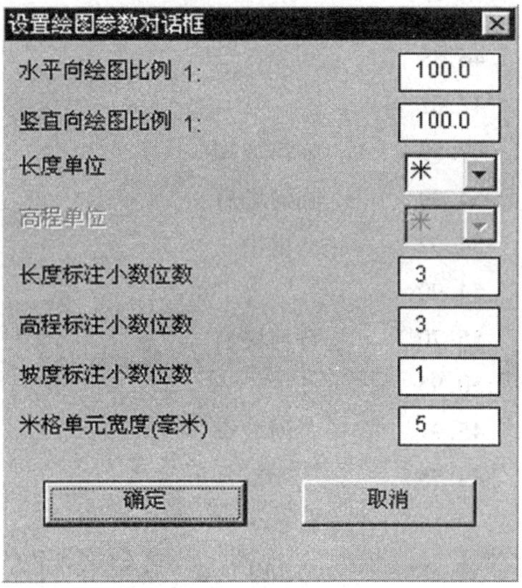

图 4-62　设置绘图参数对话框

4.3.4.2　准备原始横断面测量成果表

原始横断面测量成果表的格式如下：

桩号		
起点距	高程	点注释
起点距	高程	点注释
起点距	高程	点注释
⋮		
桩号		
起点距	高程	点注释
起点距	高程	点注释
⋮		

测量成果表中,起点距即是累距,每个点对应一个“起点距”、一个“高程”和一个“点注释”,其中“点注释”可以省略。“点注释”如果是中文,绘图时系统会在原始断面图的对应位置上作出标记。

用户须用 Windows 下的记事本软件(操作方法为:开始\程序\附件\记事本)把原始测量记录输入整理成测量成果表;或者利用“百图工具”下的“测量数据转为成果表”功能把原始测量读数(来自水准仪、经纬仪、全站仪)转换为横断测量成果表,详细内容请参考《用户手册》第九章的内容。

提示:用户须注意测量范围,若原始线过短,与设计线不发生两个以上的交点,不能构成多边形,则设计线不会画出。

测量成果表举例如下：

5+550		
-57.04	46.88	
-44.41	47.02	
-28.71	47.59	临河坡脚
-6.85	54.99	临河堤肩
0.00	54.92	堤中
2.80	54.90	
6.16	55.70	背河堤肩
17.41	50.95	
34.26	45.91	背河坡脚
62.17	43.75	DX
5+600		
-28.80	47.38	LPJ
-15.28	51.54	

-6.24	55.12	LJ
0.00	54.99	DZ
6.03	55.29	BJ
19.01	51.39	
33.00	44.50	BPJ
63.83	44.51	
5+650		
-58.76	46.25	
-47.69	46.28	
-27.73	46.72	LPJ
-14.66	51.17	
-5.39	54.72	BJ
0.00	54.61	DZ
4.48	55.34	
15.20	51.70	
34.34	44.47	BPJ
42.36	43.79	

4.3.4.3　设置高程函数初值

当设计戗顶有纵比降时，则戗顶高程是桩号的函数，令戗顶的高程函数为 F1，点击菜单“函数与计算/函数/高程函数 F1”，弹出如图 4-63 所示的对话框，输入任意两个标准断面的高程值，则任何时候戗顶的高程就可以用 F1 来代替，同时系统会自动计算出纵比降值。

同理，如果一个设计断面上，还有若干个特征点的高程有纵比降，那么可以利用高程函数 F2、F3、…、F10。

举例：对于图 4-62 所示堤防前、后戗加固横断面图形，假设二级戗台的顶高程用高程函数 F2 来表示，F2 的初值如图 4-64 所示。

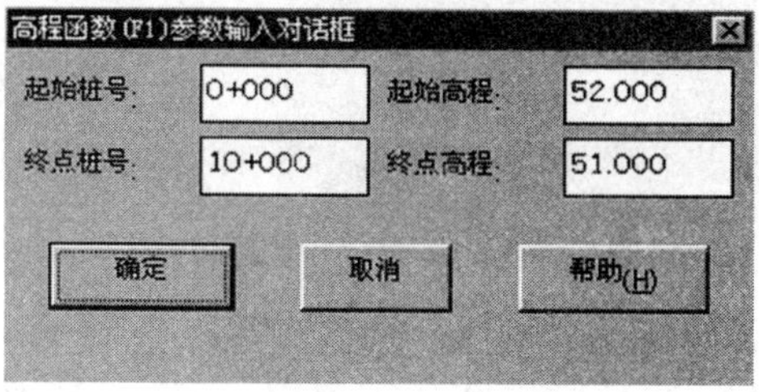

图 4-63　高程函数(F1)参数输入对话框

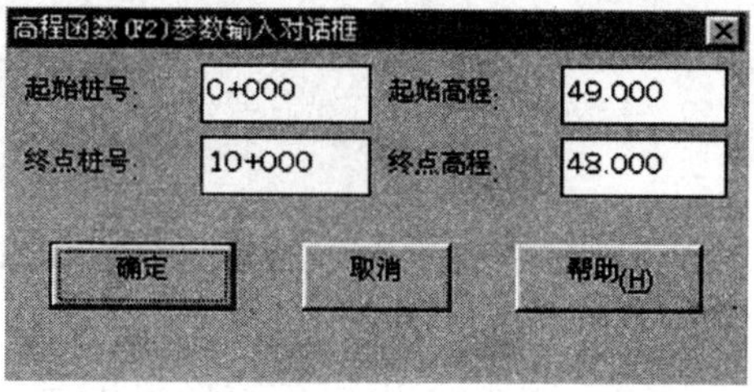

图 4-64　高程函数(F2)参数输入对话框

4.3.4.4　整理设计要素文件(若只绘制原始断面，则该步可省略)

在 Excel 中整理设计要素数据，另存为文本文件(*.txt)，格式如下：

桩号	交点编号	戗顶高程
15 + 000	1	38.5
15 + 050	1	38.4
15 + 100	1	38.3
15 + 150	1	38.2
15 + 200	1	38.1
15 + 250	1	38
15 + 300	1	37.9
15 + 350	1	37.8

交点编号的含义解释如下：

当对堤防、大坝或路基作前戗或后戗加固时，设计线的起点常常是戗顶与原始断面线的交点，见图 4-61。交点编号的方法为从左至右按照 0、1、2…的顺序。

4.3.4.5　打开输入设计参数对话框，输入设计参数

对于图 4-61 所示的堤防前、后戗加固工程横断面图，由于以旧大堤与戗台顶高程线的交点为参照点。所以，直接从这个参照点开始向右进行拆分，只需拆分成一个子块，按照“平坡平坡”的序列成块。

打开输入设计参数对话框，输入如图 4-65 所示的设计参数，在“设计编号”文本框中输入 1，按“保存”按钮保存设计信息，同时关闭对话框。

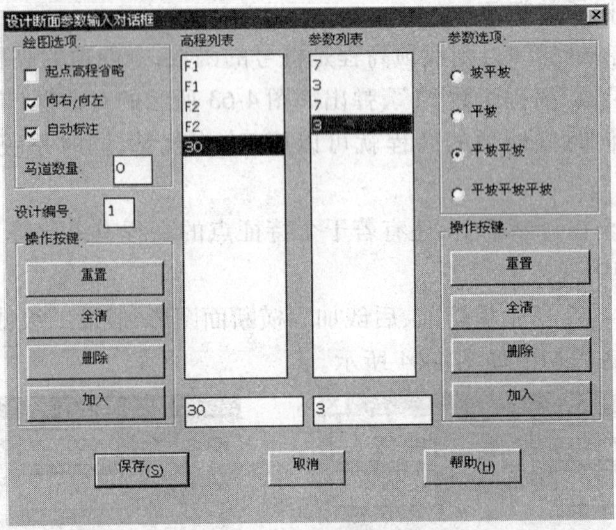

图 4-65　1# 子块设计参数

注意：图 4-65 中设计线终点的高程值 30 是任意假设的一个数值，当该高程值较小时，末段设计线与原始线相交，相交后，多余的部分系统绘图时自动省略。当该高程值较大时，末段设计线将一直延长，直到与原始线相交。

4.3.4.6　设计编号组合

从“断面”菜单中，选择“设计编号组合”子菜单，弹出如图 4-66 所示的设计线编号组

合对话框，在该对话框中输入工程名称、设计方案的适用桩号范围以及各方案的组合情况，在设计方案 1 的“向右编号组合”文本框中输入 1，在设计方案 1 的“向左编号组合”文本框中不输入任何字符，因为没有定义向左的设计线；同时使设计方案 2 的“向左编号组合”文本框中及“向右编号组合”文本框中空白，因为也没有定义方案 2 的设计线；按“确定”按钮关闭对话框。至此，该分段工程的一套完整的设计线模型就定义完毕了，如果还有第二、三等其他工程分段，只需重复 4.3.4.3、4.3.4.5、4.3.4.6 节的操作即可。

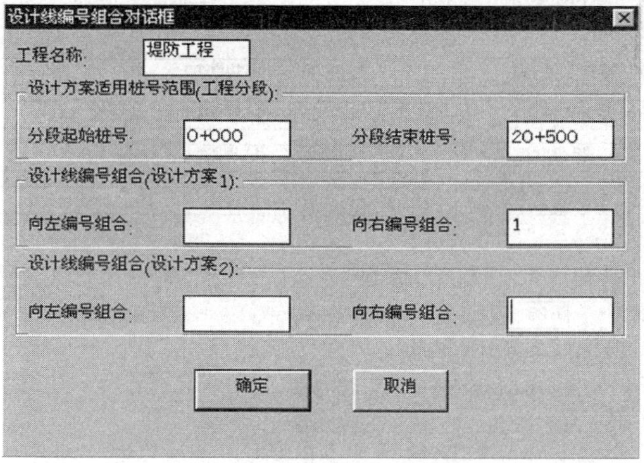

图 4-66　设计线编号组合对话框

4.3.4.7　批量绘制横断面

从“断面”菜单中，选择“批量绘制横断面”菜单项，系统首先弹出如图 4-67 所示的设计要求确认对话框，在该对话框的列表中，显示了用户对该工程的分段输入的设计要求，同时在“断面 CAD”系统的工作目录下，用户也可以找到对应的文件名。如果有错误的分段，在列表中用鼠标选中该项，点击“删除”按钮；如果无错误的分段，直接用鼠标点击“确定”按钮，系统接着弹出如图 4-68 所示的批量绘制横断面图对话框，在该对话框中需要用户进行以下各项参数的设置：

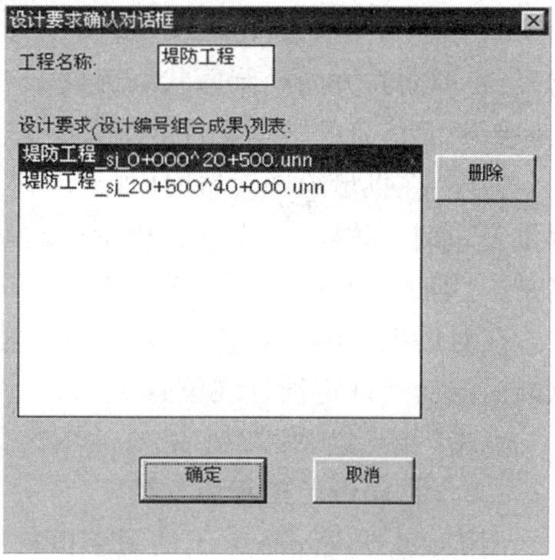

图 4-67　设计要求确认对话框

(1) 指定断面排列间距。

(2) 在对话框中的标尺信息区，核选是否绘制标尺；指定标尺偏移距离，标尺偏移距离表示标尺与原始断面上零点桩的水平距离，负值表示向左偏移，正值表示向右偏移；指定标尺高度。

(3) 核选是否绘制米格以及米格的宽度。系统内设定，米格的高度等于标尺的高度，只有同时核选绘制标尺和绘制米格的情况下，才能绘制出米格。

(4) 在对话框中的原始断面信息区，核选正向/反向方向绘制原状断面线（方框中带

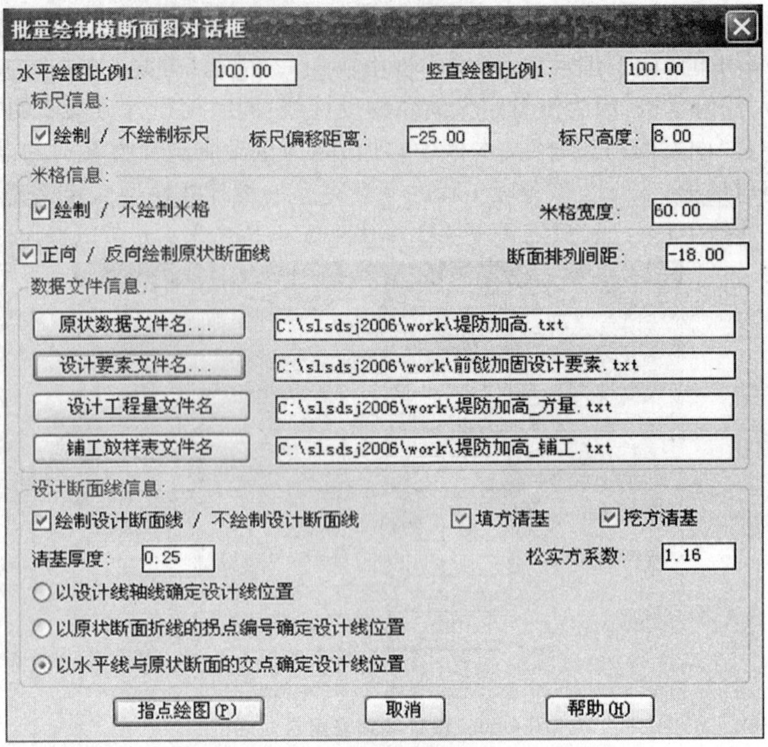

图 4-68　批量绘制横断面图对话框

勾号,表示向右方向绘制原状断面线);按“原状数据文件名”按键,在浏览方式下指定记录原始断面信息的数据文件名。

另外,在批量绘图设置时,如果用户选择绘制设计断面,那么系统会自动生成设计工程量表和铺工放样表,设计工程量表的缺省文件名是 *_方量.txt,铺工放样表的缺省文件名是 *_铺工.txt,两个文件都可以用 Windows 的记事本或 Excel 打开。

在对话框中的设计断面线信息区,输入清基厚度和松实方系数,选定“以水平线与原状断面的交点确定设计线位置”选频按钮。

点击“指点绘图”按钮后,在绘图区任意指定插入点后,即可绘制出断面图。

4.3.4.8　打印设计工程量文件

用 Excel 或 Windows 下的写字板软件(操作方法为:开始\程序\附件\写字板)打开“批量绘制横断面”时所指定的设计工程量文件,进行进一步地编辑或打印。

注意:“断面 CAD”系统在绘图的同时,不能用 Excel 等任何数据库编辑程序打开设计工程量文件,否则“断面 CAD”系统会因“写保护”而不能对设计工程量文件进行及时更新。

“断面 CAD”系统中认为上下方系数是自然方与压实后的体积比,大于或等于1.0,系统把填方面积和填方工程量乘以上下方系数,因此系统列出的填方工程量为自然方。

4.3.4.9　打印铺工放样表文件

用 Excel 或 Windows 下的写字板软件打开“批量绘制横断面”时所指定的铺工放样表

文件,进行进一步地编辑或打印。

注意:“断面 CAD”系统在绘图的同时,不能用 Excel 等任何数据库编辑程序打开铺工放样表文件,否则“断面 CAD”系统会因“写保护”而不能对铺工放样表文件进行及时更新。

4.4　交互式绘制横断面图

在水利、交通等行业中,设计人员经常要绘制的某项工程(如堤坝、河道、沟渠、路基等)的断面图,往往是根据野外实际测量的原始数据(如每个断面上特征点的高程及相邻特征点间的水平距离等)来绘制出原始断面,然后在原始断面的基础上,根据设计要求,绘制出设计断面。因此,我们可以把绘制断面图的工作分成两步来做:第一步,绘制原始断面;第二步,绘制设计断面。当然,实际工程中也有例外,例如有时不绘制设计断面,或绘制设计断面的工作留待日后进行,这时用户只须进行第一步的操作即可。

在绘制原始断面的过程中,用户根据能够获得的原始数据的不同,可以选择“绘制原始断面 1”或“绘制原始断面 2”命令。若用户能够得到的数据除特征点的高程外,还有累距类型的数值,或纯粹的相邻特征点间的平距,或纯粹的相邻特征点间的斜距,或纯粹的相邻特征点间连线的坡比,或纯粹的相邻特征点间连线的角度,则可以选择“绘制原始断面 1”命令。若用户能够得到的数据除特征点的高程外,其他参数不是纯粹的一种类型,而是两种类型的组合,例如:用户已知断面上第 1、2、3、4 特征点的高程,以及第 1、2 点间连线的坡比,第 2、3 点间的平距,第 3、4 点间连线的坡比。在这种情况下,须选择“绘制原始断面 2”命令。

4.4.1　绘制原始断面 1

可按下述任何一种方法激活“绘制原始断面 1”命令:

(1)从“断面”工具条中选择“绘制原始断面 1”图标,如图 4-69 所示。

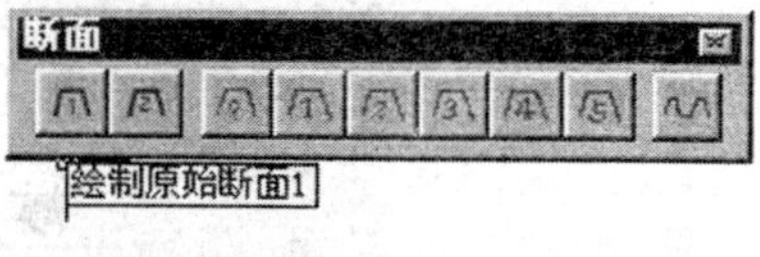

图 4-69　从“断面”工具条中执行“绘制原始断面 1”命令

(2)从“断面”下拉菜单中选择“绘制原始断面 1”命令,如图 4-70 所示。

激活后,弹出如图 4-71 所示的绘制原始断面参数输入对话框 1,在该对话框中,有一系列的选项、文本输入框、列表框和操作按键,分别介绍如下。

①绘图选项“向右/向左”。

该选项是乒乓开关结构,用来指定绘制断面图时,是从左向右绘制,还是从右向左绘制。缺省状态是从左向右绘制,开关的方框中带“√”。

②绘图选项“开口/闭合”。

该选项也是乒乓开关结构,用来指定所绘制的断面图是否构成封闭图形,即直线序列的起点和终点是否重合。缺省状态是开口,即不封闭,开关的方框中带“√”。

③保存断面信息选项。

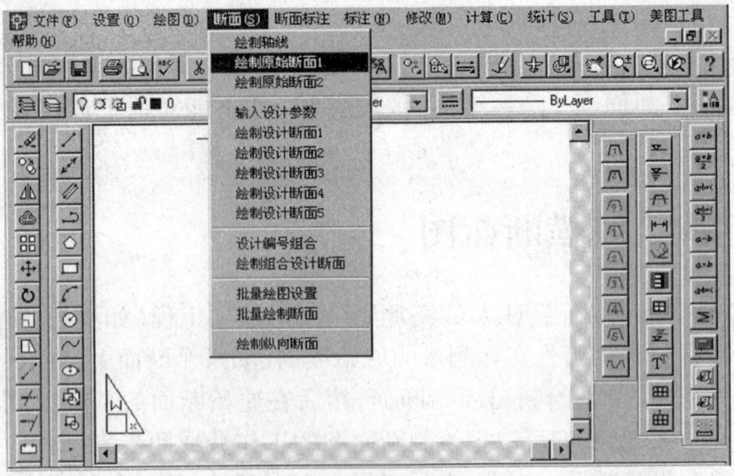

图 4-70　从“断面”下拉菜单中执行“绘制原始断面 1”命令

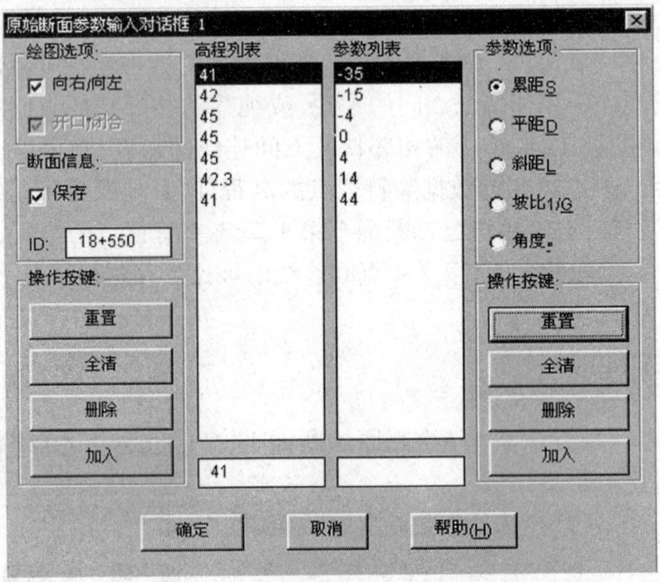

图 4-71　原始断面参数输入对话框 1

该选项也是乒乓开关结构，缺省状态是保存断面信息，开关的方框中带“√”。在这种状态下，用户可以在 ID 文本输入框中输入任意的不超过 8 个字符的文本，以后“断面 CAD”将据此查找断面的信息。建议用户在此文本框中输入断面的桩号。

④参数选项“累距/平距/斜距/坡比/角度”。

这是一组选频开关，根据用户所提供的参数的类型，置选频开关于相应的位置。

其中，“累距”选项代表断面上的每个特征点离基准点的水平距离（即起点距）。实际应用中，若用户选择“累距”选项，应注意高程值和累距值成对出现，即断面上的每个特征点对应一个高程值和一个累距值，在高程列表框中的高程值的数目应等于参数列表框中的累距值的数目；若基准点是断面上的中间的某个特征点，则规定位于基准点左侧的所有的特征点的累距全部为负值,位于基准点右侧的所有的特征点的累距全部为正值,中间的基准点的累距为零。

"平距"选项代表相邻两特征点间的水平距离。实际应用中,若用户选择"平距"选项,应注意在高程列表框中的高程值的数目应比参数列表框中的水平距离值的数目多1。

"斜距"选项代表相邻两特征点间的倾斜距离。实际应用中,若用户选择"斜距"选项,应注意在高程列表框中的高程值的数目应比参数列表框中的斜距值的数目多1。

"坡比"选项代表两点连线的坡度比值,省略字符"1:",直接输入数值,如2.5、3等。实际应用中,若用户选择"坡比"选项,应注意在高程列表框中的高程值的数目应比参数列表框中的坡比值的数目多1。

"角度"选项代表两点连线的角度值,如60、45等。实际应用中,若用户选择"角度"选项,应注意在高程列表框中的高程值的数目应比参数列表框中的角度值的数目多1。

⑤"加入"按键。

两个"加入"按键分别把文本输入框(如图4-71所示,位于两个"加入"按键之间的两个小方框)中的数字串或以大写的"F"打头的文本字符串加入到高程列表框或参数列表框中。

⑥"删除"按键。

两个"删除"按键分别用来删除高程列表框或参数列表框中的当前所选中的项,一次只能删除一项。

⑦"全清"按键。

两个"全清"按键分别用来清除高程列表框或参数列表框中的所有的项目。

⑧"重置"按键。

两个"重置"按键将根据ID文本输入框中的信息,在工作目录中查找用户曾输入并保存下来的断面信息,如果查找到,则分别把它们显示在列表框中。

⑨"确定"按键。

"确定"按键用来接受用户的输入。用户点击"确定"按键后,"断面CAD"首先检查用户所输入的数据,对于误输入或者应输入而没有输入的项目将给予相应的提示;如果输入无误,"断面CAD"请求用户输入插入点,用户指定插入点后,"断面CAD"会立刻进行计算,并在绘图区绘制出断面图。

⑩"取消"按键。

"取消"按键用来取消刚才用户的所有操作,关闭对话框,不保存输入的信息,也不绘制断面图形。

⑪"帮助"按键。

用来获得有关的帮助信息。

4.4.2 绘制原始断面2

可按下述任何一种方法激活"绘制原始断面2"命令:

(1)从"断面"工具条中选择"绘制原始断面2"图标,如图4-72所示。

(2)从“断面”下拉菜单中选择“绘制原始断面2”命令,见图 4-70。

图 4-72　从“断面”工具条中执行“绘制原始断面 2”命令

激活后,弹出如图 4-73 所示的绘制原始断面参数输入对话框 2,该对话框与图 4-71 所示的对话框类似,操作方法亦类似,下面仅提醒用户注意:参数选项中选频开关的设置要与参数列表框中所输入的参数类型严格一致。举例如下:

若用户在参数选项中选择“坡平坡”选项,则在参数列表框中所输入的第 1 个参数一定代表坡比值,第 2 个参数一定代表平距,第 3 个参数一定代表坡比值;若用户在参数选项中选择“角平角”选项,则在参数列表框中所输入的第 1 个参数一定代表角度值,第 2 个参数一定代表平距,第 3 个参数一定代表角度值。

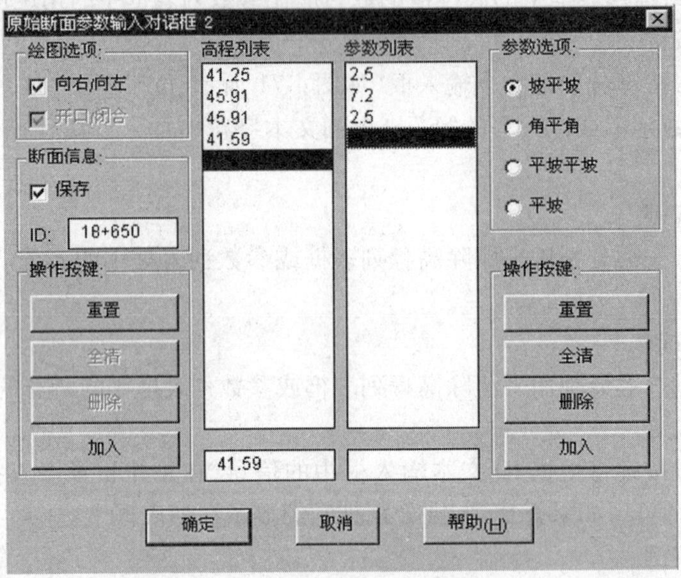

图 4-73　原始断面参数输入对话框 2

4.4.3　输入设计参数与绘制设计断面

4.4.3.1　输入设计参数

用户的设计断面参数可以提前一次性输入完毕,通过设计断面拆分法,可以处理比较复杂的设计断面,通过高程函数,可以处理设计高程渐变的断面。

可按下述任何一种方法激活“输入设计参数”命令:

(1)从“断面”工具条中选择“输入设计参数”图标,如图 4-74 所示。

图 4-74　从“断面”工具条中执行“输入设计参数”命令

(2)从“断面”下拉菜单中选择“输入设计参数”命令,见图 4-70。

激活后，弹出如图 4-75 所示的设计断面参数输入对话框，该对话框与图 4-73 所示的对话框中的有些内容完全相同，相同的地方不再赘述，其中有四点不同，作如下介绍。

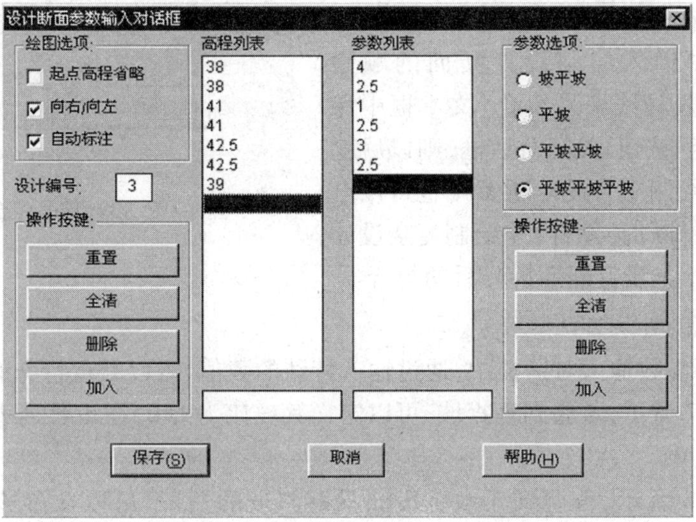

图 4-75　设计断面参数输入对话框

①绘图选项“起点高程省略”。

当用户选择了“坡平坡”选项时，再使“起点高程省略”前面的方框中带勾号，此时不需要在高程列表框中输入当前设计线起点（第 1 点）的高程值。当用户选择了“平坡”、“平坡平坡”、“平坡平坡平坡”选项时，再使“起点高程省略”前面的方框中带勾号，此时不需要在高程列表框中输入当前设计线第 1 点及第 2 点的高程值。

当设计如图 4-25 所示的堤防加高帮宽工程横断面图时，可以采用这种办法。这是因为设计线起点在原始断面上，起点的高程随着断面的不同而变化，无固定值。

②绘图选项“自动标注”。

当该选项为开状态（缺省）时，系统会自动给设计线标注长度、高程和坡比。

③“断面 CAD”系统最多可以同时保存九组设计参数，或九组设计要求，分别编号为 1、2、…、9，其中前五个编号分别与命令“绘制设计断面 1”、“绘制设计断面 2”、“绘制设计断面 3”、“绘制设计断面 4”、“绘制设计断面 5”相对应。例如：若用户在设计断面参数输入框中输入完有关的参数，同时在设计编号输入框中输入数字“1”，则以后的任何时候，当用户激活命令“绘制设计断面 1”时，就以设计编号 1 的要求绘制设计断面，直到设计编号 1 中的参数被修改。以此类推，若用户在设计编号输入框中输入数字“2”，则激活命令“绘制设计断面 2”时，就以设计编号 2 的要求绘制设计断面。

复杂的设计断面，用户可根据断面拆分法把设计断面拆分后，把每一子块的参数输入到设计断面参数输入框中，同时在设计编号输入框中，输入对应子块的编号。如图 4-25 所示的设计断面，可以从左到右拆分成三个子块，分别编号为 1、2、3，将来用户绘制设计断面时，可以有以下两种方法。

ⅰ. 连续调用“绘制设计断面 1”命令、“绘制设计断面 2”命令、“绘制设计断面 3”命令来绘制出整个设计断面。

ⅱ. 首先从“断面”下拉菜单中选择“设计编号组合”命令，弹出如图 4-76 所示的设计编号组合对话框，在对话框的“右侧设计线编号组合”文本框中输入绘制设计断面的顺序“123”，“左侧的设计线编号组合”文本框中保持空白，按“确定”按钮，关闭对话框，则以后就可以调用命令“绘制组合设计断面”（也可以点击“绘制组合设计断面”图标）来绘制复杂设计断面，这种方法就是设计断面拆分后的组合。

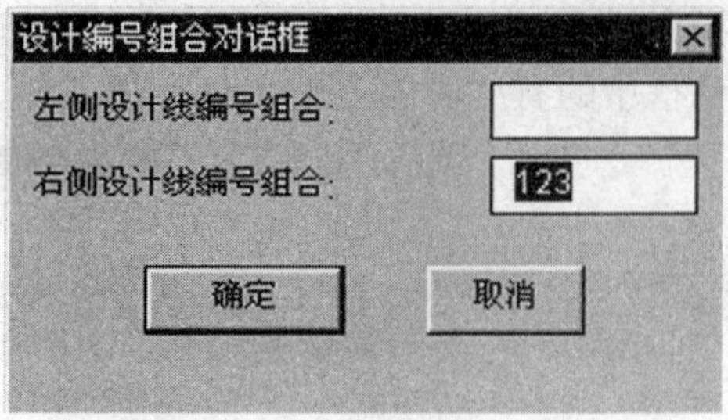

图 4-76　设计编号组合对话框

④特殊情况的处理方法。

将设计断面参数输入对话框中，通过输入特殊的数值，可以处理特殊的情况。

ⅰ. 如图 4-77 所示，若遇到垂直坡，可以定义其坡比为 1∶0，在参数列表框中对应坡比的地方直接输入 0。

ⅱ. 如图 4-78 所示，若遇到无水平段而只有斜坡的情况，可以在参数选项栏中选择“平坡”选项，并且定义其水平段长度 0，在参数列表框中对应平距的地方直接输入 0。

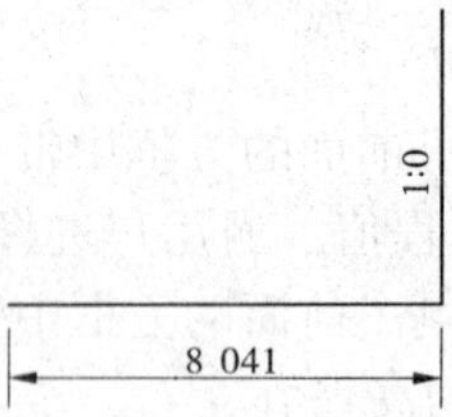

图 4-77　垂直坡示意图

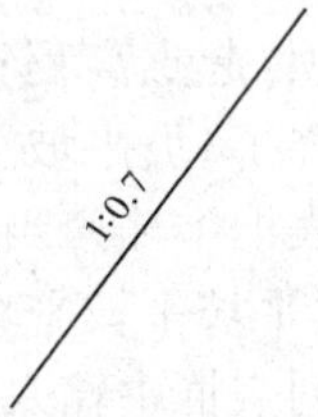

图 4-78　无水平段示意图

ⅲ. 如图 4-79 所示，若遇到无斜坡段而只有水平段的情况，可以在参数选项栏中选择“平坡”选项，并且定义其斜坡段两端点的高程值相等，在参数列表框中对应坡比的地方输入任意值。

ⅳ. 高程渐变的情况。

在实际工程中，断面上某些特征点的高程随着桩号的变化在逐渐升高或降低，如坝顶高程、渠底高程常常会有一定的比降。“断面 CAD”完全能够处理这种情况，它目前提供十个处理高程渐变的函数。在实际中，若遇到这种情况，用户仅需事先从菜单计算/函数/高程函数 1（或高程函数 2、高程函数 3、……、高程函数 6）中，激活如图 4-80 所示的高程函数参数输入对话框，并输入有关的参数（桩号中允许带“ + ”号），则“断面 CAD”会自动根据两点的坐标求出以桩号为参数的高程函数：

F1(Zhuanghao) = a × Zhuanghao + b

或：F2(Zhuanghao) = a × Zhuanghao + b

……

或：F6(Zhuanghao) = a × Zhuanghao + b

a、b 是固定值,该值为经验数据,需要计算。在一条有规律的支线(有一定规律固定比降的坝顶高程、渠底高程等)上,给出第一点的桩号和高程,然后给出第二点的桩号和高程,百图软件直接计算出 a、b 的数值。a、b 值固定后,根据 a、b 值可以直接计算其他所有桩号的高程。

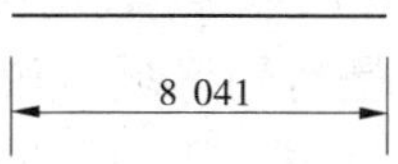

图 4-79　无斜坡段示意图　(单位:mm)

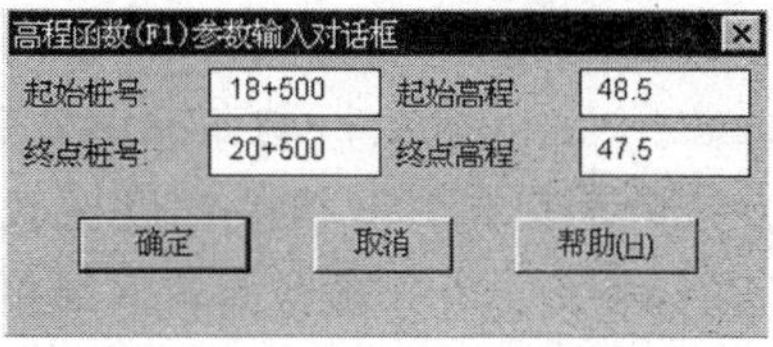

图 4-80　高程函数(F1)参数输入对话框

以后当用户需要在设计断面参数输入框的高程列表中输入可变高程时,只须以“F1”(或“F2”、…、或“F10”)代替即可。

4.4.3.2　**总体原则**

在实际工程中,若用户遇到比较简单的设计断面,可以直接调用“输入设计参数”命令,在设计断面参数输入对话框中,选定对应的参数选项,输入设计参数,并在设计编号输入框中输入 1 至 9 中的任何一个数字,以后可以直接调用对应的绘制设计断面命令。

若用户遇到比较复杂的设计断面,须事先对设计断面进行拆分,拆分数目不超过九,连续多次调用“输入设计参数”命令,把复杂断面上每个子块的设计信息全部输入“断面 CAD”系统,以后则可以用两种方法绘制设计断面。

绘制设计线时,断面 CAD 系统将要提示给出插入点,用户可以使用“指定高程线”和“偏移”命令指定正确的插入点,只有插入点正确,绘制的图形才正确。

4.5　统　计

“断面 CAD”不仅能够绘制工程断面图,还能够以交互方式统计出断面的面积、折线的长度以及两点间的直线长度、斜线长度和高差,同时可以以灵活的方式把它们的结果直接在“断面 CAD”系统中绘制成表格,或输出成文本格式的文件。

4.5.1　统计工程量

要统计工程量、绘制工程量表,需要做如下三步工作:

(1)工程量表初始化;

(2)统计断面面积;

(3)工程量列表。

4.5.1.1　**工程量表初始化**

这是工程量列表的前期准备工作,目的是把工程量数据表清空,以便将来储存新的工程量数据。第一次准备统计工程量时或者全部取消原来的统计结果、准备重新统计时使用。

因这项命令较少使用,故在“断面 CAD”中没有设工具条图标,用户只能从统计下拉菜单中选择“工程量初始化”命令。用户选择“工程量初始化”命令后,若命令行显示“command:初始化成功!”,则表示一切正常,用户可以进入第二步工作。

4.5.1.2　**统计断面面积**

“断面 CAD”系统中,同时提供了两种统计断面面积的方法,而且两种方法可以互相补充,互相代替(用户任选一种方法即可),其区别在于:第一种方法要求用户指定封闭区域内的任意一点,系统会自动在图形数据库中查找封闭区域的角点坐标,并自动计算出面积。该方法的前提是计算机的速度比较快,所选的区域一定是封闭区域。第二种方法要求用户(在捕捉方式下)逐点指定区域的角点,系统会自动计算出由用户顺序指定的角点所围成的多边形的面积。该方法的优点是对计算机的速度要求不高,缺点是必须由用户顺序指定多边形的角点,操作过程比较烦琐。

由于两种统计断面面积的方法类似,下面只介绍第一种方法。可按下述任何一种方法激活“统计面积方法 1”命令:

图 4-81　从“计算”工具条中执行“统计面积方法 1”命令

(1)从“计算”工具条中选择“统计面积方法 1”图标,如图 4-81 所示。

(2)从“统计”下拉菜单中选择“统计面积方法 1”命令,如图 4-82 所示。

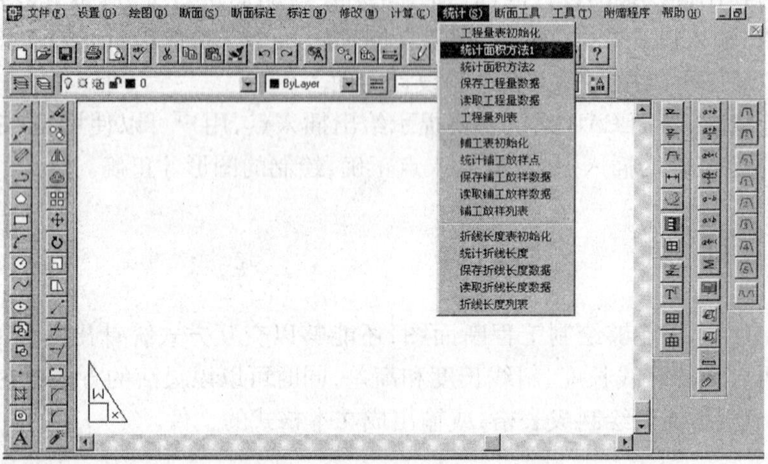

图 4-82　从“统计”菜单条中执行“统计面积方法 1”命令

激活“统计面积方法 1”命令后,“断面 CAD”系统会提示“请选取桩号:”,用户可用鼠标在绘图区选取断面的桩号,然后系统提示“点取封闭区域内的任一点”,用户可用鼠标在要计算面积的封闭区域内点一下。系统会自动计算和显示区域的面积,并把该值储存下来。

为了计算的精确性,应注意以下两点:

①用户在绘图时,尽量采用捕捉方式捕捉图形实体的特征点。

②在使用“统计面积方法 1”命令前,先使用“zoom”或“pan”命令使整个封闭图形在屏幕上完全显示出来,有时需使用“边界(boundary)”命令检查区域的封闭性。

4.5.1.3 工程量列表

从“统计”下拉菜单中选择“工程量列表”命令(见图4-82),并给出合适的表格插入点,系统自动绘出工程量表,如图4-83所示。

工程量表

桩号	面积(m²)	平均面积(m²)	长度(m)	体积(m³)	备注
18+550	90.119	0	0	0	
18+600	90.492	90.306	50	4515.3	
18+650	84.199	87.346	50	4367.3	
18+700	93.211	88.705	50	4435.3	
18+750	104.875	99.043	50	4952.2	
18+800	111.988	108.432	50	5421.6	
18+850	123.986	117.987	50	5899.3	
18+900	116.901	120.443	50	6022.2	
合 计				35613.2	

图4-83 工程量表示意图

在绘制工程量列表过程中,应注意以下几点:

(1)用户在统计断面面积时,不必顾忌桩号的前后顺序,系统在列工程量表时会自动排序。

(2)可以对同一个断面多次统计断面面积,系统会以新值取代旧值。

(3)用户可以用“保存工程量数据”命令,把所有统计过的桩号以及它们所对应的面积以文本文件的形式保存到磁盘上。

(4)用户可以用“读取工程量数据”命令,把已经保存到磁盘上的有关桩号以及它们所对应的面积的信息,再次读入“断面CAD”系统中,适当的时候再用“工程量列表”命令,列出工程量表。

(5)“读取工程量数据”命令可以多次使用,这样可以把多个工程量数据表合并到一起。

4.5.2 统计铺工表数据

统计铺工表数据的绘制方法与统计工程量的绘制方法类似,也需要做如下三步工作:

(1)铺工表初始化;

(2)铺工放样;

(3)列铺工表。

其中,第(1)、(3)步的操作方法与统计工程量的第(1)、(3)步的操作方法类似,这里不再赘述,仅讲述第(2)步铺工放样。

可按下述任何一种方法激活铺工放样的几个命令:

(1)从“计算”工具条中选择“铺工放样”图标,如图4-84所示。

图4-84 从“计算”工具条中执行“铺工放样”命令

(2)从“统计”下拉菜单中选择“铺工放样”的几个命令,如图4-82所示。

激活“铺工放样”命令后,“断面CAD”系统会提示“请选取桩号:”,用户可用鼠标在绘图区选取断面的桩号，然后，系统提示“点取第一点”，用户可用鼠标捕捉到断面上的基准点；系统又提示“点取第二点”，用户可用鼠标捕捉到断面上的放样点。系统会自动计算和显示该断面上所指定的两点间的平距、高差和斜距，并把这些值储存下来。最后调用“铺工放样列表”命令可得到如图 4-85 所示的表格。

桩　号	平　距(mm)	高　差(mm)	斜　距(mm)	备　注
18+550	30435	4156	30717	
18+600	30835	4456	31155	
18+650	31485	4390	31790	
18+700	31674	4818	32039	
18+750	34500	5980	35014	
18+800	34875	5830	35359	
18+850	38900	5220	39249	
18+900	35700	5350	36099	

图 4-85　铺工放样表示意图

4.5.3　统计折线长度

统计折线长度与统计工程量的方法类似，也需要做如下三步工作：

(1)折线长度表初始化；

(2)统计折线长度；

(3)列折线长度表。

其中第(1)、(3)步的操作方法与统计工程量的第(1)、(3)步的操作方法类似，这里不再赘述，仅讲述第(2)步统计折线长度。

可按下述任何一种方法激活“统计折线长度”命令：

(1)从“计算”工具条中选择“统计折线长度”图标，如图 4-86 所示。

图 4-86　从“计算”工具条中执行“统计折线长度”命令

(2)从“统计”下拉菜单中选择“统计折线长度”命令，如图 4-82 所示。

激活“统计折线长度”命令后，“断面 CAD”系统会提示“请选取桩号：”，用户可用鼠标在绘图区选取断面的桩号；然后，系统提示“该断面折线长度初始值：<缺省值>”，用户可以在此修改缺省值；系统再提示“请选取折线：”，用户可用鼠标选择要统计长度的 pline 线或 line 线；系统再提示“点取要计算长度的起点：”，用户可用鼠标捕捉到折线上合适的第一点；系统又提示“点取要计算长度的终点：”，用户可用鼠标捕捉到折线上合适的第二点。系统会自动计算和显示该断面的“本次计算折线长”和“本断面累计计算折线长”，并把这些值储存下来。最后调用“折线长度列表”命令可得到如图 4-87 所示的表格。

桩　号	折线长度(m)	
15+000	22.85	
15+050	25.47	
15+100	24.77	
15+150	23.95	

图 4-87　折线长度表示意图

4.6　断面标注及图纸修饰工具

在实际工程的断面图中，常常需要标注距离、高程、水位、坡比，有时还需要绘制标尺、米格等，“断面 CAD”系统中提供了许多标注形式，完全能够满足实际工程的需要。本节只讲述长度标注、高程标注、坡度标注等三种标注形式，以及标尺和米格的绘制，角度标注、对齐标注、直径标注、半径标注、引线标注等标注形式请直接按照 AutoCAD 自身标注形式标注。

4.6.1　长度标注

可按下述任何一种方法激活“长度标注”命令：

(1)从“断面标注”工具条中选择“长度标注”图标，如图 4-88 所示。

图 4-88　从“断面标注”工具条中执行“长度标注”命令

(2)从“断面标注”下拉菜单中选择“长度标注”命令，如图 4-89 所示。

(3)在“command:”提示符下，键入 dimlinear，并按空格键或 Enter 键。

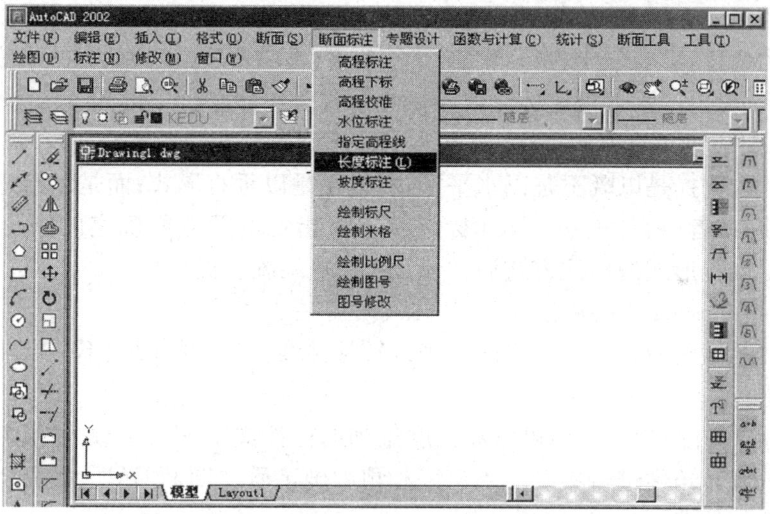

图 4-89　从“断面标注”菜单条中执行“长度标注”命令

(4)在“DIM:”提示符下，键入 hor(水平尺寸) 或 ver(垂直尺寸)，并按空格键或 Enter 键。激活“长度标注”命令后，“断面 CAD”系统会提示：

command:dimlinear

First extension line origin or press ENTER to select:(拾取第一条尺寸界线的起点或按 Enter 键选择)

指定一个点后，“断面 CAD”就用此点作为第一条尺寸界线的起点(原点)。这一点可以是一条直线的端点、对象的交点、圆心点或者是一个文字对象的插入点，也可以在对象自身上选择一点。“断面 CAD”给出对象和尺寸界线间的距离，它就是尺寸标注变量

DIMEXE 的值，该值可随时被改变。给出了起点(原点)后，“断面 CAD”系统会提示：

Second extension line origin：(拾取第二条尺寸界线的起点)

即在第二条尺寸界线的开始处指定一点。

通过指定两个点响应了“长度标注”命令后，接下来的选项是动态的水平或垂直尺寸标注。如果用户选择了同一水平线上的两个点，则向该水平线的上方或下方拖动光标，将会出现一条灰色的标注线，“断面 CAD”系统假设用户是希望画一条水平的标注线。反之，如果用户选择了同一垂直线上的两个点，则“断面 CAD”系统假设用户是希望画一条垂直的标注线。

当所选择的两个点既不在同一条水平线上，也不在同一条垂直线上时，在水平方向和垂直方向之间转换的动态拖动就比较复杂。例如，可能选择了一个假想矩形的两个对角点。当选定了这两个点之后，“断面 CAD”系统会提示选择标注线的位置。若光标位于矩形上边线的上面或下边线的下面，则标注线就是水平的。若光标位于矩形右边线的右面或左边线的左面，则标注线就是垂直的。若在矩形四边之外的任一区域或在矩形之内拖动光标的话，实际上光标在被移动之前将保持标注线的类型。

当选定了两个点之后，“断面 CAD”系统会提示：

Dimension line location (Mtext/Text/Angle/Horizontal/Vertical/Rotated)：

该提示的中文意思是：

标注线的位置(多行文字(M)/文字(T)/角度(A)/水平(H)/垂直(V)/旋转(R))

在此提示下，也可手工指定标注线的标注形式。在命令行中键入 h，对应于水平方向标注；键入 v，对应于垂直方向标注；键入 r，对应于旋转形式的标注。

旋转形式的选择是以既不是以水平形式，也不是以垂直形式，而是以给定的倾角的形式放置标注线，或者以在“对齐”尺寸标注状态下指定的两点所确定的倾角来放置标注线。当选择了旋转形式的标注方式后，“断面 CAD”系统会提示：

Dimension line angle <缺省值>(标注线角度)：

即输入标注线的倾角或在图上选定两点来旋转标注线。选定的两点不一定非得与标注的距离方向相平行。

“文字”和“多行文字”选项可以对所度量到的标注文字进行更改。“角度”选项可以对标注文字的旋转角度进行更改。当文字和角度确定后，“断面 CAD”系统会再次提示要求确定标注线的位置。

如果在尺寸界线间有足够的空间，则标注文字居中放在标注线的中间或上面。然而，如果标注线、箭头和文字一起在两条尺寸界线间放不下，则它们将被放置在两条尺寸界线之外，而标注文字放置在靠近第二条尺寸界线处。

下面的命令序列是以水平线方式进行长度标注的实例。该水平线是通过分别给定表明第一个和第二个尺寸界线原点的两个数据点的方式指定的，如图 4-90 所示。

command：dimlinear

First extension line origin or press ENTER to select：(拾取第一条尺寸界线的起点)

Second extension line origin：(拾取第二条尺寸界线的起点)

Dimension line location：(选择标注线的位置)

下面的命令序列是以垂直线方式进行长度标注的实例(注意:如果断面图的纵横比例不相等,以垂直线方式进行的长度标注的文字缺省值不正确)。该垂直线是通过分别给定表明第一个和第二个尺寸界线原点的两个数据点的方式指定的,如图4-91所示。

command:dimlinear

First extension line origin or press ENTER to select:(拾取第一条尺寸界线的起点)

Second extension line origin:(拾取第二条尺寸界线的起点)

Dimension line location:(选择标注线的位置)

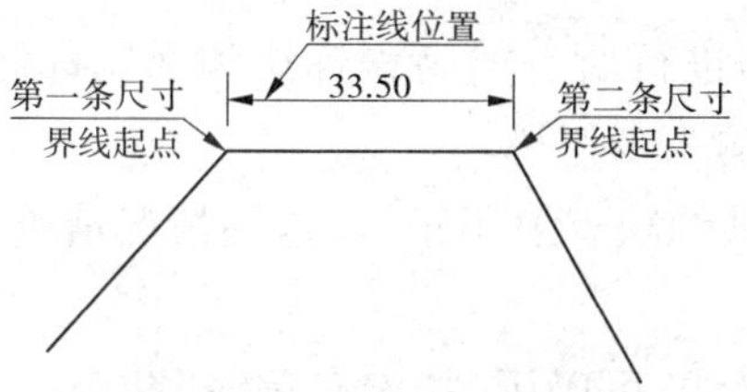

图4-90 水平方向长度标注

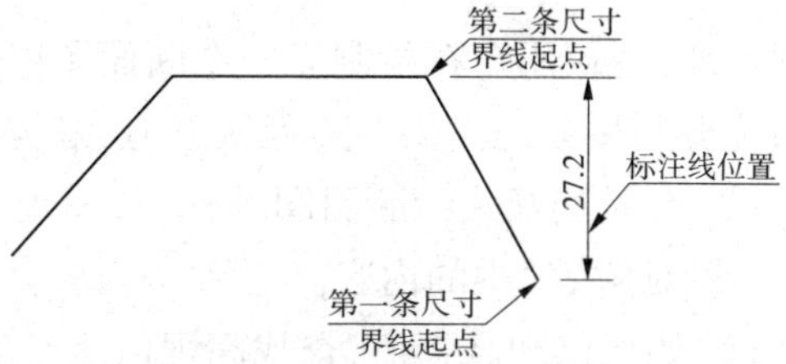

图4-91 垂直方向长度标注

4.6.2 高程标注和水位标注

4.6.2.1 指定点高程标注

"高程标注"命令可用于标注指定点的高程。

可按下述任何一种方法激活"高程标注"命令:

(1)从"断面标注"工具条中选择"高程标注"图标,如图4-92所示。

(2)从"断面标注"下拉菜单中选择"高程标注"命令,见图4-89。

图4-92 从"断面标注"工具条中执行"高程标注"命令

激活"高程标注"命令后,"断面CAD"系统会提示"请输入高程插入点:",用户用键盘输入插入点,或者用鼠标设备在图形工作区指定一点即可。为了保证绘图精度,建议用捕捉方式指定图形特征点。给定了插入点后,"断面CAD"会算出该点的高程值,并作为缺省值,在命令行提示:

该点高程值<缺省值>:

如果缺省值正确,用户只须以回车响应,否则输入数值后再回车。

【例4-1】 若用户想标注某断面的顶部高程,首先点"高程标注"图标,命令行提示:

请输入高程插入点:(用鼠标捕捉到坝顶中点)

"断面CAD"进一步提示:

该点高程值:<48.5>(回车)

系统会标注成如图4-93所示的形式。

水位标注与高程标注类似,这里不再赘述。

重要提示:

(1)因"断面CAD"自动维护了一个标高系统变量,同一个断面中,标高系统变量的值

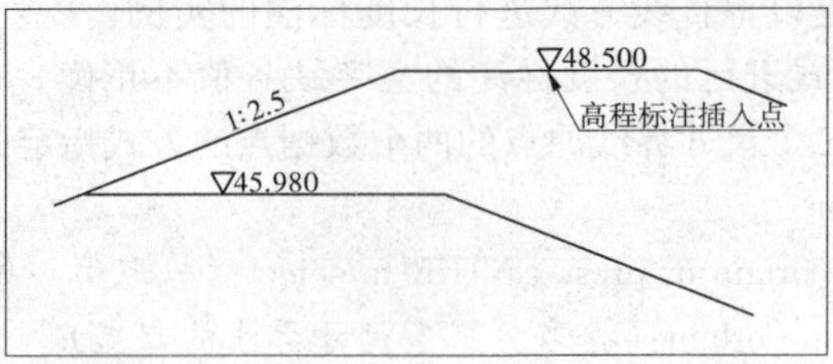

图 4-93　高程标注

相对不变,建议用户在绘制完一个断面图以后,立即进行所有的高程标注和水位标注,这样可充分利用系统提供的高程缺省值,减少用户的输入工作量。

(2)有时交互式给断面图补标时,发现系统提供的缺省值不正确,这种情况请查看附录 A“疑难解答”中的内容。

(3)如果已知高程值,查找高程值所对应的水平线,可以用“指定高程线”命令。

4.6.2.2　指定高程线

用户可以通过“指定高程线”命令得到某具体的高程值或高程函数所对应的一条水平辅助线,水平辅助线上的任意一点的高程等于用户输入的高程值或高程函数的结果。

可按下述任何一种方法激活“指定高程线”命令:

(1)从“断面标注”工具条中选择“指定高程线”图标,如图 4-94 所示。

(2)从“断面标注”下拉菜单中选择“指定高程线”命令,见图 4-89。

图 4-94　从“断面标注”工具条中执行“指定高程线”命令

激活“指定高程线”命令后,“断面 CAD”系统会在命令行提示“输入高程值或高程函数 <0.000 >:”,可以直接输入具体高程值,以 m 为单位(如 43.5),或代表高程函数的字符串 F1、F2、…、F10(有关高程函数的概念,在本书前面已做过介绍),输入高程函数名时,要求用户一定事先输入高程函数的相关参数。

假如用户输入正确,“断面 CAD”系统会在绘图区画一条绿色的水平辅助线,并且会自动把刚才用户的输入内容作为下次调用时的缺省值。在打印图形或统计面积时,用户可以通过“图层(layer)”命令临时关闭绿色辅助线所在的图层。

4.6.3　坡度标注

“坡度标注”命令可用于标注指定斜线的坡度比值。

可按下述任何一种方法激活“坡度标注”命令:

(1)从“断面标注”工具条中选择“坡度标注”图标,如图 4-95 所示。

(2)从“断面标注”下拉菜单中选择“坡度标注”命令,见图 4-89。

图 4-95　从“断面标注”工具条中执行“坡度标注”命令

激活“坡度标注”命令后，“断面 CAD”系统会提示“请点取斜线上的两点：”，可任意指定斜线上的两点，为准确起见，最好捕捉直线的两个端点。然后，“断面 CAD”系统自动计算该斜线的坡度比值，并把它作为缺省值提示出来，如果缺省值正确，用户仅以回车响应，否则输入新值。最后，系统要求给出坡度标注位置，用户给出位置点后，系统会按斜线的方向标出坡比来。

【例4-2】 若用户想标注某断面左边边坡的坡比，首先点“坡度标注”图标，命令行提示：

请点取斜线上的两点：(用鼠标捕捉直线的两个端点)

“断面 CAD”进一步提示：

坡比是 <1:2.5>(回车)：

请点取坡比标注位置：(用鼠标在斜线的外上方点一点)

系统会标注成如图4-96所示的形式。

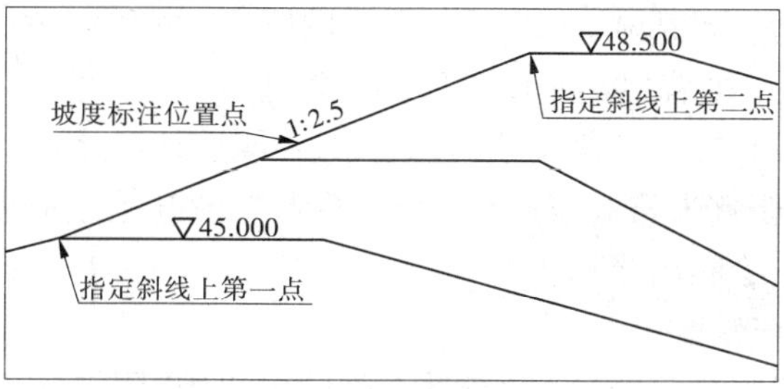

图4-96 坡度标注

4.6.4 绘制标尺

4.6.4.1 “绘制标尺”命令

可按下述任何一种方法激活“绘制标尺”命令：

(1)从“断面标注”工具条中选择“绘制标尺”图标，如图4-97所示。

(2)从“断面标注”下拉菜单中选择“绘制标尺”命令，见图4-89。

图4-97 从“断面标注”工具条中执行“绘制标尺”命令

激活“绘制标尺”命令后，“断面 CAD”系统会提示“请给出标尺起点：”，可以在绘图区用鼠标任意指定一点，接着“断面 CAD”系统会进一步提示“请给出标尺终点：”，可以用鼠标指定合适的第二点，“断面 CAD”系统会自动调整标尺起点的位置，以整米数值开始绘制标尺，以用户所选定的两点的 y 坐标差的整米数值作为标尺的长度绘制标尺。标尺上的刻度值与当前图形上的高程值相对应，因此最好绘制完原始断面以后，立即绘制标尺。

4.6.4.2 标尺的删除

标尺的任何一节都是一个独立的实体，因此可以用“删除(erase)”命令，通过选定范围，删除全部标尺，或删除标尺上的某几节。

4.6.4.3　**标尺的加长**

如果用户嫌标尺太短，可以继续选用“绘制标尺”命令，并以原标尺的上端点的填充部分作为新绘标尺的起点。

4.6.5　绘制米格

4.6.5.1　**“绘制米格”命令**

在“断面 CAD”系统中，米格是一种特殊的表格，输出到图纸上的单元格的尺寸为 5 mm×5 mm 或 1 mm×1 mm，以达到米格纸的效果。

可按下述任何一种方法激活“绘制米格”命令：

(1)从“断面标注”工具条中选择“绘制米格”图标，如图 4-98 所示。

(2)从“断面标注”下拉菜单中选择“绘制米格”命令，见图 4-89。

图 4-98　从“断面标注”工具条中执行“绘制米格”命令

激活“绘制米格”命令后，“断面 CAD”系统会提示“请点取米格的一个角 <退出>:”，可以在绘图区用鼠标指定合适的一点，接着“断面 CAD”系统会进一步提示“再点取米格的另一个角 <退出>:”，可以用鼠标指定合适的第二点，“断面 CAD”系统会自动适当调整米格起点的位置，以整米数值开始绘制米格，大约以用户所选定的两个角点为对角点绘制出米格。

4.6.5.2　**米格的删除与修改**

米格的任何一条线都是一个独立的实体，因此可以用“删除(erase)”命令，通过选定范围，删除全部米格，或删除米格上的某几条线。

又因为米格是一种特殊的表格，所以用户可以用“断面 CAD”系统提供的“表线拖动”工具，使多余的米格“收回”，以达到截断的效果。

1. 绘制米格

用户点取“绘制米格”图标，激活“绘制米格”命令，“断面 CAD”系统会提示“请点取米格的一个角 <退出>:”，用鼠标指定左下角点，接着“断面 CAD”系统进一步提示“再点取米格的另一个角 <退出>:”，用鼠标指定右上角点，“断面 CAD”系统会立即绘出如图 4-99 所示的图形。

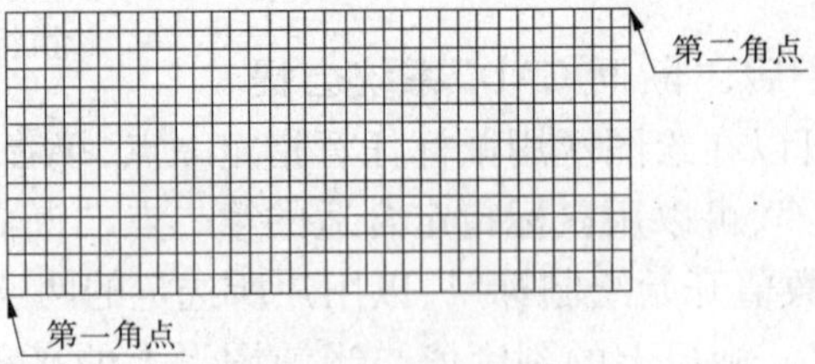

图 4-99　绘制米格示意图

2. 表线拖动

用户点取“绘制米格”图标，激活“绘制米格”命令，“断面 CAD”系统要求用交叉方式选择要拖动的表线，提示“First corner:(交叉方式的第一个角点)”，用鼠标指定米格线外部右下方的一点作为交叉方式的第一个角点，接着“断面 CAD”系统进一步提示“Other corner:(交叉方式的第二个角点)”，用鼠标指定合适的左上角点，使交叉方式所选定的范围包含或与部分表线相交，再接着按回车一次结束选择，“断面 CAD”系统会立即确定用户的选择对象，并提示“Base point or displacement:(基点)”，用鼠标指定位移基点(见图 4-100)，系统又提示:“Second point of displacement:(第二点)”用鼠标指定位移第二点(见图 4-100)，“断面 CAD”系统会立即进行操作，操作结果见图 4-101。

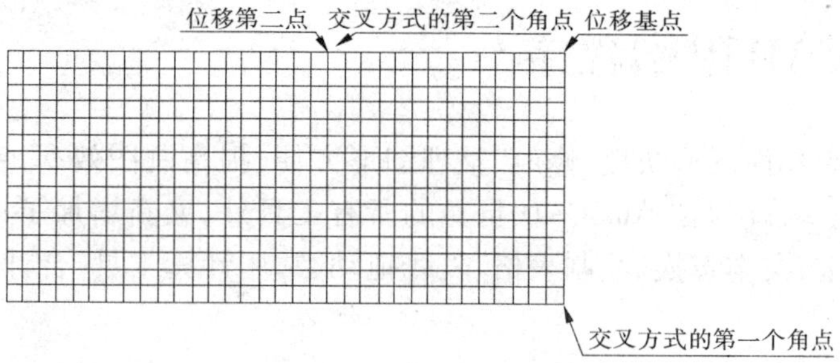

图 4-100　表线拖动示意图

4.6.6　绘制比例尺

在图形屏幕上，插入图框以后，可以随时选择绘制比例尺，可以从“断面标注”下拉菜单中选择“绘制比例尺”命令，见图 4-89。

激活“绘制比例尺”命令后，“断面 CAD”系统提示“请指定位置点:”，可以在绘图区用鼠标任意指定一点，“断面 CAD”会立即绘制出比例尺。比例尺中显示的数值为用户在“设置绘图参数”时，在对话框中所设置的数值。

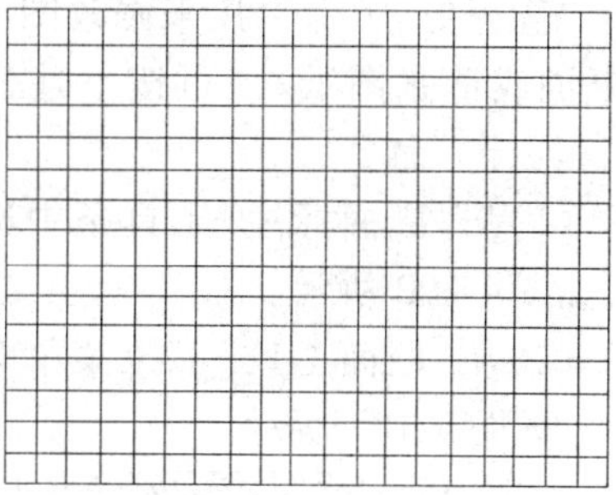

图 4-101　表线拖动操作结果

4.6.7　绘制图号与图号修改

在打印出图之前，须绘制图号，可以从“断面标注”下拉菜单中选择“绘制图号”命令，见图 4-89。

激活“绘制图号”命令后，“断面 CAD”系统会提示“请指定位置点:”，可以在绘图区用鼠标任意指定一点，如果是第一次使用该命令，“断面 CAD”系统会提示给出图纸总张数，用户输入后，系统给出图号的缺省值。当缺省值正确时，直接回车响应，系统会立即绘制出图号;当缺省值不正确时，用户可以输入 Z 或 M 来修改分子或分母的值。

在绘制完图号以后，用户也可以采用“图号修改”命令，批量地修改图号。可以从“断面标注”下拉菜单中选择“图号修改”命令，见图 4-89。

激活“图号修改”命令后，“断面 CAD”系统提示“Select objects:(选择目标)”，可以在绘图区用鼠标点选，也可以在命令行输入“all”，选择完成后，再回车一次，结束选择，然后系统会提示“输入 Z,修改分子;输入 M,修改分母”。最后“断面 CAD”系统会提示“请输入修改数据:”,此时可有如下两种方式响应提示,并分别会得到两种结果。

(1)输入一个数字,数字的前面带“+”或“-”,则“断面 CAD”系统会对已选定的图号实体进行操作,分别把分子或分母数值增加或减少一个量,增加量或减少量等于用户输入的修改数据。

(2)输入一个数字,数字的前面不带“+”或“-”,则“断面 CAD”系统会对已选定的图号实体进行操作,分别把分子或分母数值改变为用户输入的修改数据。

4.7 断面 CAD 附赠程序

为了用户绘制断面图形快捷,修改、整理图形方便,提高制图效率,实现视算一体化,“断面 CAD”系统中,除保留 AutoCAD 自身的所有工具外,又新增加了许多工具,包括高程更新与高程校准、文本替换、绘制表格、表线拖动、常用计算工具、合计、计算器、调整 *xy* 比例、批量修改线宽等。

4.7.1 高程更新与高程校准

4.7.1.1 高程更新

“高程更新”命令用来修改图中已标出的高程数值,一次可修改一处或多处(包括整个断面或整张图纸)。可按下述任何一种方法激活“高程更新”命令:

(1)从“断面标注”工具条中选择“高程更新”图标,如图 4-102 所示。

图 4-102 从“断面标注”工具条中执行“高程更新”命令

(2)从“断面工具”下拉菜单中选择“高程更新”命令,如图 4-103 所示。

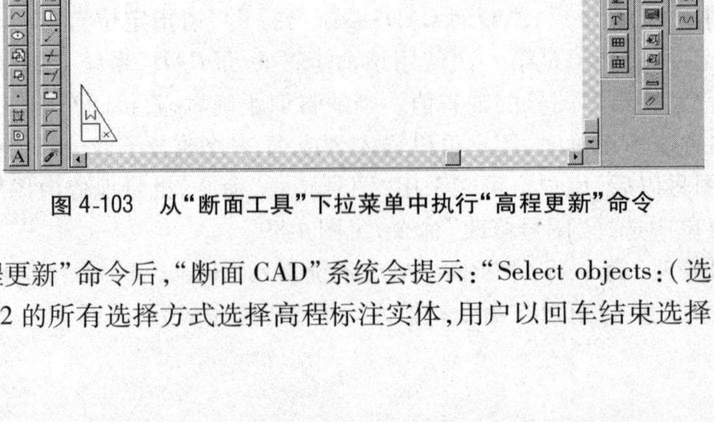

图 4-103 从“断面工具”下拉菜单中执行“高程更新”命令

激活“高程更新”命令后,“断面 CAD”系统会提示:“Select objects:(选择物体)”。可用 AutoCAD2002 的所有选择方式选择高程标注实体,用户以回车结束选择。“断面 CAD”

系统中设置了安全的过滤机制，能够过滤掉用户已选择的非高程标注实体，而只保留高程标注实体。接下来“断面 CAD”系统提示：“请输入高程更新数据：”。此时可由以下两种方式响应提示，分别得到两种结果：

（1）输入一个数字，数字的前面带“+”或“-”，则“断面 CAD”系统会对已选定的高程标注实体进行操作，分别把其高程值增加或减少一个量，增加量或减少量等于用户输入的高程更新数据。

（2）输入一个数字，数字的前面不带“+”或“-”，则“断面 CAD”系统会对已选定的高程标注实体进行操作，分别把其高程值改变为用户输入的高程更新数据。

【例 4-3】 有一断面，原始高程标注形式如图 4-104 所示，用户从工具条中点取“高程更新”图标，“断面 CAD”系统会提示：

Select objects：（用户框选两个高程标注物体，然后回车）

“断面 CAD”系统再提示：

请输入高程更新数据：（输入 -1.3，然后回车）

即得到如图 4-105 所示的形式。

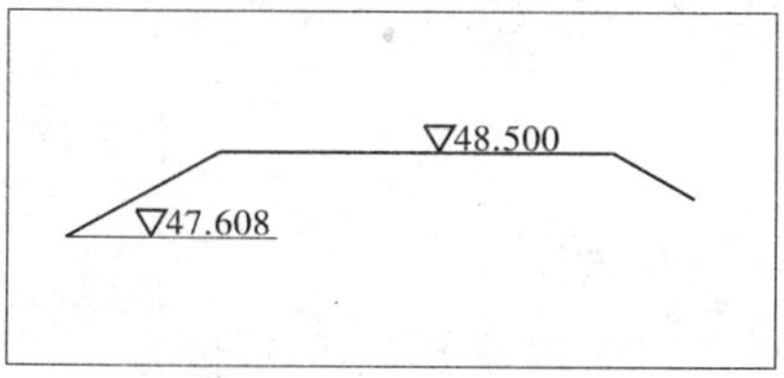

图 4-104 原始高程标注形式

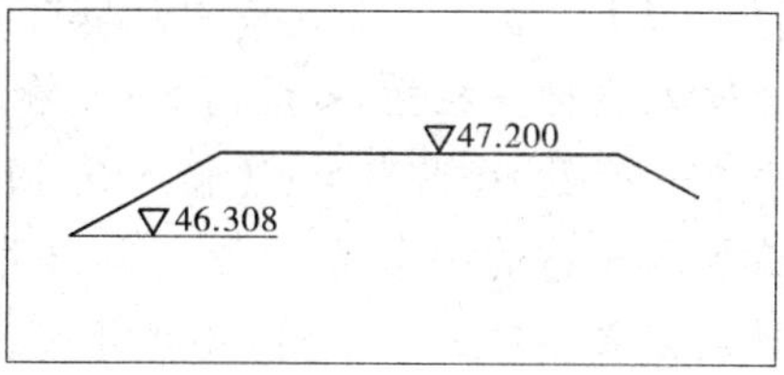

图 4-105 用方式一操作后的结果

【例 4-4】 有一断面，原始高程标注形式如图 4-104 所示，用户从工具条中点取“高程更新”图标，“断面 CAD”系统会提示：

Select objects：（用户框选两个高程标注物体，然后回车）

“断面 CAD”系统再提示：

请输入高程更新数据：（输入 50.5，然后回车）

即得到如图 4-106 所示的形式。

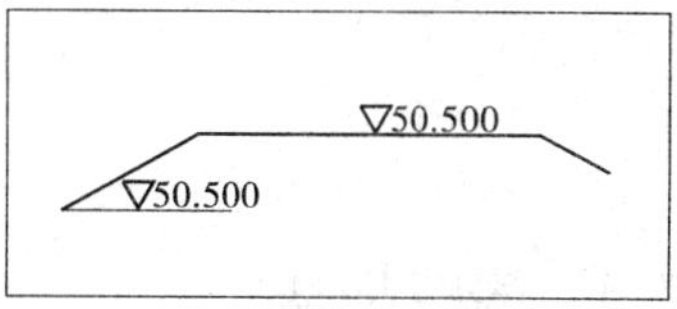

图 4-106 用方式二操作后的结果

注意：高程更新所选择的高程符号一定是“断面 CAD”系统定义的块实体，用户不要用“炸开”命令炸碎。

4.7.1.2 高程校准

“断面 CAD”系统自动维护了一个标高系统变量，同一个断面中，标高系统变量的值相对不变。高程校准的过程就是“断面 CAD”系统修改标高系统变量的过程。可按下述任何一种方法激活“高程校准”命令：

（1）从“断面标注”工具条中选择“高程校准”图标。

（2）从“断面标注”下拉菜单中选择“高程校准”命令。

激活“高程校准”命令后，“断面 CAD”系统提示“请选取高程符号或水位符号或标尺：”，用户只需用鼠标在某图形所对应的标尺符号、高程符号或水位符号上点一下即可，

“断面 CAD”系统显示“高程校准成功”时，操作即完成。当系统显示“高程校准失败”时，则用户需要重新操作。

注意：高程校准所选择的高程符号、水位符号、标尺符号等一定是“断面 CAD”系统定义的块实体，用户不要用“炸开”命令炸碎。

4.7.2 绘制表格

可按下述任何一种方法激活“绘制表格”命令：

（1）从“断面标注”工具条中选择“绘制表格”图标，如图 4-107 所示。

图 4-107 从“断面标注”工具条中执行“绘制表格”命令

（2）从“断面工具”下拉菜单中选择“绘制表格”命令，见图 4-103。

激活“绘制表格”命令后，用户根据“断面 CAD”系统的提示，分别输入表格的栏数、行数和表格的两个对角点，系统即可在指定位置绘制出表格。

【例 4-5】 用户从工具条中点取“绘制表格”图标，“断面 CAD”系统提示：

请输入表格—栏数 <退出>：（输入 4，回车）

表格—行数 <退出>：（输入 5，回车）

请点取表格的一个角 <退出>：（用鼠标点取一个角点）

再点取表格的另一个角 <退出>：（用鼠标点取另一个角点）

即得到如图 4-108 所示的一个 5 行 4 列的表格。

图 4-108 表格绘制示例

4.7.3 表线拖动

可按下述任何一种方法激活“表线拖动”命令：

（1）从“断面标注”工具条中选择“表线拖动”图标，如图 4-109 所示。

图 4-109 从“断面标注”工具条中执行“表线拖动”命令

（2）从“断面工具”下拉菜单中选择“表线拖动”命令，见图 4-103。

该命令实际就是 AutoCAD 的 STRETCH 命令。用其操作表格，改变表格四边的行宽或列宽，非常方便。选取该命令后，屏幕上会出现英文提示，让用户选定要拉长或缩短的图元，用户可以用交叉窗选的方式选取表格中要拉长或缩短的部分。选定后，屏幕提示：

Base point or displacement:(选取拖动基点)

Second point of displacement:(点取拖动目标点)

4.7.4 文本替换

可按下述任何一种方法激活“文本替换”命令:

(1)从“断面标注”工具条中选择“文本替换”图标,如图4-110所示。

图4-110 从“断面标注”工具条中执行“文本替换”命令

(2)从“断面工具”下拉菜单中选择“文本替换”命令,见图4-103。

激活“文本替换”命令后,“断面CAD”系统会提示“请选取文本:”。可用点选方式选择图形区的文本图元,如果系统找不到文本图元,则一直提示请选取文本,直到找到。然后“断面CAD”系统会提示“请选取被替代文本:”,用户仍须以点选方式选择图形区的文本图元,“断面CAD”系统找到后,就以用户先指定的文本替代掉后指定的文本。

注意:“文本替换”命令只支持用TEXT或DTEXT命令书写的文本,对于用MTEXT命令书写的文本,用户可以事先用“炸开”命令把MTEXT文本炸开,MTEXT文本会还原成TEXT文本,然后使用“文本替换”命令。

文本替换工具是视算一体化功能的基础,以下要介绍的常用计算功能、合计功能等都部分地借用了文本替换功能。

4.7.5 常用计算工具

断面CAD系统的常用计算工具包括a+b、(a+b)/2、a+b+c、(a+b+c)/3、a-b、a×b、a×b×c等,这些计算工具都放在计算下拉菜单和计算工具条中。它们的操作方法都很类似,下面只讲述一个工具:a+b。

可按下述方法激活“a+b”命令:

(1)从“计算”工具条中选择“a+b”图标,如图4-111所示。

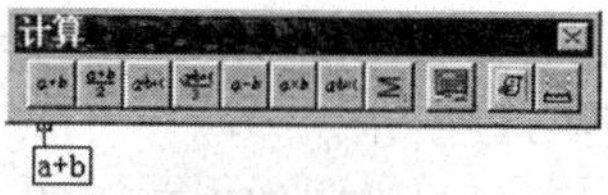

图4-111 从“计算”工具条中执行“a+b”命令

(2)从“计算”下拉菜单中选择“a+b”命令,如图4-112所示。

激活“a+b”命令后,“断面CAD”系统会提示“请选取第一个加数:”。可用指点方式选择图形区的数字文本图元,如果系统找不到数字文本图元,则会一直提示请选取第一个加数,直到找到。然后“断面CAD”系统会提示“请选取第二个加数:”,用户仍须以指点方式选择图形区的数字文本图元,“断面CAD”系统找到后,就计算并显示两个数字的和,并进一步提示“请选取被替代文本:”,用户以指点方式选择图形区的文本图元,“断面CAD”系统找到后,就用两个数字的和所构成的字符串替代掉最后指定的文本。

【例4-6】 如图4-112所示,激活“a+b”命令后,系统会提示:

请选取第一个加数:(用鼠标点取数字123)

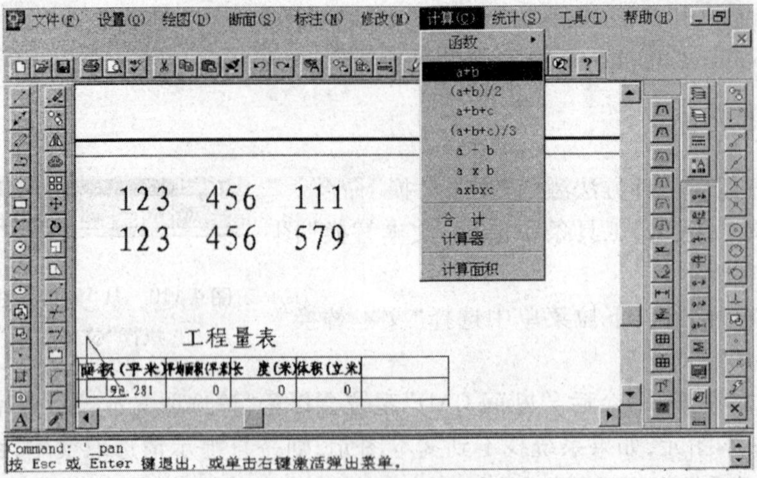

图 4-112 从"计算"下拉菜单中执行"a + b"命令

接着系统会提示：

请选取第二个加数：(用鼠标点取数字 456)

系统会再提示：

结果：579

请选取替代字符：(用鼠标点取数字 111)

结果数字 111 就被 579 所取代。

4.7.6 合计

"合计"命令用来对用户在绘图区指定的一些数字求总和，并把结果与一个文本相替换。

可按下述方法激活"合计"命令：

(1) 从"计算"工具条中选择"合计"图标，如图 4-113所示。

(2) 从"计算"下拉菜单中选择"合计"命令，见图 4-112。

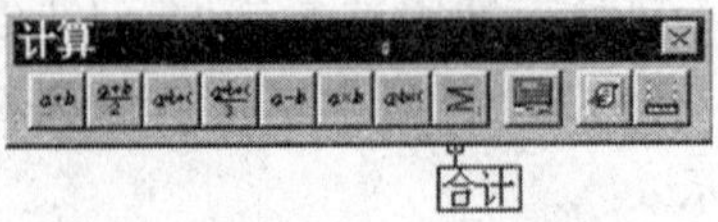

图 4-113 从"计算"工具条中执行"合计"命令

激活"合计"命令后，"断面 CAD"系统会提示："Select objects：(选择物体)"。可用 AutoCAD2002 的所有选择方式选择图形区的数字，用户以回车结束选择。系统中设置了安全的过滤机制，能够过滤掉用户已选择的非数字实体。"断面 CAD"系统找到那些数字文本图元后，就计算并显示其总和，并进一步提示"请选取被替代文本："，用户以指点方式选择图形区的文本图元，确定后，系统就用合计数字所构成的字符串替代掉最后指定的文本。

"合计"工具非常有用，能够快速地对表格中的数字汇总。

4.7.7 计算器

当用户遇到更复杂的计算的时候，可以用计算器工具来处理。该工具能够把在计算器中显示的结果引入到“断面CAD”系统中，即能够用计算器“液晶”上显示的数字替换掉用户所指定的CAD系统中的数字。

可按下述方法激活“计算器”工具：

(1)从“计算”工具条中选择“计算器”图标，如图4-114所示。

(2)从“计算”下拉菜单中选择“计算器”命令，见图4-112。

激活“计算器”命令后，出现如图4-115所示的画面，用户可以用鼠标操作计算器上的按键。按OFF键后关闭计算器，按OUT键退出计算器，同时“断面CAD”系统在命令行提示用户用鼠标选择绘图区的文本，用户若选到文本(指用text命令书写的文本)，“断面CAD”系统能够用计算器“液晶”上显示的数字替换掉用户所选到绘图区的文本。

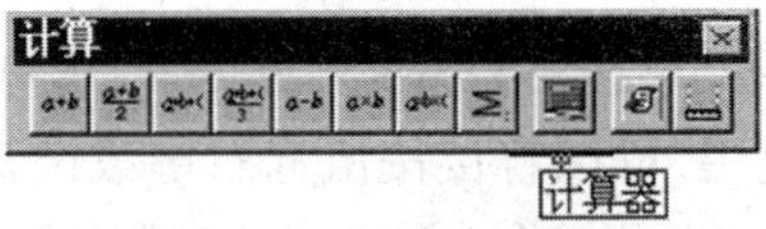

图4-114 从“计算”工具条中执行“计算器”命令

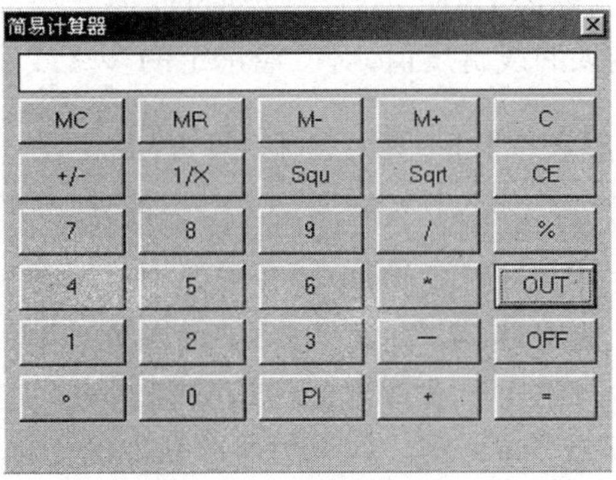

图4-115 计算器工具

4.7.8 调整 xy 比例

“调整 xy 比例”命令可以使已有对象或整个图形在 x、y 方向以不同的比例进行放大或缩小，在某方向要放大一个对象，可以输入大于1的比例因子，要缩小一个对象，可以输入0~1的比例因子，具体操作方法与AutoCAD R14的scale(放缩)命令相似。因该命令不常用，故没有设工具图标，用户只能从“断面工具”下拉菜单中执行“调整 xy 比例”命令，见图4-103。

激活“调整 xy 比例”命令后，“断面CAD”提示：

Select objects:(选定要调整比例的对象，然后空响应)

调整基点:(拾取对象上或其附近的一点，或输入坐标值)

请输入 x 向调整比值:(键入比例因子)

请输入 y 向调整比值: (键入比例因子)

所有参数正确输入后，“断面CAD”系统会立即按照用户的要求对图形进行调整。

因为 x、y 方向的比例因子往往不同，所以当对图形进行编辑时，炸开后，线条不能保留原来的宽度，所以建议用户决定不再对图形进行编辑时，或在打印出图前，才使用这一命令。

4.7.9 批量修改线宽

AutoCAD本身的多义线编辑(pedit)命令，一次只能修改一条多义线，而且操作非常烦琐,不适合大批量编辑图形。“批量修改线宽”命令可以大批量修改多义线、直线、圆弧的线宽,而且可以使用 AutoCAD 的框选、点选、剔除(配合 Shift 键)等多种选择方式。因该命令不常用,故没有设工具图标,用户只能从“断面工具”下拉菜单中执行“批量修改线宽”命令,见图 4-103。

激活“批量修改线宽”命令后,“断面 CAD”会提示:

输入线宽度值 <50>:(在断面 CAD 系统中,粗线的宽度为 0.5 与 y 方向绘图比例的乘积,若 y 方向绘图比例为 1:100,则粗线的宽度为 50,此时,如果用户输入 25,那么粗线的宽度会减少一半)

Select objects:(选定要修改的对象,然后空响应)

“断面 CAD”系统会自动过滤掉已经选定的非多义线、非直线、非圆弧的实体,按照用户输入的线宽度值,对已经选定的多义线、直线、圆弧的宽度进行修改。

4.7.10 平面图坐标获取与写盘

该功能用来获取用户在图形屏幕上指定点的坐标,并可随时把结果写入磁盘,形成磁盘文件,以便作进一步的分析处理。

使用时,从“断面工具\平面图处理”菜单下,点取“平面坐标获取”菜单项,也可以在命令行输入 gt 命令来激活该功能。如果连续重复使用,可以直接按鼠标右键或键盘 Enter 键或 Space 键。如果想保存获取的坐标数据,可从“断面工具\平面图处理”菜单下,点取“写平面坐标文件”菜单项,也可以在命令行输入 we 命令。

使用时,程序会从 1 开始编号,并把号码写到图形上。如果中途用户想从 1 开始重新编号,可以重新加载 dydefe. fas 文件,同时原来获取的在内存中的坐标数据自动被清空。

4.7.11 文本字表输入

“断面 CAD”系统能把用户保存在 Excel、Word、写字板或记事本中的文字或表格输入到 AutoCAD 系统中,实现 Excel、Word、写字板或记事本与 AutoCAD 系统的数据共享,避免人工录入的重复劳动,降低错误发生的概率。

使用前,要求用户在 Excel、Word 或写字板中文档另存为 *. txt 格式的文本文件,如果是正保存在 Excel 中的文档,尚需从 Excel 中关闭,否则会发生“写保护”错误。

使用时,从“断面工具”菜单下,点取“文本(字表)输入”菜单项,激活该功能后,在浏览方式下选择文本文件,然后在图形屏幕上指定合适的位置点,并选择是否绘制表格线,“断面 CAD”系统即可把文本写入图形屏幕。

4.7.12 文本字表输出

“断面 CAD”系统能把用户保存在 AutoCAD 系统中的文字或表格输出到 Excel、Word、写字板或记事本中,实现 Excel、Word、写字板或记事本与 AutoCAD 系统的数据共享。

使用时,从“断面工具”菜单下,点取“文本(字表)输出”菜单项,激活该功能后,在浏览方式下指定要保存的文本文件,然后在图形屏幕上选择文本字表,如果多余选择了其他非文本实体,“断面 CAD”系统会自动把它们过滤掉,并不会发生错误。

4.8　断面 CAD 对原始测量记录及测量成果表的支持

为了提高“断面 CAD”系统的通用性和灵活性,提高处理测量数据和绘制测量断面的效率,扩大其应用范围,百图软件新增如下两类数据文件转换工具:

(1)把原始横断测量记录转换成横断成果表。

(2)从横断成果表中提取有关纵断数据,生成纵断数据文件。

4.8.1　原始横断测量记录转换成横断成果表

横断成果表的文件格式如下:

```
 桩号
起点距    高程    点注释
起点距    高程    点注释
  ⋮
 桩号
起点距    高程    点注释
  ⋮
```

横断成果表中,“起点距”即累距,每个点对应一个“起点距”、一个“高程”和一个“点注释”;如果不想从横断成果表中提取纵断数据,那么“点注释”可以省略。“点注释”如果是中文,绘图时,系统会在原始断面图的对应位置上做出标记。桩号占一行。

横断成果表文件举例如下:

```
5+550
 -57.04     46.88
 -44.41     47.02
 -28.71     47.59     临河坡脚
 -6.85      54.99     临河堤肩
0.00        54.92     堤中
2.80        54.90
6.16        55.70     背河堤肩
17.41       50.95
34.26       45.91     背河坡脚
62.17       43.75     DX
5+600
 -28.80     47.38     LPJ
 -15.28     51.54
 -6.24      55.12     LJ
0.00        54.99     DZ
6.03        55.29     BJ
19.01       51.39
```

33.00	44.50	BPJ
63.83	44.51	
5 +650		
-58.76	46.25	
-47.69	46.28	
-27.73	46.72	LPJ
-14.66	51.17	

把原始横断测量记录转换成横断成果表,具体包括:

(1)斜距、切尺、天顶距测量记录转换为成果表。

(2)起点距、后视、前视测量记录转换为成果表。

(3)两点间平距、后视、前视测量记录转换为成果表。

(4)起点距、切尺、高差测量记录转换为成果表。

(5)起点距、高差测量记录转换为成果表(方法1)。

(6)起点距、高差测量记录转换为成果表(方法2)。

(7)坐标测量数据转换为横断成果表。

(8)不在剖面位置线上的平面点转换为横断测量成果表。

它们分别适用于全站仪、经纬仪或水准仪测量所得的数据类型。使用中,用户只需按照对应的文件格式要求,把原始测量数据输入计算机中,生成文本格式的数据文件(文件名任意),然后从“断面工具”菜单下,调用对应的转换工具,并指定测量记录文件名和成果表文件名,成果表的缺省主文件名是在原始测量记录文件名的基础上加“_横断.txt”,新生成的成果表文件为ASCII码格式,可以用任何文本编辑软件浏览、编辑、打印等。

4.8.1.1　斜距、切尺、天顶距测量记录转换为成果表

在测量上,用经纬仪获得的第一手资料,常常是斜距、切尺、天顶距形式,用户只需把这些数据按照下列格式输入计算机中,然后从“断面工具”菜单栏中选择“测量记录转为成果表”子菜单,并进一步选择“斜距、切尺、天顶距”分菜单,即可把斜距、切尺、天顶距类型的测量记录转换为成果表。

如果原始测量记录文件有错误,系统会在命令行中有相应的提示,要求用户修改后重新进行。如果计算机拒绝按原文件名对修改后的原始测量记录文件进行存盘,这时可以用换名存盘的方式进行。

斜距、切尺、天顶距原始测量记录文件格式如下:

```
  桩号
基点高程
 仪器高
  斜距      切尺    天顶距    注释或转点标记
  斜距      切尺    天顶距    注释或转点标记
   ⋮
转点标记1
 仪器高
```

```
  斜距      切尺    天顶距    注释或转点标记
   ⋮
转点标记n
  仪器高
  斜距      切尺    天顶距    注释或转点标记
   ⋮
  桩号
 基点高程
  仪器高
  斜距      切尺    天顶距    注释或转点标记
   ⋮
```

(1)向左的斜距用负值表示,向右的斜距用正值表示。
(2)如果某点为转点,那么必须作出唯一的转点标记。
(3)转点多少不受限制。
(4)如果不想从将要生成的横断成果表中提取纵断数据,那么注释部分可以省略。
斜距、切尺、天顶距原始测量记录文件格式举例如下:

```
10+600
 36.68
  1.53
  -4.5     1      90
   -9     0.2     90
  -55     1.3    88.32
  -88     1.5    88.35
  -111    1.5    88.42
  -126    1.5    88.31     PJ
  -139    1.0    88.21     ZD1
  ZD1
  1.4
  -3.2     1      90
   -5     0.2     90
  -53     1.3    88.32
   4      0.92    90
   10     1.1    86.34
10+800
 36.68
  1.53
   -3     1.6     90
   -9     0.2     90
  -55     1.3    88.32
  -88     1.5    88.35
```

4.8.1.2 起点距、后视、前视测量记录转换为成果表

在测量上，用水准仪获得的第一手资料，常常是起点距（即累距）、后视、前视的形式，用户只需把这些数据按照下列格式输入计算机中，然后从“断面工具”菜单栏中选择“测量记录转为成果表”子菜单，并进一步选择“起点距、后视、前视”分菜单，即可把起点距、后视、前视类型的测量记录转换为成果表。

如果原始测量记录文件有错误，系统会在命令行有相应的提示，要求用户修改后重新进行。如果计算机拒绝按原文件名对修改后的原始测量记录文件进行存盘，这时可以用换名存盘的方式进行。

起点距、后视、前视原始测量记录文件格式如下：

(1)向左的起点距用负值表示，向右的起点距用正值表示。

(2)如果某点为转点，那么必须作出唯一的转点标记。

(3)转点多少不受限制。

(4)如果不想从将要生成的横断成果表中提取纵断数据，那么注释部分可以省略。

```
  桩号
基点高程
  后视
 起点距        前视        注释或转点标记
 起点距        前视        注释或转点标记
   ⋮
转点标记 1
  后视
 起点距        前视        注释或转点标记
   ⋮
转点标记 n
  后视
 起点距        前视        注释或转点标记
   ⋮
  桩号
基点高程
  后视
 起点距        前视        注释或转点标记
   ⋮
```

起点距、后视、前视原始测量文件格式举例如下：

```
10+600
 36.68
  1.53
  -3.5       1
    -9     0.2
   -55     1.3
```

```
  -88      1.5
  -126     1.5
  -139     1.0      ZD1
  ZD1
  1.4
  -5       0.2
  5        0.92
  14       1.1
10+800
36.68
1.53
  -4       1.6
……
```

4.8.1.3 两点间平距、后视、前视测量记录转换为成果表

在测量上，用水准仪获得的第一手资料，有时是两点间平距、后视、前视的形式，用户只需把这些数据按照下列格式输入计算机中，然后从“断面工具”菜单栏中选择“测量记录转为成果表”子菜单，并进一步选择“平距、后视、前视”分菜单，即可把两点间平距、后视、前视类型的测量记录转换为成果表。

如果原始测量记录文件有错误，系统会在命令行有相应的提示，要求用户修改后重新进行。如果计算机拒绝按原文件名对修改后的原始测量记录文件进行存盘，这时可以用换名存盘的方式进行。

两点间平距、后视、前视原始测量记录文件格式如下：

```
  桩号
基点高程
  后视
  平距        前视      注释或转点标记
  平距        前视      注释或转点标记
  ⋮
转点标记1
  后视
  平距        前视      注释或转点标记
  ⋮
转点标记n
  后视
  平距        前视      注释或转点标记
  ⋮
  桩号
基点高程
  后视
  平距        前视      注释或转点标记
  ⋮
```

(1)向左的平距用负值表示,向右的平距用正值表示。

(2)如果某点为转点,那么必须作出唯一的转点标记。

(3)转点多少不受限制。

(4)如果不想从将要生成的横断成果表中提取纵断数据,那么注释部分可以省略。

两点间平距、后视、前视原始测量文件格式举例如下:

```
10+600
 36.68
  1.53
    1       2.6
    4       2.56
    8       0.92
   22       1.1
   44       2.1
   79       1.3      ZD1
ZD1
  1.2
    8       0.92
   12       1.1
   30       2.1
   28       2.5
10+800
 36.68
  1.53
   -1       1.6
……
```

4.8.1.4 起点距、切尺、高差测量记录转换为成果表

在测量上,有时全站仪获得的测量资料是起点距、切尺、高差的形式,用户只需把这些数据按照下列格式输入计算机中,然后从"断面工具"菜单栏中选择"测量记录转为成果表"子菜单,并进一步选择"起点距、切尺、高差"分菜单,即可把起点距、切尺、高差类型的测量记录转换为成果表。

如果原始测量记录文件有错误,系统会在命令行有相应的提示,要求用户修改后重新进行。如果计算机拒绝按原文件名对修改后的原始测量记录文件进行存盘,这时可以用换名存盘的方式进行。

起点距、切尺、高差原始测量记录文件格式如下:

```
 桩号
基点高程
 仪器高
 起点距      切尺      高差      注释或转点标记
 起点距      切尺      高差      注释或转点标记
  ⋮
```

```
转点标记1
  仪器高
  起点距      切尺      高差      注释或转点标记
   ⋮
转点标记n
  仪器高
  起点距      切尺      高差      注释或转点标记
   ⋮
   桩号
 基点高程
  仪器高
  起点距      切尺      高差      注释或转点标记
   ⋮
```

(1)向左的起点距用负值表示,向右的起点距用正值表示。

(2)如果某点为转点,那么必须作出唯一的转点标记。

(3)转点多少不受限制。

(4)如果不想从将要生成的横断成果表中提取纵断数据,那么注释部分可以省略。

起点距、切尺高差原始测量文件格式举例如下:

```
10 + 600
 36.68
  1.53
  -3.5      1       0.4
   -9      0.2      0.3
  -55      1.3      0.3
  -88      1.5      0.2
 -111      1.5      0.1
 -126      1.5      0.2
 -128      1.0      0.4
 -139      1.0      0.5 PJ
    3      1.6      0.3
    4      1.56     0.4
    8      0.92     0.3
   22      1.1      0.3 zd
   44      2.1      0.2
   79      1.3      0.2
  109      1.5      0.3
   zd
  1.45
    3      1.6      0.4
    4      1.56     0.4
    8      0.92     0.3
```

10 + 700		
36.8		
1.5		
-3.5	1	0.4
-9	0.2	0.3
-55	1.3	0.3
-78	1.5	0.2

4.8.1.5　起点距、高差测量记录转换为成果表(方法1)

在测量上,有时全站仪获得的测量资料是起点距、高差的形式,用户只需在Windows的记事本或写字板或Excel中,输入原始测量记录,切记保存为txt类型文件。

把这些数据按照下列格式输入计算机中,然后从"断面工具"菜单栏中选择"测量记录转为成果表"子菜单,并进一步选择"起点距、高差(方法1)"分菜单,即可把起点距、高差类型的测量记录转换为成果表。

如果原始测量记录文件有错误,系统会在命令行有相应的提示,要求用户修改后重新进行。如果计算机拒绝按原文件名对修改后的原始测量记录文件进行存盘,这时可以用换名存盘的方式进行。

起点距、高差原始测量记录文件格式如下:

桩号	基点高程	
起点距	高差	注释或转点标记
起点距	高差	注释或转点标记
⋮		
转点标记 n		
起点距	高差	注释或转点标记
起点距	高差	注释或转点标记
⋮		
桩号	基点高程	
起点距	高差	注释或转点标记
起点距	高差	注释或转点标记
⋮		

(1)向左的起点距用负值表示,向右的起点距用正值表示。

(2)如果某点为转点,那么必须作出唯一的转点标记。

(3)转点多少不受限制。

(4)如果不想从将要生成的横断成果表中提取纵断数据,那么注释部分可以省略。

(5)基点高程可以省略,如果省略,软件自动按0处理。

起点距、高差原始测量文件格式举例如下:

10 + 600	36.68	
-3.5	0.4	
-9	0.3	
-55	0.3	
-88	0.2	
-111	0.1	
-126	0.2	
-128	0.4	
-139	0.5 PJ	
3	0.3	
4	0.4	
8	0.3	
22	0.3 zd	
44	0.2	
79	0.2	
109	0.3	
zd		
3	0.4	
4	0.4	
8	2	0.3
10 + 700	36.8	
-3.5	0.4	
-9	0.3	
-55	0.3	
-78	0.2	

4.8.1.6　起点距、高差测量记录转换为成果表(方法 2)

在测量上,有时全站仪获得的测量资料是起点距、高差的形式,用户只需在 Windows 的记事本或写字板或 Excel 中,输入原始测量记录,切记保存为 txt 类型文件。

把这些数据按照下列格式输入计算机中,然后从“断面工具”菜单栏中选择“测量记录转为成果表”子菜单,并进一步选择“起点距、高差(方法 2)”分菜单,即可把起点距、高差类型的测量记录转换为成果表。

如果原始测量记录文件有错误,系统会在命令行有相应的提示,要求用户修改后重新进行。如果计算机拒绝按原文件名对修改后的原始测量记录文件进行存盘,这时可以用换名存盘的方式进行。

起点距、高差原始测量记录文件格式如下:

桩号		
起点距	高差	注释或转点标记
起点距	高差	注释或转点标记
⋮		
起点距	高差	注释或转点标记

基点高程文件格式如下:

桩号	基点高程
桩号	基点高程
⋮	
桩号	基点高程

(1)向左的起点距用负值表示,向右的起点距用正值表示。

(2)如果某点为转点,那么必须作出唯一的转点标记。

(3)转点多少不受限制。

(4)如果不想从将要生成的横断成果表中提取纵断数据,那么注释部分可以省略。

起点距、高差原始测量文件格式举例如下:

10+600		
-3.5	0.4	
-9	0.3	
-55	0.3	
-88	0.2	
-111	0.1	
-126	0.2	
-128	0.4	
-139	0.5 PJ	
3	0.3	
4	0.4	
8	0.3	
22	0.3 zd	
44	0.2	
79	0.2	
109	0.3	
zd		
3	1.6	0.4
4	1.56	0.4
8	0.92	0.3
10+700		
-3.5	1	0.4
-9	0.2	0.3
-55	1.3	0.3
-78	1.5	0.2

基点高程文件格式举例如下:

桩号	基点高程
10+600	36.68
10+700	36.80
10+800	36.89

4.8.1.7 坐标测量数据转换为横断成果表

在测量上,用全站仪获得的测量资料是三维坐标形式,每个点的 z 坐标相当于高程,

x、y 坐标对应于点的平面位置。用户把这些数据通过传输线从全站仪传输到计算机后，从"断面工具"菜单栏中选择"测量记录转为成果表"子菜单，并进一步选择"坐标数据"分菜单，即可把全站仪测量数据转换为横断成果表。

坐标测量数据的格式如下：

2576	1+000	21210.534	10334.599	64.407
2578		21257.106	10316.062	63.909
2579		21260.446	10325.722	64.578
2580		21253.251	10301.907	63.804
2581		21269.035	10347.576	64.223
2582		21249.323	10289.192	63.850
2583		21248.360	10286.658	64.427
2584		21244.261	10262.725	64.212
2585		21244.067	10261.873	63.216
2590	1+100	21399.904	10267.445	64.685
2591		21398.775	10260.294	64.387
2592		21393.489	10242.597	64.354
2593		21411.732	10295.737	64.856
2594		21384.575	10200.325	64.793
2596	1+200	21494.792	10233.971	64.849
2597		21497.809	10262.246	65.090
2598		21485.742	10217.563	64.754
2599		21484.753	10211.817	64.283
2600		21482.119	10204.746	64.837
2601		21478.654	10194.289	64.967

4.8.1.8 不在剖面位置线上的平面点转换为横断测量成果表

在测量上，用全站仪或GPS仪器获得的测量资料是三维坐标形式，每个点的 z 坐标相当于高程，x、y 坐标对应于点的平面位置。用户把这些数据通过传输线从全站仪或GPS仪器传输到计算机后，利用展点功能把无数测量离散点展绘到平面图上，有时会发现一组离散点在平面图上不是严格地位于一条剖面位置线上。该功能把用户所选择的一组测量离散点投影到一条剖面位置线，然后计算该组离散点的起点距，进一步转换为横断成果表。

实际使用该功能时，用户需事先在合适的位置用pline、line或spline命令绘制一条轴线或导线（提醒用户注意画线的方向，因为"断面CAD"系统所自动计算的桩号跟画线方向有关），然后从"断面工具"菜单栏中选择"测量记录转为成果表"子菜单，并进一步选择"曲线离散点转换"分菜单，或直接在命令行输入MPT，即可激活该功能。激活后，弹出如图4-116所示的对话框。

在对话框中，用鼠标点"选择轴线或导线"按钮，在图形区用鼠标指定轴线或导线，然后用鼠标点"拾取位置点"按钮，用鼠标指定轴线上0+000或任意已知桩号的位置，并在

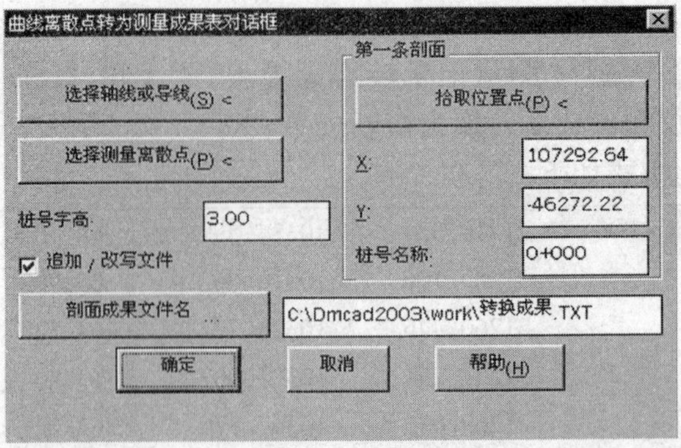

图 4-116　曲线离散点转为测量成果表对话框

对话框中输入已知桩号数据，再用鼠标点“选择测量离散点”按钮，在图形区用鼠标框选一组离散点，可以用鼠标多次选择，也可以按着 Shift 键用鼠标剔除出若干个点，最后按“确定”按钮后，断面 CAD 系统会根据离散点的位置，自动绘制一条垂直于轴线的剖面位置线且标以桩号，计算该组离散点的投影，并相对于轴线的方向根据“左负右正”的原则，计算各点的起点距，生成转换成果文件，在该文件中记录剖面上点的起点距（累距）和高程。生成剖面成果文件时，有追加和改写两种方式。追加方式即在文件的结尾追加新的内容；改写方式即删除原文件，重新写新的内容。

4.8.2　从横断成果表中提取纵断数据

如果成果表符合要求，注释部分没有省略，那么用“提取纵断数据”命令可以从横断成果表中提取横断面上某些特征点的高程值，如堤（坝）顶部、临河堤（坝）坡脚点、临背河堤（坝）坡脚点的高程值等，每个断面上最多可以提取 6 项测量数据。

调用“提取纵断数据”命令即可弹出如图 4-117 所示的对话框。在该对话框中点“成果表文件名”按钮，在浏览方式下选中成果表文件名，如果操作成功，在缺省状态下即可

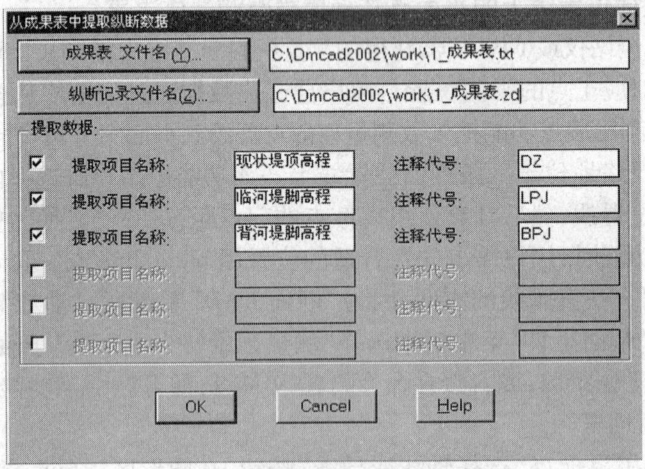

图 4-117　提取纵断数据对话框

生成一个扩展名为.zd 的类似下文所示的纵断数据文件，调用“绘制纵向断面”命令即可绘出纵断图形。

桩号	现状堤顶高程	临河堤脚高程	背河堤脚高程
305 +550	54.92	47.59	45.91
305 +600	54.99	47.38	44.50
305 +650	54.61	46.72	44.47
305 +700	55.02	46.40	45.66
305 +750	55.03	47.22	46.10
305 +800	54.94	47.21	46.04
305 +850	54.99	46.76	45.00
305 +900	54.79	46.97	46.30
305 +950	54.52	47.40	45.93
306 +000	55.04	47.53	47.13
306 +050	54.97	47.56	46.60
306 +100	54.98	47.65	46.87
306 +150	55.02	48.24	46.45
306 +200	55.03	47.50	46.94
306 +250	55.02	50.15	46.54
306 +300	54.98	47.34	46.95

4.8.3　横断成果表中横断点排序

有时用户所输入的横断成果表中的点不是按照从左到右的顺序排列的，即起点距不是按照从小到大的顺序排列的，此时可以用“横断点排序”命令，该命令根据原来的文件生成一个严格按照横断点起点距大小排列的新的成果表文件。

具体操作时，从“百图工具”下拉菜单中点“横断点排序”子菜单，激活如图 4-118 所示的对话框，用户点“排序前成果表文件名”按钮，在浏览方式下，指定用户已输入的原成果表文件名，系统会自动生成一个排序后的成果表文件名，主文件名与原文件相同，缺省扩展名为.srt，当然用户可以修改。

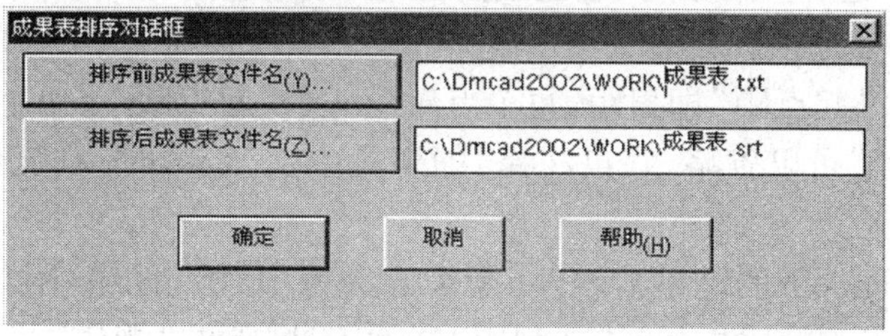

图 4-118　成果表排序对话框

设置完文件名后，点“确定”按钮，系统立即进行处理，生成新文件，然后在命令行提示“成果表数据排序完毕”。

4.8.4 批量绘制工程横断面图（测量版）

4.8.4.1 设置绘图参数

从“设置”下拉菜单中选择“绘图参数”菜单项，弹出如图 4-119 所示的对话框，可以修改其中的缺省设置。

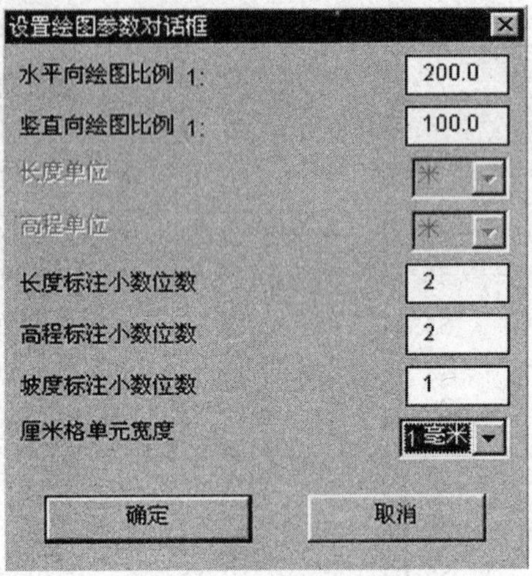

图 4-119 设置绘图参数对话框

4.8.4.2 准备原始横断面测量成果表

原始横断面测量成果表（例如：demo. txt）的格式如下：

```
 桩号
起点距  高程  点注释
起点距  高程  点注释
 ⋮
 桩号
起点距  高程  点注释
起点距  高程  点注释
 ⋮
```

测量成果表中，“起点距”即累距，每个点对应一个“起点距”、一个“高程”和一个“点注释”，其中“点注释”可以省略。“点注释”如果是中文，绘图时，系统会在原始断面图的对应位置上作出标记。

用户须用 Windows 下的记事本软件（操作方法为：开始\程序\附件\记事本）把原始测量记录输入整理成测量成果表；或者利用“断面工具”下的“测量数据转为成果表”功能把原始测量读数（来自水准仪、经纬仪、全站仪）转换为横断测量成果表。

测量成果表举例如下：

```
5+550
-57.04     46.88
-44.41     47.02
-28.71     47.59     临河坡脚
-6.85      54.99     临河堤肩
0.00       54.92     堤中
2.80       54.90
6.16       55.70     背河堤肩
17.41      50.95
34.26      45.91     背河坡脚
62.17      43.75     DX
5+600
-28.80     47.38     LPJ
-15.28     51.54
-6.24      55.12     LJ
0.00       54.99     DZ
6.03       55.29     BJ
19.01      51.39
33.00      44.50     BPJ
63.83      44.51
5+650
-58.76     46.25
-47.69     46.28
-27.73     46.72     LPJ
-14.66     51.17
-5.39      54.72     BJ
0.00       54.61     DZ
4.48       55.34
```

4.8.4.3 准备竣工横断面测量成果表

若只绘制原始断面，则该步可省略。竣工横断面测量成果表的格式与原始横断面测量成果表（例如：demo1.txt）的格式类似，要求如下：

```
桩号        零点桩间距（有时，可省略）
起点距      高程        点注释
起点距      高程        点注释
 ⋮
桩号        零点桩间距（有时，可省略）
起点距      高程        点注释
起点距      高程        点注释
 ⋮
```

其中，零点桩间距（基点偏移）为竣工断面零点桩相对于原始断面零点桩的距离，左负右正；若原始断面零点桩和竣工断面零点桩均为同一点，则零点桩间距值为 0；若所有断面的零点桩间距值均相等，则零点桩间距值可以在此处省略，将来把零点桩间距值放入“批量绘制横断面图设置对话框”（见图 4-120）的“公共零点桩间距”项中。

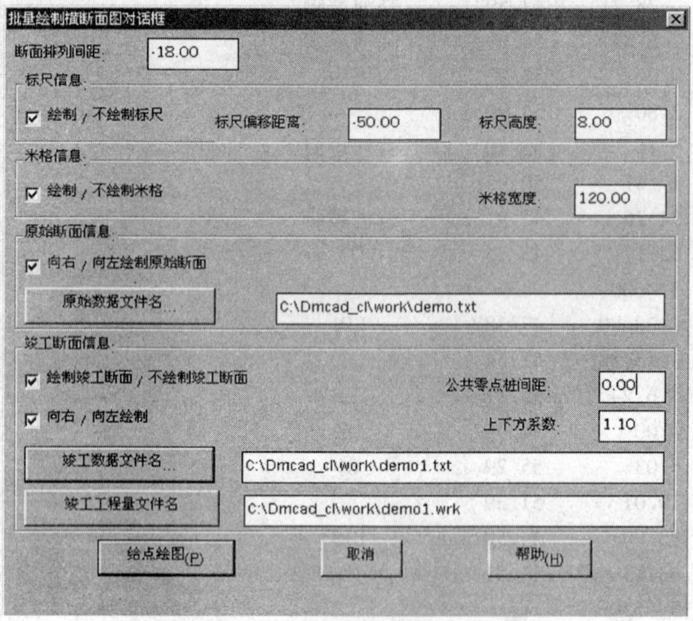

图 4-120　批量绘制横断面图对话框

4.8.4.4　批量绘制横断面

从“断面”菜单中，选择“批量绘制横断面”菜单项，系统弹出如图 4-120 所示的批量绘图设置对话框，在该对话框中需要用户进行以下各项参数的设置：

（1）指定断面排列间距。

（2）在对话框中的标尺信息区，核选是否绘制标尺；指定标尺偏移距离，标尺偏移距离表示标尺与原始断面上零点桩的水平距离，负值表示向左偏移，正值表示向右偏移；指定标尺高度。

（3）核选是否绘制米格以及米格的宽度。系统内设定，米格的高度等于标尺的高度，只有同时核选绘制标尺和绘制米格的情况下，才能绘制出米格。

（4）在对话框中的原始断面信息区，核选向右或向左方向绘制原始断面；按“原始断面数据文件名”按键，在浏览方式下指定记录原始断面信息的数据文件名。

（5）核选是否绘制竣工断面，向右或向左绘制竣工断面；基点偏移为竣工断面零点桩相对于原始断面零点桩的距离。

另外，如果用户选择绘制竣工断面，那么系统会自动生成竣工工程量表，竣工工程量表的缺省文件名是 *. wrk。

点“给点绘图”按钮后，在绘图区任意指定插入点后，即可绘制出断面图。

4.8.4.5　打印竣工工程量文件

用 Excel 或 Windows 下的写字板软件（操作方法为：开始\程序\附件\写字板）打开

“批量绘制横断面”时所指定的竣工工程量文件，进行进一步地编辑或打印。

注意：“断面 CAD”系统在绘图的同时，不能用 Excel 等任何数据库编辑程序打开设计工程量文件，否则，“断面 CAD”系统会因“写保护”而不能对设计工程量文件进行及时更新。

4.9　平面图处理

4.9.1　平面图单切剖面

“断面 CAD”软件系统能够根据提供的带等高线的地形图切取剖面，但要求地形图有标高信息。一般用地形图成图软件绘制的平面图，等高线已经具有标高信息，可以直接使用；用手工描绘或用矢量化软件所得的平面图，尚需对等高线赋以标高信息。赋标高信息时，首先打开属性对话框，然后用鼠标逐个点选等高线图形实体，实体若为多义线或拟合曲线，请直接在属性对话框的“标高”栏中输入标高值；实体若为直线，则需在属性对话框的“起点 z 坐标”栏和“端点 z 坐标”栏中输入标高值。

实际使用该功能时，用户需事先在合适的位置用 pline 或 line 命令绘制一条剖面位置线，再用鼠标点取任意一条等高线，从图层栏中查看等高线所在的图层，最后从“断面工具\平面图处理”菜单下，点取“平面图单切剖面”菜单项，即可激活该功能。激活后，弹出如图 4-121所示的对话框。

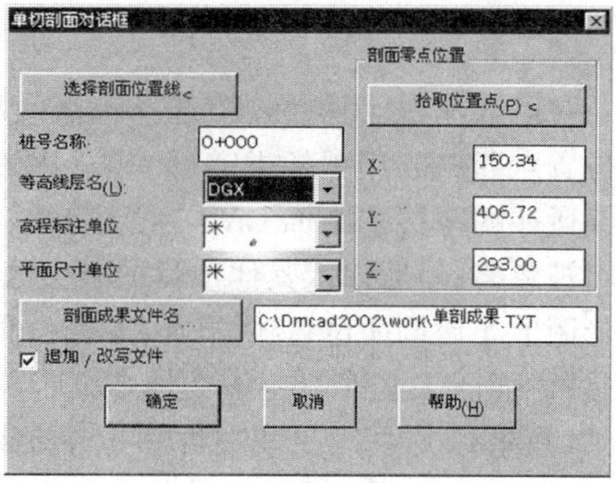

图 4-121　单切剖面对话框

在对话框中，用鼠标点“选择剖面位置线”按钮，在图形区用鼠标指定剖面位置线；然后用鼠标点“拾取位置点”按钮，用鼠标指定剖面上零点桩的位置；再在“等高线层名(L)”项目栏中选择等高线所在的图层，“断面 CAD”系统将对该图层中的实体进行剖切计算，其他图层中的实体将被忽略；最后输入其他项目的有关数据，按“确定”按钮后，“断面 CAD”系统会自动进行剖切计算，生成剖面成果文件，在该文件中记录剖面上点的起点距(累距)和高程。生成剖面成果文件时，有追加和改写两种方式。追加方式即在文件的结尾追加新的内容；改写方式即删除原文件，重新写新的内容。

4.9.2　平面图批量切剖面

断面 CAD 软件系统能够根据提供的带等高线的地形图切取剖面，但要求地形图有标高信息。实际使用该功能时，用户需事先在合适的位置用 pline 命令绘制一条轴线或导线，该 pline 线可以被拟合处理，再用鼠标点取任意一条等高线，从图层栏中查看等高线所在的图层，然后从“断面工具\平面图处理”菜单下，点取“平面图批量切剖面”菜单项，即可激活该功能。激活后，弹出如图 4-122 所示的对话框。

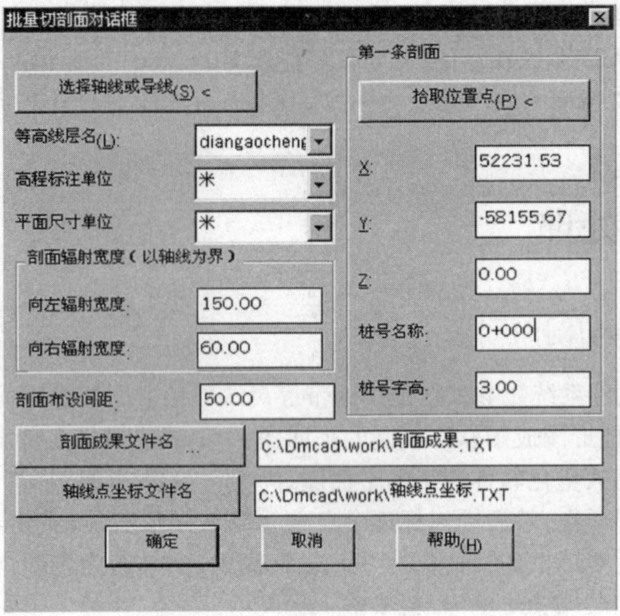

图 4-122 批量切剖面对话框

在对话框中,用鼠标点“选择轴线或导线”按钮,指定轴线或导线;然后用鼠标点“拾取位置点”按钮,用鼠标指定第一条剖面的位置;再在“等高线层名(L)”项目栏中选择等高线所在的图层,“断面 CAD”系统将对该图层中的实体进行剖切计算,其他图层中的实体将被忽略;最后输入其他项目的有关数据,按“确定”按钮后,“断面 CAD”系统会自动在地形图上布设剖面位置线,并标以桩号,同时经过剖切计算,生成两个数据文件。一个文件是“剖面成果文件”,在该文件中记录剖面上点的起点距(累距)和高程;另一个文件是“轴线点坐标文件”,在该文件中记录轴线的点坐标以及该位置轴线的切向线的方向角(弧度),该文件预备为计算其他点的坐标使用,该数据文件的内容形式举例如下:

桩号	轴线点 x 坐标	轴线点 y 坐标	轴线切线方向角
0 - 100.5	125.256	365.783	0.89845
0 - 50.5	156.398	404.901	0.89845
0 - 0.5	187.539	444.02	0.89845
0 + 49.5	213.065	486.701	1.11205
0 + 99.0	235.207	531.532	1.11205

4.9.3 平面坐标计算

该功能用来计算渠道、大坝、路基等工程的特征点的平面位置坐标,为将来绘制平面图使用,如坝肩、坝脚等点的坐标,将来绘制坝肩线、坝脚线。

实际使用该功能时,从“断面工具\平面图处理”菜单下,点取“平面坐标计算”菜单项,即可激活该功能。激活后,弹出如图 4-123 所示的对话框。

在平面坐标计算对话框中,用鼠标点击“轴线点坐标文件名”按钮,选择在批量切剖

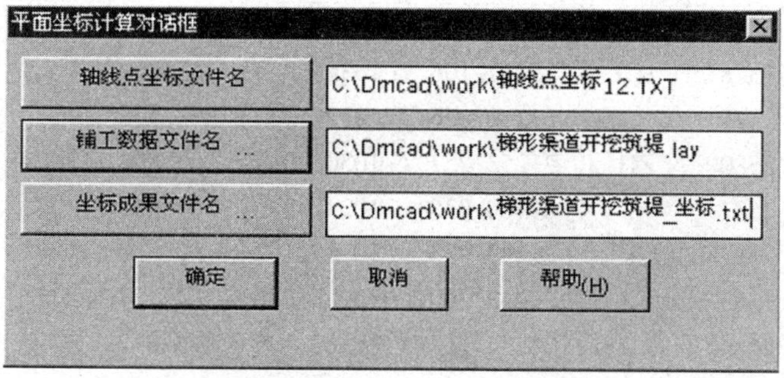

图 4-123 平面坐标计算对话框

面图时所生成的轴线点坐标文件,点击“铺工数据文件名”按钮,选择在批量绘制横断面图时所生成的铺工表数据文件,“断面 CAD”系统将自动计算,生成渠道、大坝、路基等工程的特征点的平面位置坐标文件,以备将来绘制平面图。

4.9.4 批量绘制平面曲线

该功能用来批量绘制平面曲线,数据文件可以是“断面 CAD”系统经过平面坐标计算的结果,也可以是用户手工录入的数据。

数据文件的第一行为表头,第一列为桩号或序号,桩号后面的每两列为一类特征点的 x 坐标和 y 坐标,x 坐标和 y 坐标成对出现,多少不受限制,数据文件的行数也不受限制。

数据文件的内容形式举例如下。

桩号	下游坝脚_x	下游坝脚_y	下游坝肩_x	下游坝肩_y	坝轴线_x	坝轴线_y
15+000	981.258	7.29083	986.021	5.43821	987.884	4.71312
15+050	10021.3	32.2727	10026	30.4382	10027.9	29.7131
15+100	19061.5	57.2111	19066	55.4382	19067.9	54.7131
15+150	28101.3	82.2908	28106	80.4382	28107.9	79.7131
15+200	37141.3	107.291	37146	105.438	37147.9	104.713
15+250	46181.3	132.273	46186	130.438	46187.9	129.713
15+300	55221.4	157.233	55226	155.438	55227.9	154.713
15+350	64261.3	182.291	64266	180.438	64267.9	179.713

4.9.5 平面图展点

该功能用来批量展绘平面点,数据文件可以是测量仪器(全站仪)传输来的数据,也可以是用户手工录入的数据。

第一列为测量流水号,第二列为点属性(地物注释),第二列的点属性可有可无,第三、四、五列分别为 x 坐标、y 坐标和 z 坐标(高程)。

数据文件的内容形式举例如下:

2576	BJ	21210.534	10334.599	64.407
2578	HD	21257.106	10316.062	63.909
2579		21260.446	10325.722	64.578
2580	ZH	21253.251	10301.907	63.804
2581		21269.035	10347.576	64.223
2582	zh	21249.323	10289.192	63.850
2583		21248.360	10286.658	64.427
2584		21244.261	10262.725	64.212
2585		21244.067	10261.873	63.216
2590		21399.904	10267.445	64.685
2591		21398.775	10260.294	64.387
2592		21393.489	10242.597	64.354
2593		21411.732	10295.737	64.856
2594		21384.575	10200.325	64.793
2596		21494.792	10233.971	64.849
2597		21497.809	10262.246	65.090

“断面 CAD”系统把点展绘到平面上以后，点号和高程值分别放到“dianhao”层和“diangaocheng”层，可以用图层管理框把不需要的图层关闭。

4.10　钢筋图的绘制

4.10.1　基本设置

用户启动百图水利钢筋 CAD 软件时，软件不要求必须使用某个图形样板文件，所以用户以 AutoCAD 自带的样板图 acad. dwt 或 acadiso. dwt 文件进入 AutoCAD 系统即可。系统启动以后，对正版用户，系统会自动弹出如图 4-124 所示的欢迎对话框，用户关闭该对话框后，系统接着弹出如图 4-125 所示的设置绘图参数对话框。

图 4-124　百图水利钢筋 CAD 欢迎对话框

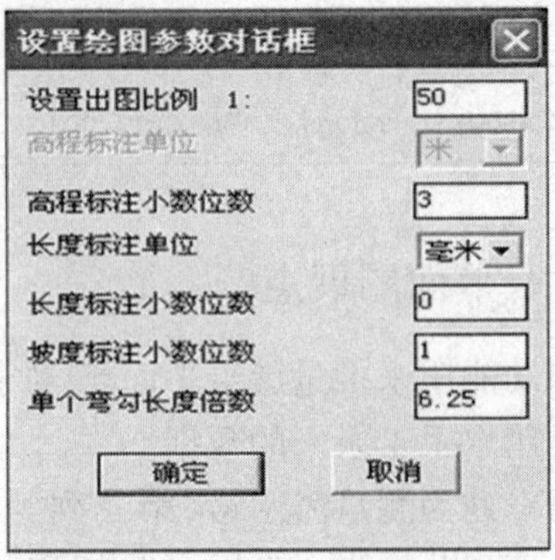

图 4-125　设置绘图参数对话框

对图4-125所示的设置绘图参数对话框中的有关参数设置解释如下:该对话框是从济南百图水利科技有限公司所开发的断面CAD软件移植过来的,当绘制建筑物的结构图和钢筋图时,水平绘图比例和竖直绘图比例必须相同。这里所指的绘图比例实际相当于AutoCAD的打印出图比例,主要有以下两种设置方法,分别对应两种画图习惯。

(1)用户绘图时,喜欢以mm为单位,以工程的实际尺寸绘制图形,将来打印出图时,如果按1:100的比例出图,就在该对话框中的水平向绘图比例栏和竖直向绘图比例栏中都输入100,系统会自动计算图中标注文字的默认高度为100×2.5 mm,自动计算钢筋线的默认宽度为100×0.5 mm。将来按1:100的比例打印到图纸上以后,字高同时自动缩小100倍,变为2.5 mm,钢筋线宽自动缩小100倍,变为0.5 mm,正是用户所需要的。同理,如果按1:50的比例出图,就在该对话框中的水平向绘图比例栏和竖直向绘图比例栏中都输入50,系统会自动计算图中标注文字的默认高度为50×2.5 mm,自动计算钢筋线的默认宽度为50×0.5 mm。将来按1:50的比例打印到图纸上以后,字高同时自动缩小50倍,变为2.5 mm,钢筋线宽自动缩小50倍,变为0.5 mm,也正是我们所需要的。

特殊情况:有时如果按1:50的出图比例,进行了参数设置,并绘制好了图形,但是打印出图时,希望按1:100的比例输出,若图形不作调整,就会发现打印到图纸上的文字太小,钢筋线太细,不符合设计要求。这时需在打印出图前,用一下百图工具下面的“调整出图比例”功能就可以解决问题,软件会自动把图中的所有标注文字的高度和粗线的线宽进行调整。有时一张图纸上的几个图形绘图比例不同,比如总体结构图的绘图比例是1:100,细部结构图及钢筋图的绘图比例是1:50,这是仍然按照各个图形的绘图比例要求设置比例,绘制各个图形,将来放入标准图框以后,在准备打印出图时,用一下百图工具下面的“图形智能缩放”功能就解决问题了,有选择的对个别不同比例的图形进行放大或缩小的操作,软件会根据正式出图比例调整图中所有文字(包括标注文字)、箭头的大小(切记,不可使用AutoCAD自带的缩放命令,因为该命令不会调整图中标注文字和标注箭头的大小)。

(2)用户绘图时,喜欢先把工程的实际尺寸缩小若干倍以后绘制到CAD中,将来按1:1的比例打印出图,此时就在该对话框中的水平向绘图比例和竖直向绘图比例栏中都输入1,系统会自动计算图中标注文字的默认高度为1×2.5 mm,自动计算钢筋线的默认宽度为1×0.5 mm。将来按1:1的比例打印到图纸上以后,字高同时自动缩小1倍,变为2.5 mm,钢筋线宽自动缩小1倍,变为0.5 mm,也正是用户所需要的。

根据建筑物图纸的标注习惯,高程标注自动以m为单位,小数位数设为2位或3位,长度标注以mm为单位,小数位数设为0。其他接受默认值。

实际操作时,如果用户错过了该对话框的设置,或者想重新设置有关参数,可以选择钢筋图菜单栏中的“设置绘图参数”菜单项。当用户发现所绘图形与标注文字大小不协调时,就是设置绘图参数对话框中的绘图参数设置不当造成的,须重新设置。

4.10.2 钢筋的绘制

4.10.2.1 线钢筋的绘制

建议用户用AutoCAD的复合线命令绘制线钢筋。绘制线钢筋时,为了节约时间,可以暂时不指定线宽，将来用“线钢筋批量加粗”命令，批量加粗。如果用户用“直线(line)”命令绘制线钢筋，必须得用“线钢筋批量加粗”命令加粗，钢筋 CAD 系统会自动把它转化为复合线，才能用钢筋标注工具标注，否则软件不承认是钢筋。

如果用户已经绘制好了一根钢筋，可以用“钢筋水平阵列”或“钢筋竖直阵列”命令等距离复制多根钢筋。

4.10.2.2 点钢筋的绘制

钢筋 CAD 系统提供了绘制点钢筋的命令，程序内部是调用 donut 命令绘制的，这样可节约文件容量，用户不可用先画圆，然后用把圆填充的办法画点钢筋，因为这样文件容量很大，钢筋 CAD 系统不承认这种画法。

如果用户已经绘制好了一点钢筋，也可以用“钢筋水平阵列”或“钢筋竖直阵列”命令等距离复制多根钢筋。

4.10.3 钢筋的标注

钢筋 CAD 系统提供了竖直线钢筋水平标注、水平线钢筋竖直标注、点钢筋水平标注、点钢筋竖直标注、单根钢筋引线标注、圆上点钢筋圆形标注、弧上钢筋弧形标注等多种标注工具。

钢筋 CAD 系统提供了菜单和工具条按钮，钢筋属性在对话框中输入，容易理解，不易出错。钢筋编号和文字串位置动态预览显示，所见即所得。动态可视化标注各种类型的钢筋是百图水利钢筋 CAD 软件系统的优势。

每种型号的钢筋标注完成后，钢筋信息自动储存在钢筋和钢筋编号中，钢筋编号自动以红色显示，已标注的钢筋自动以粉红色显示，以便与其他未标注的钢筋区分开来。

4.10.4 自动生成钢筋表和材料表

图中钢筋标注完成后，就可以使用“自动生成钢筋表”菜单项，激活该功能后，系统会提示“请选择要参与统计的钢筋编号”，此时选择图中的钢筋编号即可，可以使用各种选择方式(单选、窗选或交叉框选等方式)，系统会识别红色的钢筋编号，其他图形实体会被自动忽略。注意：当底板中的钢筋在底板平面图和剖面图中同时都有标注，自动生成钢筋表时，只选择底板平面图上的编号即可(或者只选择底板剖面图上的编号)，如果全部选择，系统会把二者根数相加。

选择完钢筋编号(以回车结束选择)以后，系统进一步提示“请点取表格位置:”，用户可在绘图区的空白位置上任意点一下鼠标，软件就会自动生成钢筋表。

在钢筋表的钢筋型号栏中，没有显示内容，需要用户手工补充。

钢筋表自动生成后，就可以使用“自动生成材料表”菜单项，激活该功能后，系统会提示“请选择刚生成的钢筋表”，此时主要选择钢筋表总长栏中以红色显示的数字即可，可以使用各种选择方式(单选、窗选或交叉框选等方式)，系统会识别红色的总长数字，其他图形实体会被自动忽略。

选择完钢筋表中的总长数字(以回车结束选择)以后，系统进一步提示“请点取表格位置:”，用户可在绘图区的空白位置上任意点一下鼠标，软件就会自动生成材料表。

4.10.5 钢筋图的编辑修改

在钢筋图、钢筋表和材料表的设计生成过程中,可以对任何内容进行修改。

4.10.5.1 钢筋的修改

可以利用 AutoCAD 的删除、移动、复制等任何编辑工具,修改图中的点钢筋和线钢筋,也可以利用济南百图水利科技有限公司提供的"钢筋加弯勾"功能改变钢筋型式。

4.10.5.2 钢筋编号的修改

可以对用户所选中的钢筋编号进行批量修改,当系统提示"请输入修改数据(可带正负号)"时,可输入 +1、+2、+3、-1、-2、-3 等类似的数据。系统就会对所选中的钢筋编号在原数值的基础上批量增减某一固定数值。

4.10.5.3 钢筋属性的修改

已标注完成的钢筋,钢筋的级别、直径、单根长、布置间距等信息保存在钢筋本身的图形实体中,可以利用"钢筋及编号属性查询与修改"功能,来查询和修改单根钢筋的属性,也可利用"钢筋属性匹配(批量修改)"功能,批量地使某些钢筋赋上与某一根钢筋相同的信息。

已标注完成的钢筋,钢筋的根数、级别、直径、单根长、布置间距等信息也同时保存在钢筋编号(文本)图形实体中,可以利用"钢筋及编号属性查询与修改"功能来查询和修改。将来生成钢筋表时,主要是根据钢筋编号中保存的信息来完成钢筋表的计算、统计工作。

如果已经生成了钢筋表,用户又回头修改了钢筋编号中保存的信息,钢筋表不会动态更新。用户须再一次使用"自动生成钢筋表"功能,重新生成另外一个钢筋表。须再一次使用"自动生成材料表"功能,根据重新生成的钢筋表,再另外生成一个材料表。

4.10.5.4 钢筋标注字串的修改

钢筋标注字串如 8ϕ16@300,在钢筋 CAD 系统中是普通的用 text 命令书写的文本,不与钢筋编号和钢筋实体建立关联,用户在任何时候,都可以用鼠标双击该钢筋标注字串,在系统显示的对话框中修改其内容,比如把 8ϕ16@300 改为 10ϕ20@250,此时保存在钢筋编号和钢筋实体中的信息并没有被修改,用户还必须再利用"钢筋及编号属性查询与修改"功能,再一次修改钢筋的属性。

4.10.5.5 钢筋表行距的修改

对极个别型式比较复杂的钢筋,钢筋表的行距可能过窄,可以利用 AutoCAD 的拉伸命令把该行加宽。

4.11 百图水利建筑物设计软件包

百图水利建筑物设计软件包采用最先进的编程语言 Visual C + + .net2005 开发而成,建议用户在奔腾四代、512 MB 内存以上的 PC 机上安装使用。另外,在安装前,PC 机硬盘上最好有 800 MB 以上的自由空间。

如果用户购买单机版,就运行百图安装光盘中对应单机版文件夹下的对应安装文件;

如果用户购买网络版，就运行百图安装光盘中对应网络版文件夹下的对应安装文件。该软件包的安装内容如下：

(1)安装百图结构内力计算软件。

在资源管理器下，找到百图安装光盘中的“百图结构内力计算”文件夹下的 setup. exe 文件，双击即可激活安装程序，按照出现的提示选择好安装路径，直接点“下一步”按钮即可安装。

再在资源管理器下，找到机器上已安装好的百图结构内力计算软件文件夹(缺省文件夹是 btjgnljs)，双击它，进入到其下一级文件夹 TableCtrlX，再双击 TableCtrlX 文件夹下的 RegOcx. bat。这一步工作叫控件注册。

如果不安装百图水工钢筋混凝土计算软件或不进行第二步的控件注册，百图结构内力计算软件可能无法正常运行。

(2)安装百图水工钢筋混凝土计算软件。

双击百图安装光盘中的“百图水工钢筋混凝土计算安装程序”文件夹下的 setup. msi 会激活安装程序，按照安装程序的提示选择好安装路径，直接点“下一步”按钮即可安装。如果用户直接运行 setup. exe，安装程序会进行依赖性检查，安装过程会花费相当长的时间，所以用户最好不要进行这种方式的安装。

如果用户要升级百图水工钢筋混凝土计算软件，必须首先从“控制面板”—“添加或删除程序”中卸载已经安装的百图水工钢筋混凝土计算软件，然后运行新的安装程序。

(3)安装百图水利钢筋 CAD 软件。

运行百图安装光盘中百图水利钢筋 CAD2002(或 2004 或 2005)文件夹下的 gjcad200_. exe。安装口令为“无”，其他地方都使用默认值，用户只需按“下一步”或“完成”按钮。安装完毕，安装程序自动建立百图水利钢筋 CAD 快捷方式。

(4)安装百图软件狗驱动程序。

如果用户购买百图水利设计软件包单机版，就运行百图软件光盘中的“单机版软件狗驱动程序”文件夹下的 SoftDogInstdrv. exe 文件。安装过程中，根据提示，在计算机上插入软件狗。安装完毕，重新启动计算机。对于试用版，该步可省略。

如果用户购买百图水利设计软件包网络版，就运行百图软件光盘中的“并口软件(网络)锁驱动程序(新)”文件夹下的 setup. exe 文件。安装过程中，根据提示，在计算机上插入软件狗。安装完毕，重新启动计算机。对于试用版，该步可省略。

4.11.1　启动“百图结构内力计算软件”

百图结构内力计算软件是百图水利建筑物设计软件包的一个重要组成部分，是为水工建筑物(桥、涵、闸、渡槽、泵站等)的设计而开发的，主要功能包括连续梁的内力计算、弹性地基梁的内力计算、钢筋混凝土箱涵的内力计算、钢筋混凝土框架(排架)的内力计算。

如果用户的计算机上已经安装过 AutoCAD，那么用户在安装完“百图结构内力计算软件”以后，安装程序会自动在计算机桌面上建立两个启动快捷方式，即“百图结构内力计算软件”和“百图结构内力计算结果绘图”，如图 4-126 所示。同时，在用户的计算机上也建立了“济南百图”程序组和“百图结构内力计算软件”与“百图结构内力计算结果绘图”启动程序。

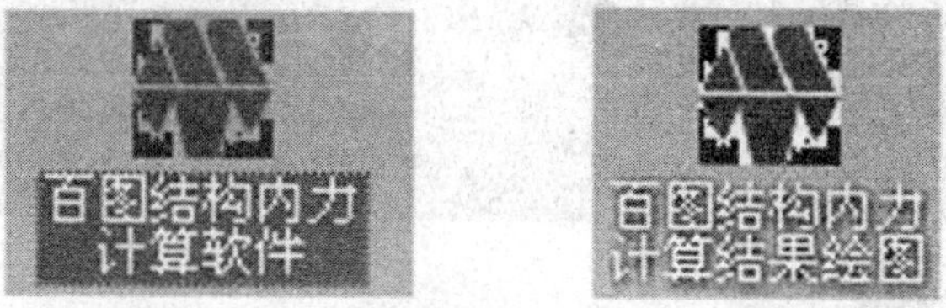

(a) 百图结构内力计算软件　　(b) 百图结构内力计算结果绘图

图 4-126　“百图结构内力计算”图标

以后使用时，用户可用鼠标双击桌面上的“百图结构内力计算软件”快捷方式进行结构计算。用户点击“开始计算”按钮后，软件会自动生成三个文件。第一个文件是工程项目文件，其扩展名的后三个字母为 Prj，以后在遇到类似的项目时，或者同一项目但不同工况时，用户可用“导入工程文件”按钮把原来输入的数据批量导入到对话框中，以便做进一步的修改。第二个文件是成果说明文件，其扩展名为 Doc，成果说明文件中记录了用户输入的原始数据以及计算结果说明。用户可以用 Word 软件把成果说明文件打开，进一步编辑整理成计算书和说明书。第三个文件是成果绘图文件，其扩展名的后三个字母为 Plt。百图结构内力计算的结果主要以图形的方式表达，图形结果包括弯矩图、剪力图、轴力图、地基反力图等。

要显示百图结构内力计算的图形结果，用户可用鼠标双击桌面上的“百图结构内力计算结果绘图”快捷方式，快捷方式会自动把 CAD 打开，CAD 中会自动多出一个“结构内力计算结果绘图”菜单项，所有的百图结构内力计算成果(包括连续梁成果、弹性地基梁成果、箱涵成果、框架成果等)都可以用“结构内力计算结果绘图”菜单项绘制出来。

有时由于 CAD 的原因，在用户进入 CAD 后，“结构内力计算结果绘图”菜单项没有自动显示出来。用户可选择“工具”—“加载应用程序”，然后在弹出的对话框中选择百图安装文件夹下的 jgnlht. fas 文件，再输入 jgnlht 命令，来绘制图形结果。

4.11.1.1　连续梁计算

连续梁程序设定可以计算的最多跨数是 30 跨，每跨长度不得超过 50 m。当然也可计算特殊情况下的单跨梁、外伸梁、悬臂梁等。

使用时，用户点击“连续梁计算”菜单项，弹出如图 4-127 所示的对话框。在该对话框中，包含三个活页夹，即“几何信息”、“所有跨荷载信息”、“单跨荷载信息”等。在“几何信息”活页夹中输入有关连续梁的跨数、两端约束情况、几何尺寸等内容。在“所有跨荷载信息”活页夹中输入连续梁各跨都共同具有的荷载信息，如均布恒载、均布活载等内容。在“单跨荷载信息”活页夹中输入连续梁某一跨所具有的荷载信息。

用户激活“单跨荷载信息”活页夹后，选定某一跨(用鼠标在图形显示区点取对应的梁跨或选择当前跨号右边的列表框均可)，点击“增加荷载”按钮可在梁上施加某种类型的荷载，默认荷载类型为集中力，用户可在荷载类型列表中修改，可选的荷载类型包括集中力、满跨均布荷载、满跨三角形荷载和集中力偶，添加一个满跨均布荷载和一个满跨三

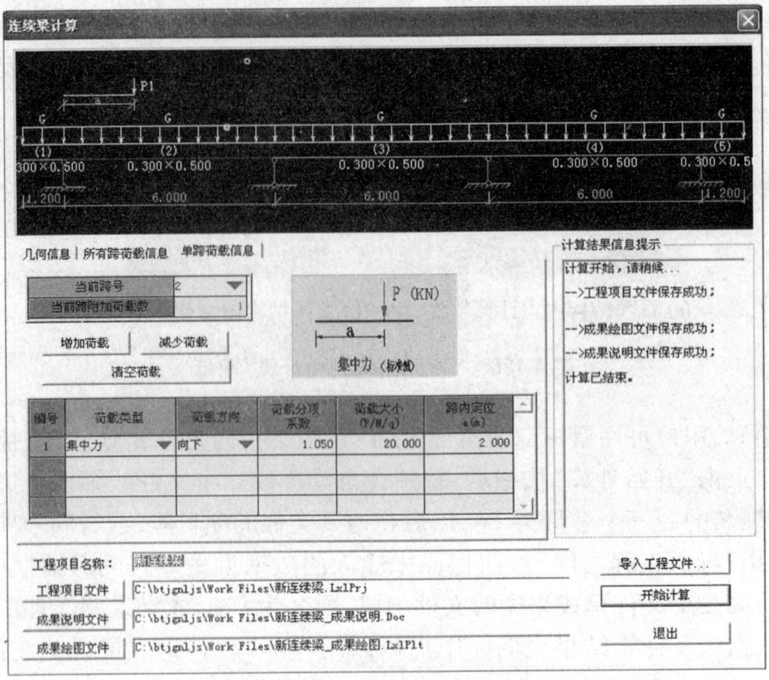

图 4-127　连续梁计算对话框

角形荷载,等同一个梯形荷载。实际使用时,若遇到非满跨分布荷载(半跨分布荷载),用户可简化为若干个集中力荷载,逐次施加到梁上。点击“减少荷载”按钮可删除最后添加上的荷载。点击“清空荷载”按钮可删除当前所选梁跨上的所有荷载(指属于单跨荷载信息里的荷载)。

用户点击“开始计算”按钮后,软件会自动生成三个文件。第一个文件是工程项目文件,其扩展名为 LxlPrj,以后在遇到类似的项目时,或者同一项目但不同工况时,用户可用“导入工程文件”按钮把原来输入的数据批量导入到对话框中,以便做进一步的修改。第二个文件是成果说明文件,其扩展名为 Doc,文件中记录了用户输入的原始数据以及计算结果说明。用户可以用 Word 软件把成果说明文件打开,进一步编辑整理成计算书和说明书。第三个文件是成果绘图文件,其扩展名为 LxlPlt。用“百图结构内力计算结果绘图”软件可把 *. LxlPlt 格式的文件绘制成图形(不是打开图形,而是用结构内力计算绘图 jgnlht 命令), *. LxlPlt 图形中包含弯矩图和剪力图。

4.11.1.2　弹性地基梁内力计算

弹性地基梁程序可计算文克尔地基模型、半无限大地基模型、有限深地基模型的地基梁。根据《水闸设计规范》(SL 265—2001)的建议,梁下可压缩土层的厚度小于 0.125 倍梁长时,适合采用文克尔地基模型。梁下可压缩土层的厚度为 0.125 ~ 1 倍梁长时,适合采用有限深地基模型。梁下可压缩土层的厚度大于 1 倍梁长时,适合采用半无限大地基模型。

使用时,用户根据地基深度,选择合适的地基模型,选取弹性地基梁计算的某个菜单项,弹出类似如图 4-128 所示的对话框。在对水工建筑物的底板进行弹性地基梁计算时,受力状态大都属于平面应变状态,而且可取单宽米进行计算。在弹出的对话框中,直接输入地基梁和地基的有关参数。

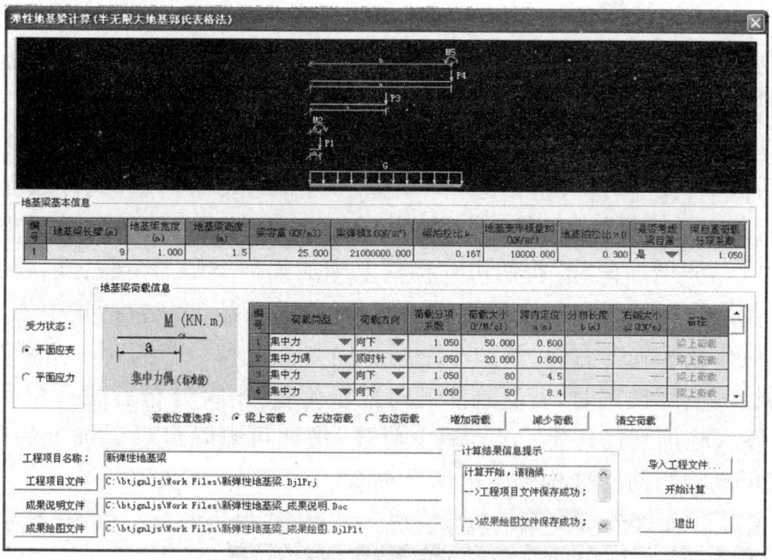

图4-128 弹性地基梁计算对话框

文克尔地基模型对边荷载不起作用,所以程序不允许施加边荷载。有限深地基模型和半无限大地基模型的地基梁程序可以施加边荷载。施加荷载时,首先根据荷载的位置选择合适的选频按钮(梁上荷载、左边荷载、右边荷载),然后点"增加荷载"按钮可施加某种类型的荷载,默认荷载类型为集中力,用户可在荷载类型列表中修改,可选的荷载类型包括集中力、集中力偶和梯形分布荷载。点"减少荷载"按钮可删除最后添加上的荷载。点"清空荷载"按钮可删除所有荷载。

用户点"开始计算"按钮后,软件会自动生成三个文件。第一个文件是工程项目文件,其扩展名为 DjlPrj,以后在遇到类似的项目时,或者同一项目但不同工况时,用户可用"导入工程文件"按钮把原来输入的数据批量导入到对话框中,以便做进一步的修改。第二个文件是成果说明文件,其扩展名为 Doc,文件中记录了用户输入的原始数据以及计算结果说明。用户可以用 Word 软件把成果说明文件打开,进一步编辑整理成计算书和说明书。第三个文件是成果绘图文件,其扩展名为 DjlPlt。用"百图结构内力计算结果绘图"软件可把 *.DjlPlt 格式的文件绘制成图形(不是打开图形,而是用结构内力计算绘图 jgnlht 命令),*.DjlPlt 图形中包含弯矩图、剪力图和地基反力图。

4.11.1.3 涵内力计算

本软件可计算水利工程中常用的单孔箱涵、双孔箱涵、三孔箱涵。

根据谭松曦所编的《水闸设计》,箱涵整体内力计算时,上部荷载、边墙荷载、底板荷载都要施加到结构上。底板荷载按直线荷载(均布荷载)处理,均布荷载的合力等于上部荷载的代数和,方向相反。箱涵整体内力计算成果中的底板内力还不能反映箱涵底板的实际受力状态,箱涵底板的内力还需要按弹性地基梁进行计算,地基梁的荷载包括箱涵边墙、箱涵中墙所施加的集中力(就是整体计算的轴力)、集中力偶(就是整体计算中,边墙、中墙底端的弯矩)以及边墙外部的填土所构成的边荷载,但不包括底板的反力,底板的反力由弹性地基梁程序计算出来,并生成地基反力图。若算得的地基反力与原假定均匀分布差别甚大,则把求得的地基反力再作为框架的已知荷载,计算框架内力。重复上述计算步骤,直至前后两次所求得的地基反力分布基本一致。一般经过两次循环就可以获得比较满意的结果。最后一次算得的地基反力及结构内力就是所要求取的解答。

使用时,用户点"箱涵计算"菜单下的某个菜单项,弹出类似如图 4-129 所示的对话框。在该对话框中,在"构件几何信息"区里输入构件的几何信息,构件截面底宽一般取单宽米。然后选定某一构件(用鼠标在图形显示区点取对应的构件或选择当前构件右边的列表框均可),点"增加荷载"按钮可在构件上施加某种类型的荷载,默认荷载类型为集中力,用户可在荷载类型列表中修改荷载类型,可选的荷载类型包括集中力、满跨均布荷载、满跨三角形荷载和集中力偶,添加一个满跨均布荷载和一个满跨三角形荷载(等同于一个梯形荷载)。实际使用时,若遇到非满跨分布荷载(半跨分布荷载),可简化为若干个集中力荷载,逐次施加到构件上。点"减少荷载"按钮可删除最后添加上的荷载。点"清空荷载"按钮可删除当前所选构件上的所有荷载。

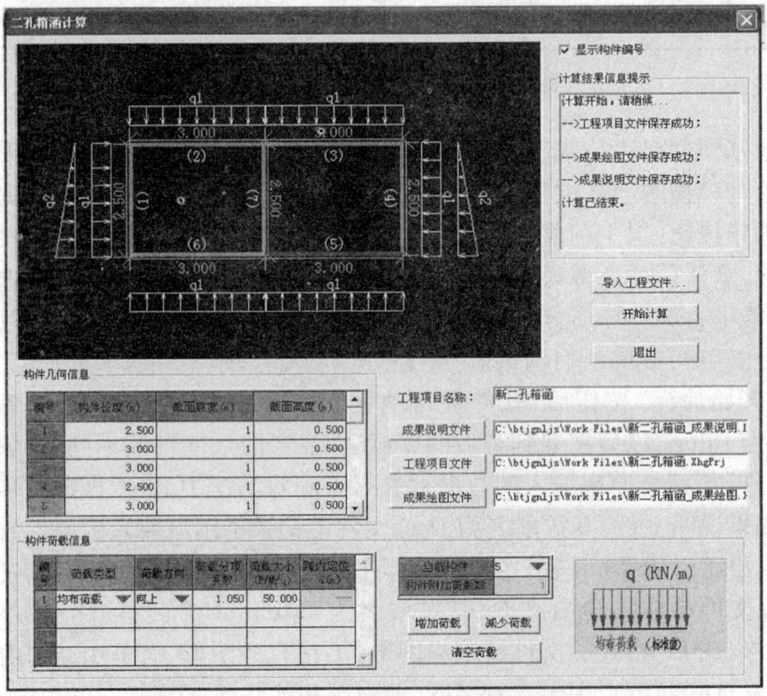

图 4-129　二孔箱涵计算对话框

用户点击"开始计算"按钮后,软件会自动生成三个文件。第一个文件是工程项目文件,其扩展名为 XghPrj,以后在遇到类似的项目时,或者同一项目但不同工况时,用户可用"导入工程文件"按钮把原来输入的数据批量导入到对话框中,以便做进一步地修改。第二个文件是成果说明文件,其扩展名为 Doc,文件中记录了用户输入的原始数据以及计算结果说明。用户可以用 Word 软件把成果说明文件打开,进一步编辑整理成计算书和说明书。第三个文件是成果绘图文件，其扩展名为 XghPlt。用“百图结构内力计算结果绘图”软件可把 *. XghPlt 格式的文件绘制成图形（不是打开图形，而是用结构内力计算绘图 jgnlht 命令），*. XghPlt 图形中包含弯矩图、剪力图和轴力图。

4.11.1.4 框架（排架）内力计算

本软件可计算单跨、双跨、三跨、单层、双层、三层框架的内力，可处理变截面立柱的框架，完全满足水闸、倒虹、渡槽等水工建筑物框架（排架）设计的要求。

使用时，用户点击框架计算的某个菜单项，弹出类似图 4-130 所示的对话框。在该对话框中，在“构件几何信息”区里输入完构件的几何信息。然后选定某一构件（用鼠标在图形显示区点取对应的构件或选择当前构件右边的列表框均可），点击“增加荷载”按钮可在构件上施加某种类型的荷载，默认荷载类型为集中力，用户可在荷载类型列表中修改荷载类型，可选的荷载类型包括集中力、满跨均布荷载、满跨三角形荷载和集中力偶，添加一个满跨均布荷载和一个满跨三角形荷载（等同一个梯形荷载）。实际使用时，若遇到非满跨分布荷载（半跨分布荷载），可简化为若干个集中力荷载，逐次施加到构件上。点击“减少荷载”按钮可删除最后添加上的荷载。点击“清空荷载”按钮可删除当前所选构件上的所有荷载。

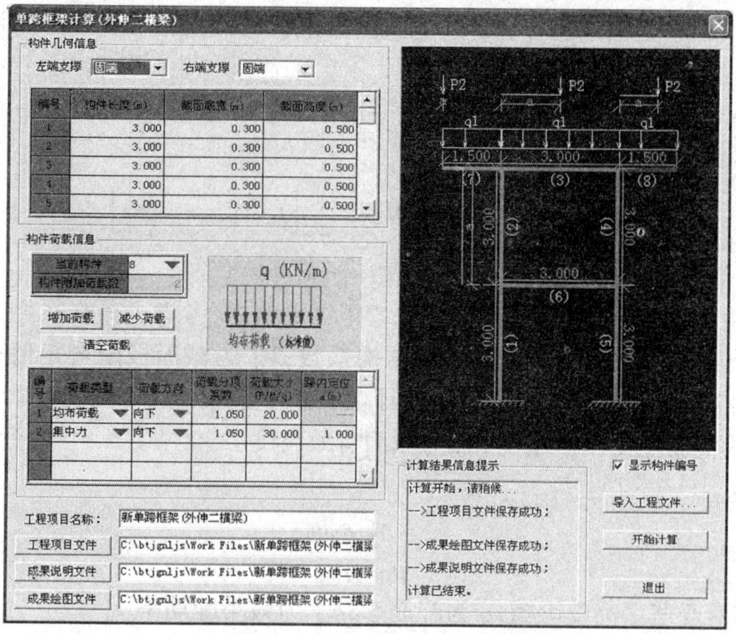

图 4-130 单跨框架计算对话框

用户点击“开始计算”按钮后，软件会自动生成三个文件，第一个文件是工程项目文件，其扩展名为？kjPrj，以后在遇到类似的项目时，或者同一项目但不同工况时，用户可用“导入工程文件”按钮把原来输入的数据批量导入到对话框中，以便做进一步地修改。第二个文件是成果说明文件，其扩展名为 Doc，文件中记录了用户输入的原始数据以及计算结果说明。用户可以用 Word 软件把成果说明文件打开，进一步编辑整理成计算书和说明书。第三个文件是成果绘图文件，其扩展名为？kjPlt。用“百图结构内力计算结果绘图”软件可把 *.？ kjPlt 格式的文件绘制成图形(不是打开图形,而是用结构内力计算绘图 jgnlht 命令),*.？ kjPlt 图形中包含弯矩图、剪力图和轴力图。

4.11.2 启动百图水工钢筋混凝土计算软件

用户在计算机上安装完“百图水工钢筋混凝土计算软件”以后,安装程序会自动在计算机上建立“济南百图”程序组,自动在程序组中添加“百图水工钢筋混凝土计算软件”启动程序,同时自动在桌面上建立“百图水工钢筋混凝土计算软件”启动快捷方式,如图 4-131所示。

图 4-131 “百图水工钢筋混凝土计算软件”启动方式图标

以后使用时,用户可用鼠标双击桌面上的“百图水工钢筋混凝土计算软件”快捷方式进入系统,进行钢筋混凝土构件计算。

4.11.3 配筋计算

已设计完成的配筋计算程序包括:单筋矩形截面受弯配筋计算、双筋矩形截面受弯配筋计算、T 形截面受弯配筋计算、轴心受压配筋计算、偏心受压对称配筋计算、偏心受压非对称配筋计算、轴心受拉配筋计算、小偏心受拉配筋计算、大偏心受拉配筋计算等。

4.11.3.1 单筋矩形截面受弯配筋计算

1. 采用公式及条件

1) 基本公式

$$M = M_j\gamma_0\psi \leqslant \frac{1}{\gamma_d}M_u = \frac{1}{\gamma_d}\left[f_c bx\left(h_0 - \frac{x}{2}\right)\right]$$

$$f_c bx = f_y A_s$$

式中:M 为弯矩设计值;M_j 为弯矩计算值,弯矩计算值中,考虑了荷载系数的影响;γ_0 为结构重要性系数;ψ 为设计状况系数;γ_d 为结构系数;M_u 为截面极限弯矩值;f_c 为混凝土轴心抗压强度设计值;f_y 为钢筋抗拉强度设计值;A_s 为受拉区纵向钢筋截面面积;b 为矩形截面宽度;x 为混凝土受压区高度;h_0 为截面有效高度。

2) 适用条件

$$x \leqslant \varepsilon_b h_0$$

$$\rho \geqslant \rho_{min}$$

式中:ε_b 为相对受压区高度限值;ρ 为配筋率;ρ_{min} 为最小配筋率。

配筋计算软件自动满足这两个条件。

2. 操作方法

使用时,用户点击“单筋受弯配筋计算”菜单项,弹出如图 4-132 所示的对话框。在该对话框中,输入项目名称,选定结构型式(梁或板),选定结构安全级别(Ⅰ级、Ⅱ级、Ⅲ级,则结构重要性系数 γ_0 的值会自动变化),选择设计状况(持久状况、短暂状况、偶然状况,则设计状况系数 ψ 的值会自动变化),输入弯矩计算值(按照《水工混凝土结构设计规范》(SL/T 191—96)(简称《规范》)的要求,弯矩计算值中已考虑荷载系数的影响,弯矩计算值与结构重要性系数、设计状况系数的乘积得弯矩设计值),设定钢筋和混凝土的级别

（则钢筋和混凝土的设计强度值会自动变化），另外再输入混凝土构件截面尺寸值等信息，就可点取“配筋计算”按钮，程序会立即显示出计算结果，如果用户点击“保存文件”按钮，程序就会把已知条件和计算结果保存成一个文件，用户点击“关闭”按钮，程序退出当前的计算。

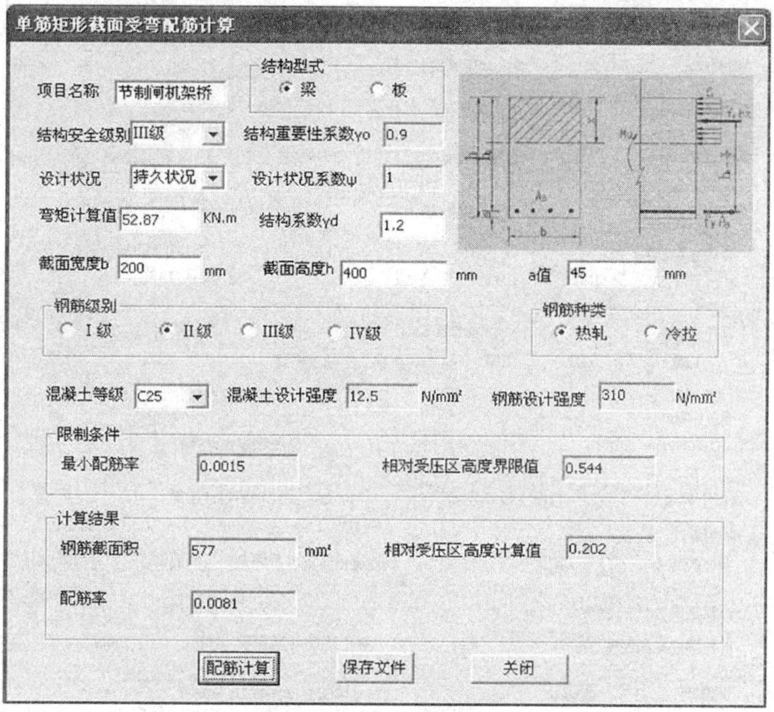

图 4-132　单筋矩形截面受弯配筋计算对话框

4.11.3.2　双筋矩形截面受弯配筋计算

1. 采用公式及条件

1）基本公式

$$M = M_j \gamma_0 \psi \leqslant \frac{1}{\gamma_d} M_u \leqslant \frac{1}{\gamma_d}\left[f_c bx\left(h_0 - \frac{x}{2}\right) + f_y' A_s'(h_0 - a')\right]$$

$$f_c bh_0 = f_y A_s - f_y' A_s'$$

式中：f_y' 为钢筋抗压强度设计值；A_s' 为受压区纵向钢筋截面面积；a' 为受压钢筋合力点至受压区边缘的距离；其他变量意义同前。

2）适用条件

$$\varepsilon \leqslant \varepsilon_b$$

$$x \geqslant 2a'$$

式中：ε_b 为相对受压区高度限值；ε 为受压区高度；其他变量意义同前。

配筋计算软件自动满足这两个条件。

2. 操作方法

使用时，用户点“双筋受弯配筋计算”菜单项，弹出如图 4-133 所示的对话框。该对话框的设置和操作方法与前面的单筋矩形截面受弯配筋计算对话框完全相同。

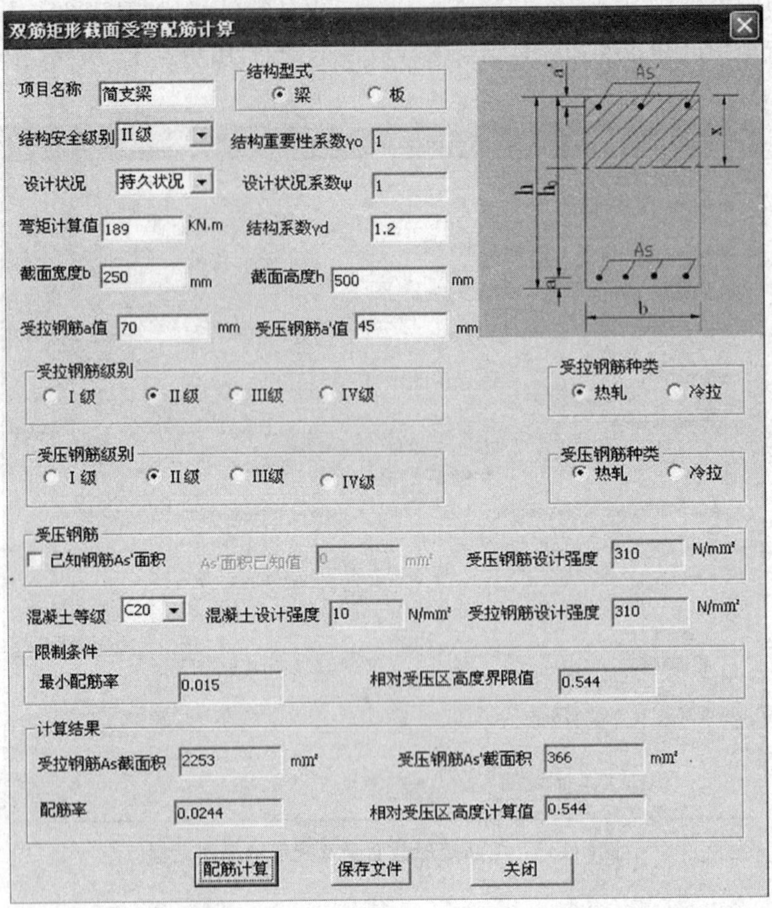

图 4-133　双筋矩形截面受弯配筋计算对话框

4.11.3.3　T 形截面受弯配筋计算

1. 采用公式及条件

1) 基本公式

$$M = M_j\gamma_0\psi \leqslant \frac{1}{\gamma_d}M_u = \frac{1}{\gamma_d}\left[f_c bx\left(h_0 - \frac{x}{2}\right) + f_c(b'_f - b)h'_f\left(h_0 - \frac{h'_f}{2}\right)\right]$$

$$f_y A_s = f_c bx + f_c(b'_f - b)h'_f$$

式中：b'_f 为 T 形截面受压区的翼缘计算宽度；h'_f 为 T 形截面受压区的翼缘高度；其他变量意义同前。

2) 适用条件

$$\varepsilon \leqslant \varepsilon_b$$

$$\rho \geqslant \rho_{min}$$

配筋计算软件自动满足这两个条件。

2. 操作方法

使用时，用户点击“T 形梁受弯配筋计算”菜单项，弹出如图 4-134 所示的对话框。该对话框的设置和操作方法与前面的单筋矩形截面受弯配筋计算对话框完全相同。

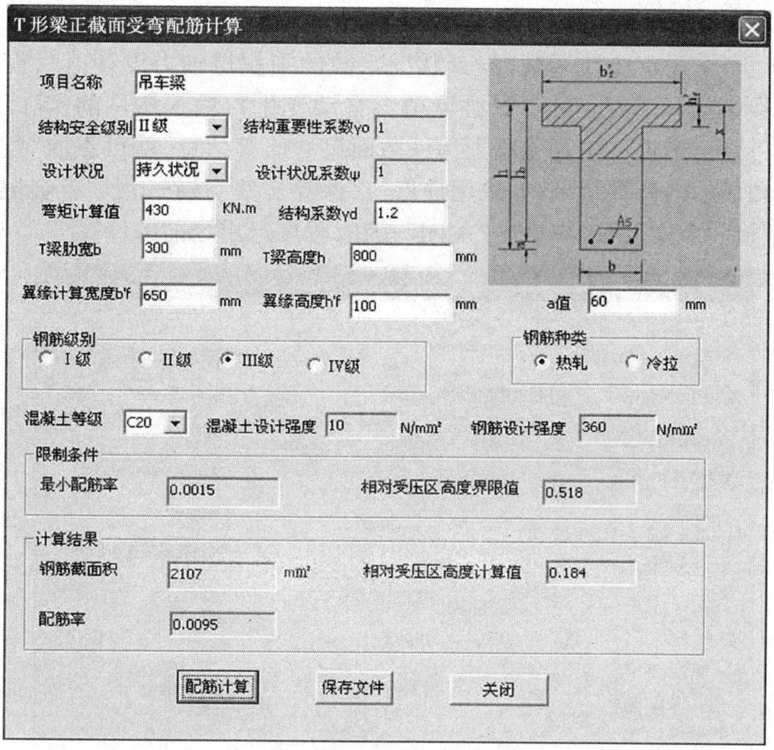

图 4-134　T 形梁正截面受弯配筋计算对话框

4.11.3.4　轴心受压配筋计算

1. 采用公式

1）基本公式

$$N_u = f_c A + f_y' A_s'$$

$$N = N_j \gamma_0 \psi \leqslant \frac{1}{\gamma_d} N_u = \frac{1}{\gamma_d} \varphi (f_c A + f_y' A_s')$$

式中：N 为轴力设计值；N_j 为轴力计算值，轴力计算值中，考虑了荷载系数的影响；γ_0 为结构重要性系数；ψ 为设计状况系数；γ_d 为结构系数；N_u 为截面极限压力值；f_c 为混凝土轴心抗压强度设计值；f_y' 为钢筋抗压强度设计值；A_s' 为受压纵向钢筋截面面积；A 为截面面积；ψ 为轴心受压构件的稳定系数。

2）适用条件

$$\rho \geqslant \rho_{min}$$

配筋计算软件自动满足这个条件。

2. 操作方法

使用时，用户点击“轴心受压配筋计算”菜单项，弹出如图 4-135 所示的对话框。在该对话框中，输入项目名称，选定结构安全级别（Ⅰ级、Ⅱ级、Ⅲ级，则结构重要性系数 γ_0 的值会自动变化),选择设计状况(持久状况、短暂状况、偶然状况,则设计状况系数 ψ 的值会自动变化),输入轴力计算值(按照《规范》的要求,轴力计算值中已考虑荷载系数的影响,轴力计算值与结构重要性系数、设计状况系数的乘积得轴力设计值),设定钢筋和混凝土的级别(则钢筋和混凝土的设计强度值会自动变化),输入构件的实际长度,选择构件两端的约束情况,另外再输入混凝土构件截面尺寸值等信息,就可点取“配筋计算”按钮,程序会立即显示出计算结果,如果用户点击“保存文件”按钮,程序就会把已知条件和计算结果保存成一个文件,用户点击“关闭”按钮,程序退出当前的计算。

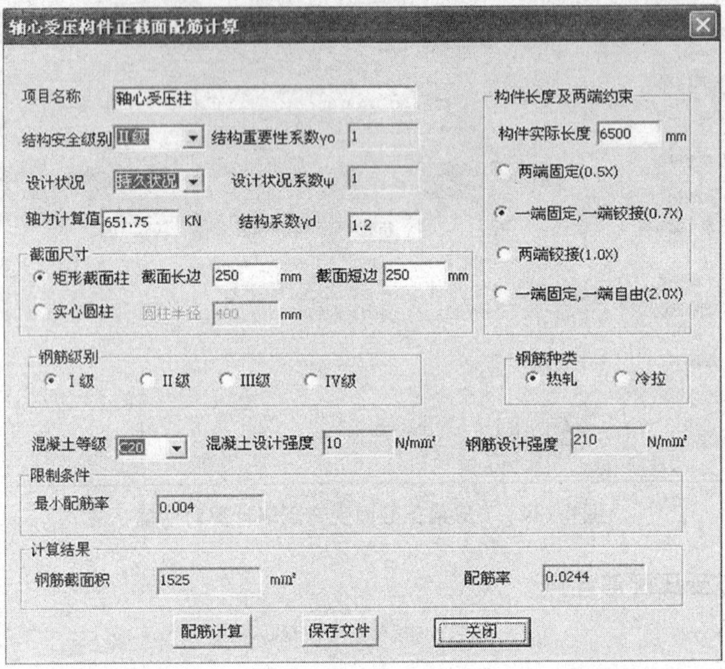

图 4-135　轴心受压构件正截面配筋计算对话框

4.11.3.5　偏心受压非对称配筋计算

1. 采用公式

1)基本公式

$$N = N_j \gamma_0 \psi \leqslant \frac{1}{\gamma_d} N_u = \frac{1}{\gamma_d}(f_c bx + f_y' A_s' - \sigma_s A_s)$$

$$Ne \leqslant \frac{1}{\gamma_d} N_u e \leqslant \frac{1}{\gamma_d}\left[f_c bx(h_0 - \frac{x}{2}) + f_y' A_s'(h_0 - a')\right]$$

式中:σ_s 为受拉边或受压较小边钢筋的应力;e 为轴向力作用点至钢筋 A_s 间的距离;其他变量意义同前。

2)适用条件

$$\rho \geqslant \rho_{min}$$

配筋计算软件自动满足这个条件。

2. 操作方法

使用时,用户点击“偏心受压非对称配筋计算”菜单项,弹出如图 4-136 所示的对话框。在该对话框中，输入项目名称，选定结构安全级别（Ⅰ级、Ⅱ级、Ⅲ级，则结构重要性系数 γ_0 的值会自动变化），选择设计状况（持久状况、短暂状况、偶然状况，则设计状况系数 ψ 的值会自动变化），输入轴力计算值（按照《规范》的要求，轴力计算值中已考虑荷载系数的影响，轴力计算值与结构重要性系数、设计状况系数的乘积得轴力设计值），设定钢筋和混凝土的级别（则钢筋和混凝土的设计强度值会自动变化），输入构件的实际长度，选择构件两端的约束情况，另外再输入混凝土构件截面尺寸值等信息，就可点取"配筋计算" 按钮，程序会自动判断属于大偏心或小偏心，并立即显示出计算结果，如果用户点击"保存文件"按钮，程序就会把已知条件和计算结果保存成一个文件，用户点击"关闭"按钮，程序退出当前的计算。

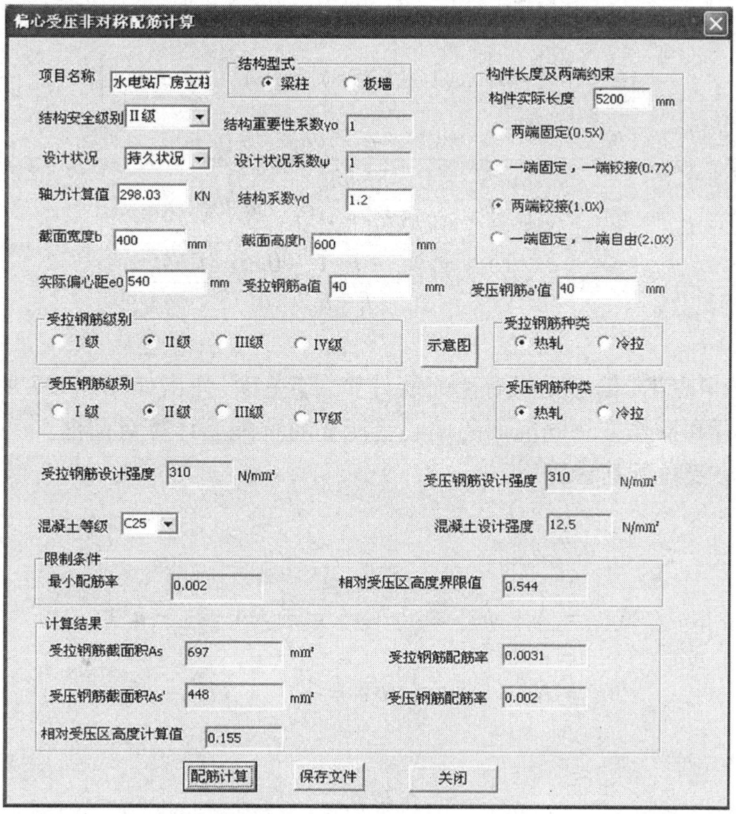

图4-136 偏心受压非对称配筋计算对话框

4.11.3.6 偏心受压对称配筋计算

1. 采用公式

1）基本公式

$$N = N_j \gamma_0 \psi \leqslant \frac{1}{\gamma_d} N_u = \frac{1}{\gamma_d}(f_c bx + f_y' A_s' - \sigma_s A_s)$$

2）适用条件

$$\rho \geqslant \rho_{min}$$

配筋计算软件自动满足这个条件。

(1)软件程序会自动判断属于大偏心或小偏心,若为大偏心受压,则导出公式为

$$\varepsilon = \frac{\gamma_d N}{f_c b h_0}$$

$$A_s = A'_s = \frac{\gamma_d N_e - f_c a_s b h_0^2}{f'_y (h_0 - a')} \quad (x > 2a')$$

或

$$A_s = A'_s = \frac{\gamma_d N'_e}{f_y (h_0 - a')} \quad (x < 2a')$$

(2)若为小偏心受压,则导出公式为

$$N \leqslant \frac{1}{\gamma_d}\left(f_c b \varepsilon h_0 + f_y A_s \frac{\varepsilon - \varepsilon_b}{0.8 - \varepsilon_b}\right)$$

$$N_e \leqslant \frac{1}{\gamma_d}\left[f_c b h_0^2 \varepsilon (1 - 0.5\varepsilon) + f'_y A'_s (h_0 - a')\right]$$

$$\varepsilon = \frac{\gamma_d N - \varepsilon_b f_c b h_0}{\dfrac{\gamma_d N_e - 0.45 f_c b h_0^2}{(0.8 - \varepsilon_b)(h_0 - a')} + f_c b h_0} + \varepsilon_b$$

$$A_s = A'_s = \frac{\gamma_d N_e - \varepsilon(1 - 0.5\varepsilon) f_c b h_0^2}{f'_y (h_0 - a')}$$

2. 操作方法

使用时,用户点击"偏心受压对称配筋计算"菜单项,弹出如图 4-137 所示的对话框。该对话框的设置和操作方法同前面的偏心受压非对称配筋计算对话框。

4.11.3.7 轴心受拉配筋计算

1. 采用公式

1)基本公式

$$Ne' = N_j \gamma_0 \psi e' \leqslant \frac{1}{\gamma_d} N_u e' = \frac{1}{\gamma_d} f_y A_s (h_0 - a')$$

$$Ne = N_j \gamma_0 \psi e \leqslant \frac{1}{\gamma_d} N_u e = \frac{1}{\gamma_d} f'_y A'_s (h_0 - a')$$

2)适用条件

$$\rho \geqslant \rho_{min}$$

配筋计算软件自动满足这个条件。

导出公式为

$$A'_s = \frac{\gamma_d Ne}{f'_y (h_0 - a')}$$

$$A_s = \frac{\gamma_d Ne'}{f_y (h_0 - a')}$$

$$e' = \frac{h}{2} - a'$$

$$e = \frac{h}{2} - a'$$

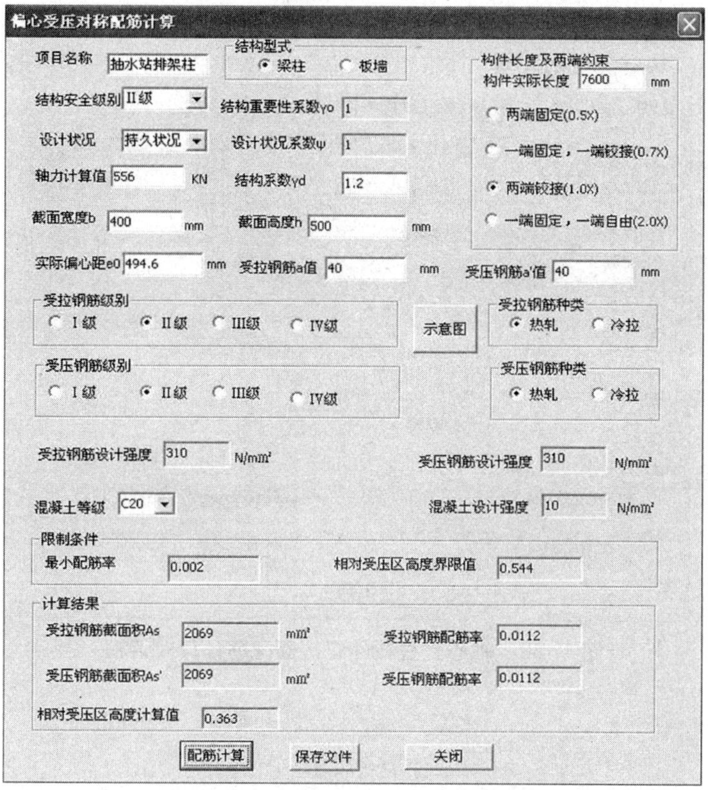

图 4-137 偏心受压对称配筋计算对话框

2. 操作方法

使用时，用户点击“轴心受拉配筋计算”菜单项，弹出如图 4-138 所示的对话框。在该对话框中，输入项目名称，选定结构安全级别（Ⅰ级、Ⅱ级、Ⅲ级，则结构重要性系数 γ_0 的值会自动变化），选择设计状况（持久状况、短暂状况、偶然状况，则设计状况系数 ψ 的值会自动变化），输入轴力计算值（按照《规范》的要求，轴力计算值中已考虑荷载系数的影响，轴力计算值与结构重要性系数、设计状况系数的乘积得轴力设计值），设定钢筋和混凝土的级别（则钢筋和混凝土的设计强度值会自动变化），另外再输入混凝土构件截面尺寸值等信息，就可点取“配筋计算” 按钮，程序会立即显示出计算结果，如果用户点击“保存文件”按钮，程序就会把已知条件和计算结果保存成一个文件，用户点击“关闭”按钮，程序退出当前的计算。

4.11.3.8 小偏心受拉配筋计算

1. 采用公式

1）基本公式

$$Ne' = N_j\gamma_0\psi e' \leqslant \frac{1}{\gamma_d}N_u e' = \frac{1}{\gamma_d}f_y A_s(h_0 - a')$$

$$Ne = N_j\gamma_0\psi e \leqslant \frac{1}{\gamma_d}N_u e = \frac{1}{\gamma_d}f_y A'_s(h_0 - a')$$

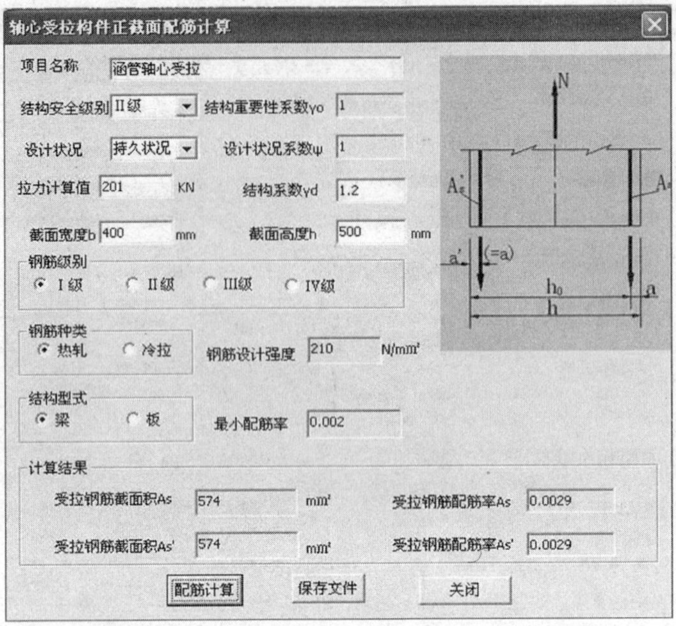

图 4-138　轴心受拉构件正截面配筋计算对话框

2）适用条件

$$\rho \geqslant \rho_{\min}$$

配筋计算软件自动满足这个条件。

导出公式为

$$A'_s = \frac{\gamma_d Ne}{f'_y(h_0 - a')}$$

$$A_s = \frac{\gamma_d Ne'}{f_y(h_0 - a')}$$

$$e' = e_0 + \frac{h}{2} - a'$$

$$e = e_0 + \frac{h}{2} - a'$$

2. 操作方法

使用时，用户点击“小偏心受拉配筋计算”菜单项，弹出如图 4-139 所示的对话框。该对话框的设置和操作方法同前面的轴心受拉构件正截面配筋计算对话框。

4.11.3.9　大偏心受拉配筋计算

1. 采用公式

1）基本公式

$$N = N_j \gamma_0 \psi \leqslant \frac{1}{\gamma_d} N_u = \frac{1}{\gamma_d}(f_y A_s - f_c bx - f'_y A'_s)$$

$$Ne = N_j \gamma_0 \psi e \leqslant \frac{1}{\gamma_d} N_u e = \frac{1}{\gamma_d}\left[f_c bx\left(h_0 - \frac{x}{2}\right) + f'_y A'_s (h_0 - a')\right]$$

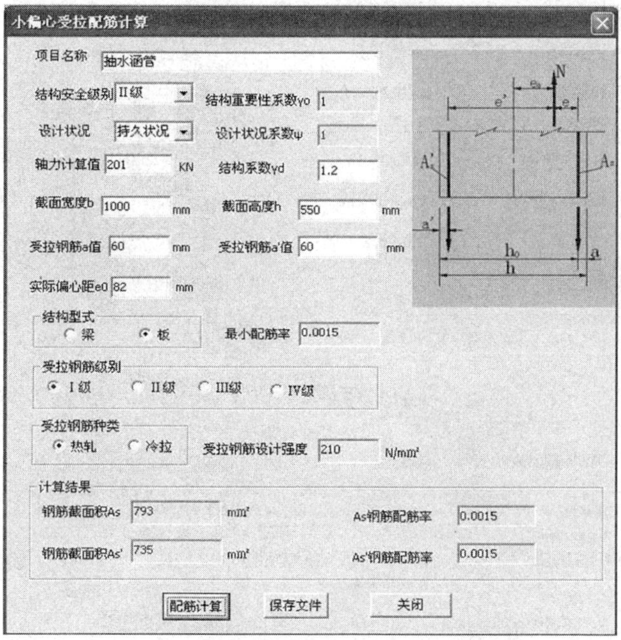

图 4-139　小偏心受拉配筋计算对话框

2)适用条件

$$\rho \geqslant \rho_{\min}$$

配筋计算软件自动满足这个条件。

导出公式为

$$A'_s = \frac{\gamma_d Ne}{f'_y(h_0 - a')}$$

$$A_s = \frac{\gamma_d Ne'}{f_y(h_0 - a')}$$

$$e' = e_0 + \frac{h}{2} - a'$$

$$e = e_0 + \frac{h}{2} - a'$$

2. 操作方法

使用时,用户点“大偏心受拉配筋计算”菜单项,弹出如图4-140所示的对话框。该对话框的设置和操作方法同前面的轴心受拉构件正截面配筋计算对话框。

4.11.4　抗裂计算

抗裂计算也称抗裂验算,是钢筋混凝土构件正常使用极限状态验算的一部分。因为是正常使用状态的验算,所以输入的内力值是标准值,即不考虑荷载分项系数计算出的内力值。已设计完成的抗裂计算程序包括轴心受拉抗裂计算、偏心受拉抗裂计算、偏心受压抗裂计算、矩形截面受弯抗裂计算等。

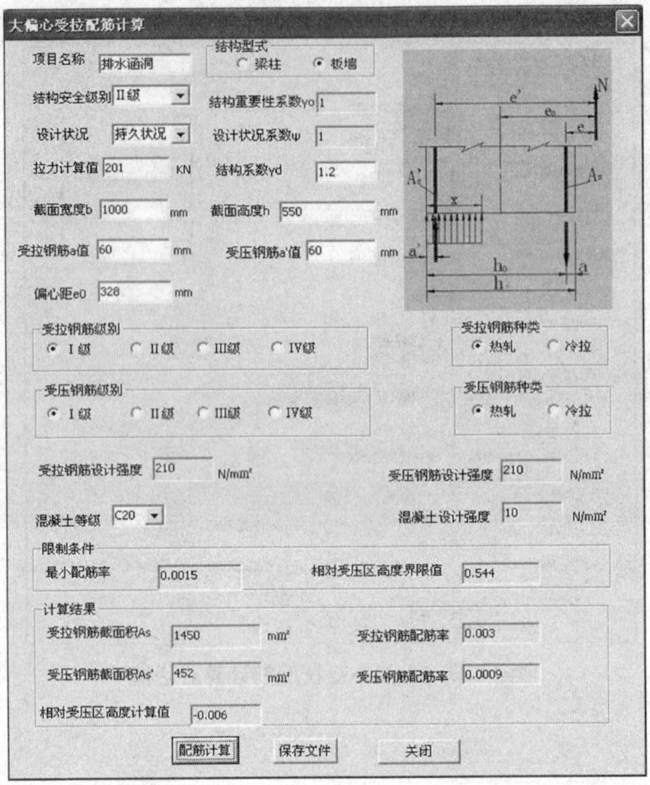

图 4-140 大偏心受拉配筋计算对话框

4.11.4.1 轴心受拉抗裂计算

1. 采用公式

$$A_0 = A_c + \alpha_E A_s$$
$$N \leqslant \alpha_{ct} f_{tk} A_0$$

式中:N 为长期组合或短期组合下的拉力值;f_{tk} 为混凝土轴心抗拉强度标准值;A_s 为钢筋截面面积;A_c 为混凝土截面面积;A_0 为换算截面面积;α_{ct} 为混凝土拉应力限制系数;α_E 为钢筋弹性模量与混凝土弹性模量的比值。

2. 操作方法

使用时,用户点击“轴心受拉抗裂计算”菜单项,弹出如图 4-141 所示的对话框。在该对话框中,输入项目名称,选定结构安全级别(Ⅰ级、Ⅱ级、Ⅲ级,则结构重要性系数 γ_0 的值会自动变化),选择设计组合形式(长期组合或短期组合,则拉应力限制系数 α_{ct} 的值会自动变化,长期组合对应 0.7,短期组合对应 0.85),输入拉力标准值,设定钢筋和混凝土的级别(则钢筋和混凝土的标准强度值以及弹性模量会自动变化),另外再输入混凝土构件截面尺寸值等信息,就可点取“抗裂计算” 按钮,程序会立即计算出换算截面面积 A_0、构件抗力计算值,并判断是否满足抗裂要求,如果用户点击“保存文件”按钮,程序就会把已知条件和计算结果保存成一个文件,用户点击“关闭”按钮,程序退出当前的计算。

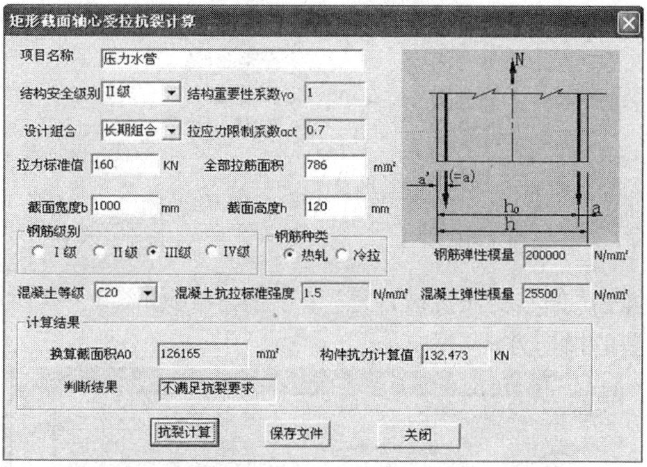

图 4-141　矩形截面轴心受拉抗裂计算对话框

4.11.4.2　偏心受拉抗裂计算

1. 采用公式

$$\frac{M_s}{W_o}+\frac{\gamma_m N_s}{A_0}\leqslant\gamma_m\alpha_{ct}f_{tk}$$

$$\frac{M_l}{W_o}+\frac{\gamma_m N_l}{A_0}\leqslant\gamma_m\alpha_{ct}f_{tk}$$

式中：N 为长期组合或短期组合下的拉力值；M_l 为长期组合下的弯矩值；f_{tk} 为混凝土轴心抗拉强度标准值；A_0 为换算截面面积，M_s 为短期荷载效应计算得到的弯矩值。

2. 操作方法

使用时，用户点击“偏心受拉抗裂计算”菜单项，弹出如图4-142所示的对话框。该对话框的设置和操作方法同前面的矩形截面轴心受拉抗裂计算对话框。

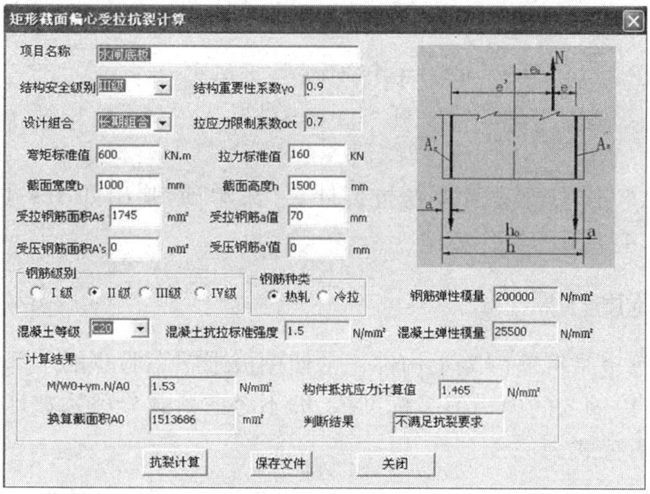

图 4-142　矩形截面偏心受拉抗裂计算对话框

4.11.4.3 偏心受压抗裂计算

1. 采用公式

$$\frac{M_s}{W_o}-\frac{\gamma_m N_s}{A_0}\leqslant\gamma_m\alpha_{ct}f_{tk}$$

$$\frac{M_l}{W_o}-\frac{\gamma_m N_l}{A_0}\leqslant\gamma_m\alpha_{ct}f_{tk}$$

2. 操作方法

使用时,用户点击“偏心受压抗裂计算”菜单项,弹出如图 4-143 所示的对话框。操作方式同 4.11.4.1 节的操作方法。

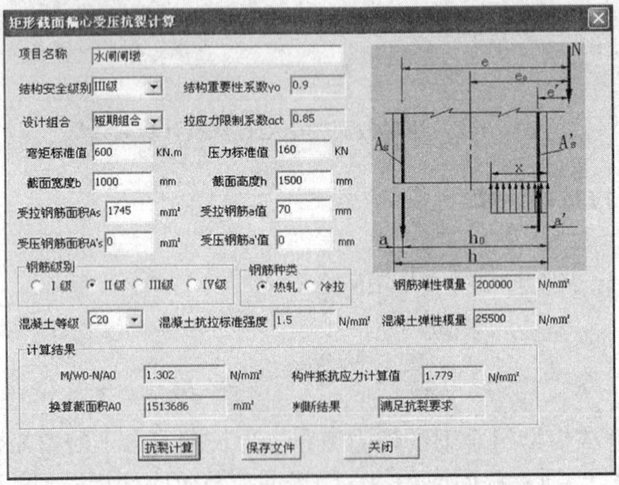

图 4-143 矩形截面偏心受压抗裂计算对话框

4.11.4.4 矩形截面受弯抗裂计算

1. 采用公式

$$A_0=A_c+\alpha_E A_s+\alpha_E A'_s$$

$$M\leqslant\gamma_m\alpha_{ct}f_{tk}W_0$$

2. 操作方法

使用时,用户点击“矩形截面受弯抗裂计算”菜单项,弹出如图 4-144 所示的对话框。操作方式同 4.11.4.1 节的操作方法。

4.11.5 裂缝宽度计算

裂缝宽度计算也是钢筋混凝土构件正常使用极限状态验算的一部分。因为是正常使用状态的验算,所以输入的内力值是标准值,即不考虑荷载分项系数计算出的内力值。

裂缝宽度计算公式为

$$\omega_{max}=\alpha_1\alpha_2\alpha_3\frac{\sigma_s}{E_s}(3c+0.1\frac{d}{\rho_{te}})$$

式中:α_1 为构件受力特征系数,程序根据受力特征,自动赋值;α_2 为钢筋表面形状系数,程

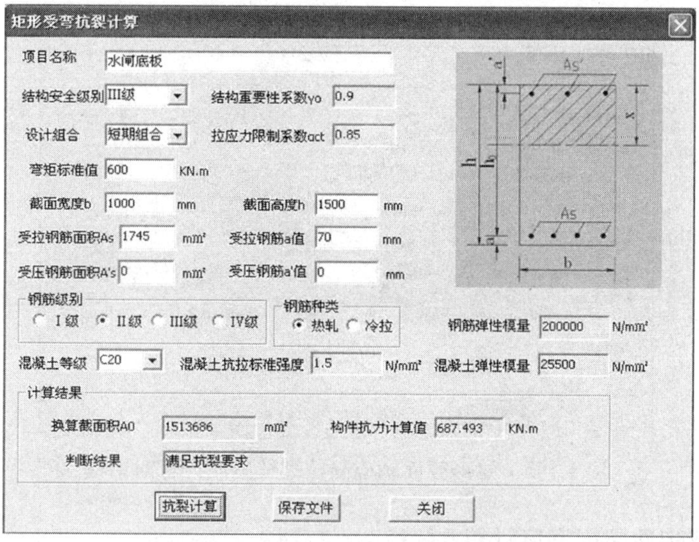

图 4-144　矩形受弯抗裂计算对话框

序根据用户所选钢筋的形状或级别，自动赋值；α_3 为荷载长期作用影响系数，程序根据用户所选设计组合情况，自动赋值；c 为最外排纵向受拉钢筋外边缘至受拉区底边的距离；d 为受拉钢筋直径；ρ_{te} 为纵向受拉钢筋的有效配筋率；σ_s 为按荷载的短期组合或长期组合计算的构件纵向受拉钢筋应力。

已设计完成的裂缝宽度计算程序包括轴心受拉构件裂缝宽度计算、受弯构件裂缝宽度计算、大偏心受压构件裂缝宽度计算、偏心受拉构件裂缝宽度计算等。

4.11.5.1　轴心受拉构件裂缝宽度计算

1. 采用公式

该程序可计算矩形截面轴心受拉构件的裂缝宽度，纵向受拉钢筋的应力 σ_s 采用以下公式：

$$\sigma_s = \frac{N}{A_s}$$

式中：N 为长期组合或短期组合下的轴向拉力值；A_s 为受拉钢筋截面面积。

2. 操作方法

使用时，用户点击“轴心－18 受拉裂缝宽度计算”菜单项，弹出如图 4-145 所示的对话框。在该对话框中，输入项目名称，选定结构安全级别（Ⅰ级、Ⅱ级、Ⅲ级，结构重要性系数 γ_0 的值会自动变化），选择钢筋的表面形状（螺纹钢筋或光面钢筋，表面形状系数的值会自动变化，螺纹钢筋对应 1.0，光面钢筋对应 1.4），选择设计组合形式（长期组合或短期组合，则荷载作用影响系数的值会自动变化，长期组合对应 1.6，短期组合对应 1.5），输入拉力标准值，设定钢筋的级别（则钢筋的弹性模量会自动变化），另外再输入混凝土构件截面尺寸值等信息，就可点取“裂缝宽度计算”按钮，程序会立即计算出裂缝宽度值，如果用户点击“保存文件”按钮，程序就会把已知条件和计算结果保存成一个文件，用户点击“关闭”按钮，程序退出当前的计算。

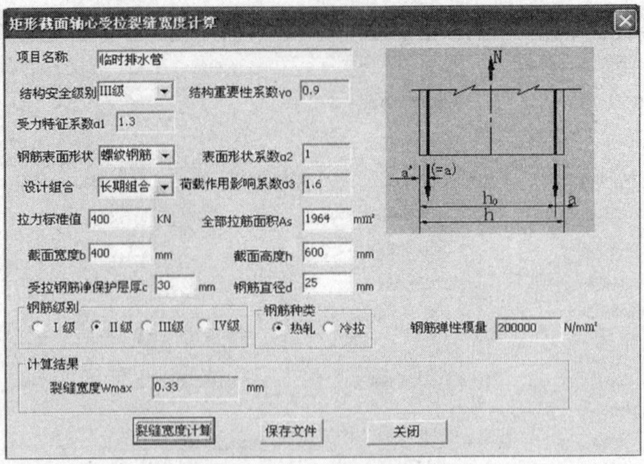

图 4-145　矩形截面轴心受拉裂缝宽度计算对话框

4.11.5.2　受弯构件裂缝宽度计算

1. 采用公式

该程序可计算矩形截面受弯构件的裂缝宽度，纵向受拉钢筋的应力 σ_s，采用以下公式：

$$\sigma_s = \frac{M}{0.87h_0A_s}$$

式中：M 为按荷载标准值计算的长期组合或短期组合下的弯矩值；A_s 为受拉钢筋截面面积。

2. 操作方法

使用时，用户点击“受弯裂缝宽度计算”菜单项，弹出如图 4-146 所示的对话框。在该对话框中，输入项目名称，选定结构安全级别（Ⅰ级、Ⅱ级、Ⅲ级，结构重要性系数 γ_0 的值会自动变化），选择钢筋的表面形状（螺纹钢筋或光面钢筋，表面形状系数的值会自动变化，螺纹钢筋对应 1.0，光面钢筋对应 1.4），选择设计组合形式（长期组合或短期组合，荷载作用影响系数的值会自动变化，长期组合对应 1.6，短期组合对应 1.5），输入弯矩标准值（按荷载标准值计算的弯矩值），设定钢筋的级别（钢筋的标准强度值以及弹性模量会自动变化），另外再输入混凝土构件截面尺寸值等信息，就可点取“裂缝宽度计算” 按钮，程序会立即计算出裂缝宽度值，如果用户点击“保存文件”按钮，程序就会把已知条件和计算结果保存成一个文件，用户点击“关闭”按钮，程序退出当前的计算。

4.11.5.3　大偏心受压构件裂缝宽度计算

1. 采用公式

该程序可计算矩形截面大偏心受压构件的裂缝宽度，纵向受拉钢筋的应力 σ_s，采用以下公式：

$$z = [0.87 - 0.12(\frac{h_0}{e})^2]h_0$$

$$\sigma_s = \frac{N}{A_s}(\frac{e}{z} - 1)$$

$$e = \eta_s e_0 + y_s$$

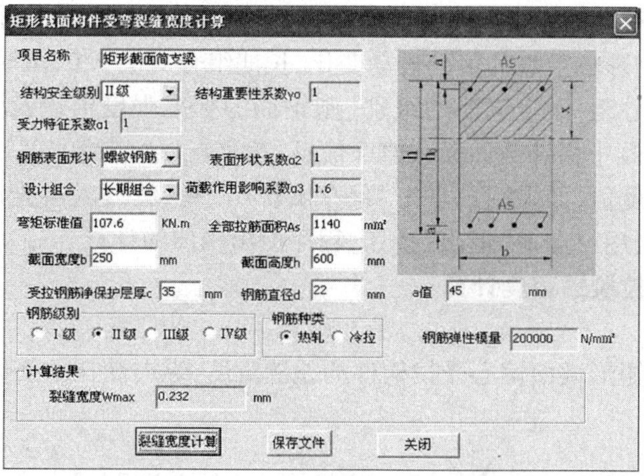

图 4-146 矩形截面受弯裂缝宽度计算对话框

$$\eta_s = 1 + \frac{1}{4\ 000\ \frac{e_0}{h_0}}\left(\frac{l_0}{h}\right)^2$$

式中：N 为长期组合或短期组合下的轴向压力值；A_s 为受压钢筋截面面积；y_s 为截面重心至纵向受拉钢筋合力点的距离；η_s 为偏心距增大系数；z 为纵向受拉钢筋合力点至受压区合力点的距离；h_0 为截面的有效高度；e 为轴向压力作用点至纵向受拉钢筋合力点的距离；e_0 为轴向力对截面重心的偏心距。

2. 操作方法

使用时，用户点击“大偏心受压裂缝宽度计算”菜单项，弹出如图 4-147 所示的对话框。在该对话框中，输入项目名称，选定结构安全级别（Ⅰ级、Ⅱ级、Ⅲ级，结构重要性系数 γ_0 的值会自动变化），选择钢筋的表面形状（螺纹钢筋或光面钢筋，表面形状系数的值

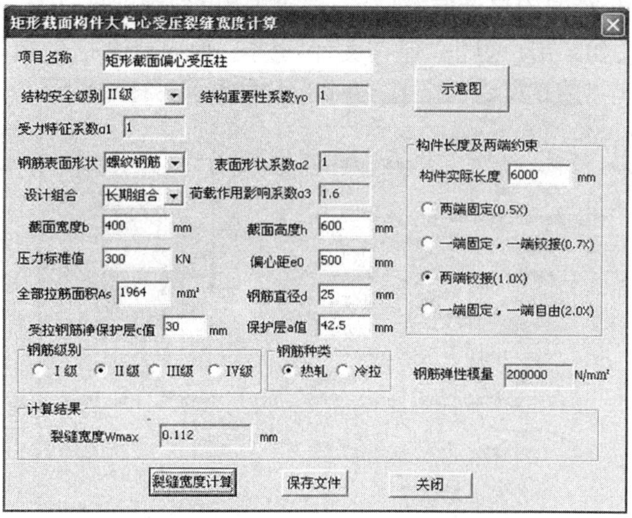

图 4-147 矩形截面大偏心受压裂缝宽度计算对话框

会自动变化，螺纹钢筋对应 1.0，光面钢筋对应 1.4)，选择设计组合形式(长期组合或短期组合，则荷载作用影响系数的值会自动变化，长期组合对应 1.6，短期组合对应 1.5)，输入压力标准值和偏心距，设定钢筋的级别(则钢筋的标准强度值以及弹性模量会自动变化)，另外再输入混凝土构件截面尺寸值等信息，就可点取“裂缝宽度计算”按钮，程序会立即计算出裂缝宽度值，如果用户点击“保存文件”按钮，程序就会把已知条件和计算结果保存成一个文件，用户点击“退出”按钮，程序退出当前的计算。

4.11.5.4 偏心受拉裂缝宽度计算

1. 采用公式

该程序可计算矩形截面偏心受拉构件的裂缝宽度，纵向受拉钢筋的应力 σ_s 采用以下公式：

$$\sigma_s = \frac{N}{A_s}(1 + 1.1\frac{e_s}{h_0}) \qquad (大偏心受拉)$$

$$\sigma_s = \frac{N}{A_s}(1 - 1.1\frac{e_s}{h_0}) \qquad (小偏心受拉)$$

式中：N 为长期组合或短期组合下的轴向拉力值；e_s 为拉力作用点至纵向受拉钢筋合力点的距离；A_s 为受拉钢筋截面面积。

2. 操作方法

使用时，用户点击“偏心受拉裂缝宽度计算”菜单项，弹出如图 4-148 所示的对话框。在该对话框中，输入项目名称，选定结构安全级别(Ⅰ级、Ⅱ级、Ⅲ级，结构重要性系数 γ_0 的值会自动变化)，选择钢筋的表面形状(螺纹钢筋或光面钢筋，表面形状系数的值会自动变化，螺纹钢筋对应 1.0，光面钢筋对应 1.4)，选择设计组合形式(长期组合或短期组合，则荷载作用影响系数的值会自动变化，长期组合对应 1.6，短期组合对应 1.5)，输入拉力标准值和偏心距，设定钢筋的级别(则钢筋的标准强度值以及弹性模量会自动变化)，另外再输入混凝土构件截面尺寸值等信息，就可点取“裂缝宽度计算”按钮，程序会立即计算出裂缝宽度值，如果用户点击“保存文件”按钮，程序就会把已知条件和计算结果保

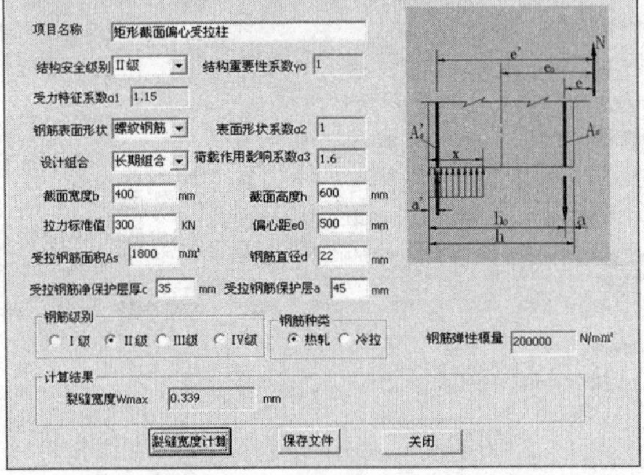

图 4-148 矩形截面偏心受拉裂缝宽度计算对话框

存成一个文件,用户点击“关闭”按钮,程序退出当前的计算。

4.12　天然河道水面线推算

百图软件既可以处理一个糙率的单式断面天然河道,又可以处理两个或任意多个糙率的复式断面天然河道,也可以处理整条河道上、水流汇入或流出、过桥水头跌差等情况。

缓坡河道应从下游向上游推算,根据经验及《水力学》教材的介绍,当最下游断面的起始水位无法确定时,可用该断面附近的正常水深对应的水位作为起始水位。陡坡河道应从上游向下游推算,根据经验,当最上游断面的起始水位无法确定时,可用该断面的临界水深或略小于临界水深对应的水位作为起始水位。

实际工程中,一条长距离的河道可能是缓、陡坡交替变化的情况,此时应先画出河底的纵断面图。根据纵断面图,当人工能够分辨出缓、陡坡的分界点,可人工拆分成单一的缓坡或陡坡分别进行推算。当人工不能够分辨出缓、陡坡的分界点时,可假定该整条河道为缓坡,选择整条河道从下游向上游推算,若软件一直能进行推算,说明该段为缓坡;若软件不能进行推算,说明该段为陡坡。软件运行终止的断面,即为缓、陡坡的分界点,按此方法判断出整条河道上的所有缓、陡坡的分界点,把整条河道拆分成单一的缓坡或陡坡分别进行推算。

4.12.1　一个糙率天然河道水面线推算

4.12.1.1　现状天然河道水面线推算

根据华东水利学院编《水力学》(1999 年版)采用的分段试算法,精确推算水位,计算公式如下:

$$z_1+\frac{\alpha v_1^2}{2g}=z_2+\frac{\alpha v_2^2}{2g}+\frac{Q^2\Delta l}{\overline{K}^2}+\xi\left(\frac{v_2^2}{2g}-\frac{v_1^2}{2g}\right)$$

使用百图软件推算现状天然河道水面线可按以下几个步骤进行:

(1)准备现状横断面数据文件。

数据文件为 txt 格式,在 Excel 中整理数据时必须另存为文本文件(制表符分隔)类型的 txt 文件。

原始横断面测量成果表的内容格式如下:

```
断面 1 桩号
  起点距    高程   点注释
  起点距    高程   点注释
    ⋮
断面 2 桩号
  起点距    高程   点注释
  起点距    高程   点注释
    ⋮
```

横断测量成果表中，桩号允许带“+”或“-”，但不允许有其他非数字文本，程序通过加减号来识别桩号。起点距即是累距，零点桩的起点距为0。每个点的数据占一行，包括“起点距”、“高程”和“点注释”三项，中间用空格隔开，空格多少不受限制，其中“点注释”可以省略。

横断测量成果表举例如下：

15+350	
-16.75	43.63
-10	41.13
0	41.13
6.56	41.41
11.12	41.56
14.68	41.56
22.38	40.7
24.23	39.28
28.22	38.57
35.63	38.57
43.9	37.8
53.02	38
57.01	40.42
60.29	41.27
66.99	41.56
71.98	41.56
77.25	41.13
80.38	41.13
88.38	41.13
94.88	43.63
15+300	
-16.6	43.61
-10	41.11
0	41.11
5.04	40.99
11.46	41.11
14.61	41.49
16.75	41.36
19.52	40.73
23.05	40.23
30.54	39.24

实际推算时，应保证横断数据顺序与推算方向一致，注意选择使用水面线推算对话框上的“横断数据顺序颠倒”核选框进行倒换。

（2）批量绘制横断面图。

用批量绘制现状横断面功能，读入第（1）步准备的数据，画出河道横断面图，根据图形校核数据文件的正确性。再一次用“批量绘制现状横断面”功能画出断面图。

（3）对断面测量数据进行删减。

因为测量数据可能包含两岸堤防背坡的数据，堤顶及堤背坡的数据无用，须把该部分数据删除，只保留两岸堤防迎水坡及河道的数据。

（4）生成河道要素文件。

点击菜单“水力计算”→“单一糙率天然河道水面线”→“统计生成一糙率河道要素文件”，弹出对话框，在对话框中点取“横断数据文件名”按钮，在浏览方式下，选择第(3)步生成的数据文件，软件会自动生成糙率要素文件名，点击“确定”按钮后，软件生成一个糙率的河道糙率要素文件，内容如下：

桩号	左滩槽分界点(点号)	右滩槽分界点(点号)
15+350	0	999
15+300	0	999
15+250	0	999
15+200	0	999
15+150	0	999
15+100	0	999
15+050	0	999
15+000	0	999

(5)用记事本或Excel打开第(4)步生成的文件，加入断面流量和过桥水位跌差值，构成以下内容，这就是推算河道水面线时需要的河道要素文件，保存该文件为文本文件。

Δh为水流流经桥梁断面时水头变化的数值，不管具体推算方向如何，顺着水流方向，水头增加者Δh为正值，水头降低者Δh为负值。所以在实际推算时，Δh均为负值。其举例如下：

桩号	左滩槽分界点(点号)	右滩槽分界点(点号)	流量(m^3/s)	过桥水位跌差值Δh(m)
15+350	0	999	200	0
15+300	0	999	200	-0.15
15+250	0	999	200	0
15+200	0	999	180	0
15+150	0	999	150	0
15+100	0	999	150	-0.15
15+050	0	999	150	0
15+000	0	999	150	0

(6)推算水面线。

从“水力计算”菜单栏点取“单一糙率天然河道水面线”→“单一糙率天然河道水面线推算”菜单项，弹出如图4-149所示的对话框，输入有关参数，按“横断面数据文件名”按键，在浏览方式下指定记录原始横断面数据的文件名；按“河道要素文件名”按键，在浏览方式下指定记录河道要素信息的文件名，软件会自动计算书文件名和推算成果文件名(用户可以再行修改)。

设置完有关参数，点击“推算”按钮，系统会生成推算成果文件。成果文件为纯文本表格格式，可用Excel、记事本(notepad)、写字板(wordpad)等软件打开，以便进一步编辑、打印。

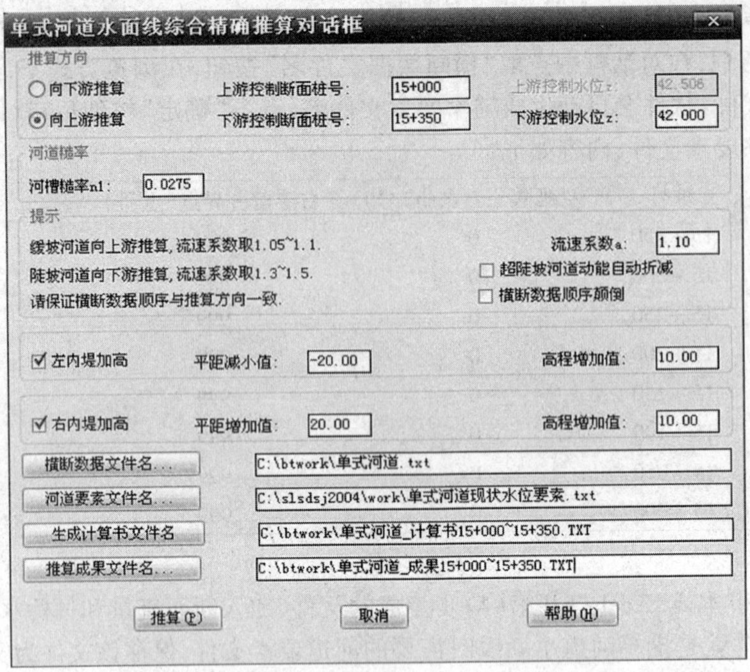

图 4-149　进行单一糙率河道水面线推算的对话框

4.12.1.2　设计断面河道水面线推算

一般先确定河底的开挖高程,再假定填筑堤顶高程(堤顶高程假设的高低没有太大关系),按横断面模板的要求制作河道的设计要素文件,再用横断模板的功能批量绘制整条河道的横断面图,包括现状线和设计线,软件会自动生成设计断面对应的过水内轮廓数据(湿周断面数据),用来推算设计断面河道水面线推算,重复第(1)步的操作即可完成。

4.12.2　两个糙率天然河道水面线推算

4.12.2.1　现状天然河道水面线推算

两个糙率天然河道水面线推算指一个断面上有两个糙率值,一般河槽取一个糙率,左滩地和右滩地取另一个糙率。一般河槽糙率值较小,滩地糙率值较大。根据下式,采用分段试算法,精确推算水位。

$$z_1+\frac{\alpha v_1^2}{2g}=z_2+\frac{\alpha v_2^2}{2g}+\frac{Q^2\Delta l}{(\overline{K_1}+\overline{K_2}+\overline{K_3})^2}+\xi\left(\frac{v_2^2}{2g}-\frac{v_1^2}{2g}\right)$$

式中:K_1为左滩地的平均流量模数;K_2为河槽的平均流量模数;K_3为右滩地的平均流量模数。

使用百图软件推算两个糙率天然河道水面线可按以下几个步骤进行:

(1)准备现状横断面数据文件。

数据文件为 txt 格式,在 Excel 中整理数据时必须另存为文本文件(制表符分隔)类型的 txt 文件。

原始横断面测量成果表的内容格式如下:

```
断面 1 桩号
  起点距      高程   点注释
  起点距      高程   点注释
    ⋮
断面 2 桩号
  起点距      高程   点注释
  起点距      高程   点注释
    ⋮
```

横断测量成果表中，桩号允许带“+”或“-”，但不允许有其他非数字文本，程序通过加减号来识别桩号。起点距即累距，零点桩的起点距为 0。每个点的数据占一行，包括“起点距”、“高程”和“点注释”三项，中间用空格隔开，空格多少不受限制，其中“点注释”可以省略。

横断测量成果表举例如下：

```
15 +350
  -16.75    43.63
  -10       41.13
  0         41.13
  6.56      41.41
  11.12     41.56
  14.68     41.56
  22.38     40.7
  24.23     39.28
  28.22     38.57
  35.63     38.57
  43.9      37.8
  53.02     38
  57.01     40.42
  60.29     41.27
  66.99     41.56
  71.98     41.56
  77.25     41.13
  80.38     41.13
  88.38     41.13
  94.88     43.63
15 +300
  -16.6     43.61
  -10       41.11
  0         41.11
```

5.04	40.99
11.46	41.11
14.61	41.49
16.75	41.36
19.52	40.73
23.05	40.23
30.54	39.24

实际推算时，应保证横断数据顺序与推算方向一致，注意选择使用水面线推算对话框上的“横断数据顺序颠倒”核选框进行倒换。

(2)批量绘制横断面图。

用批量绘制现状横断面功能，读入第(1)步准备的数据，画出河道横断面图，根据图形校核数据文件的正确性，再一次用“批量绘制现状横断面”功能画出断面图。

(3)对断面测量数据进行删减。

因为测量数据，可能包含两岸堤防背坡的数据，堤顶及堤背坡的数据无用，须把该部分数据删除，只保留两岸堤防迎水坡及河道的数据。

(4)生成河道要素文件。

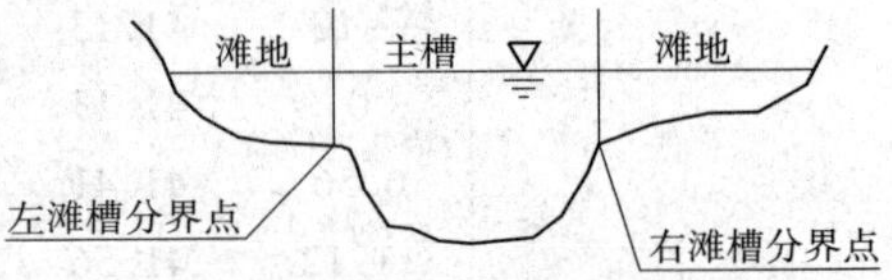

图 4-150　复式断面河道示意图

滩槽分界点如图 4-150 所示，滩槽分界点编号为河道测量断面线的拐点编号。拐点编号规则为从左到右，按 0、1、2、3、4……的顺序。点击菜单“水力计算”→“二个糙率天然河道水面线”→“统计生成二个糙率河道要素文件”，在软件提示下，由用户在横断面图上，用鼠标点取左滩槽分界点和右滩槽分界点，软件会生成两个糙率的河道要素文件，内容如下：

桩号	左滩槽分界点(点号)	右滩槽分界点(点号)
15 +350	5	13
15 +300	5	14
15 +250	6	15
15 +200	7	17
15 +150	6	16
15 +100	5	12
15 +050	8	20
15 +000	6	17

(5)用记事本或 Excel 打开第(4)步生成的文件，加入断面流量和过桥水位跌差值，构成以下内容，这就是推算河道水面线时需要的河道要素文件，保存该文件为文本文件。

Δh 为水流流经桥梁断面时水头变化的数值，不管具体推算方向如何，顺着水流方向，水头增加者 Δh 为正值，水头降低者 Δh 为负值。所以在实际推算时，Δh 均为负值。其举例如下：

桩号	左滩槽分界点(点号)	右滩槽分界点(点号)	流量(m^3/s)	过桥水位跌差值Δh(m)
15+350	5	13	200	0
15+300	5	14	200	-0.10
15+250	6	15	200	0
15+200	7	17	180	0
15+150	6	16	150	0
15+100	5	12	150	-0.10
15+050	8	20	150	0
15+000	6	17	150	0

(6)推算水面线。

从"水力计算"菜单栏点取"二个糙率天然河道水面线"→"二个糙率天然河道水面线推算"菜单项,弹出图4-151所示的对话框,输入有关参数,按"横断面数据文件名"按键,在浏览方式下指定记录原始横断面数据的文件名;按"河道要素文件名"按键,在浏览方式下指定记录河道要素信息的文件名,软件会自动计算书文件名和推算成果文件名(用户可以再行修改)。

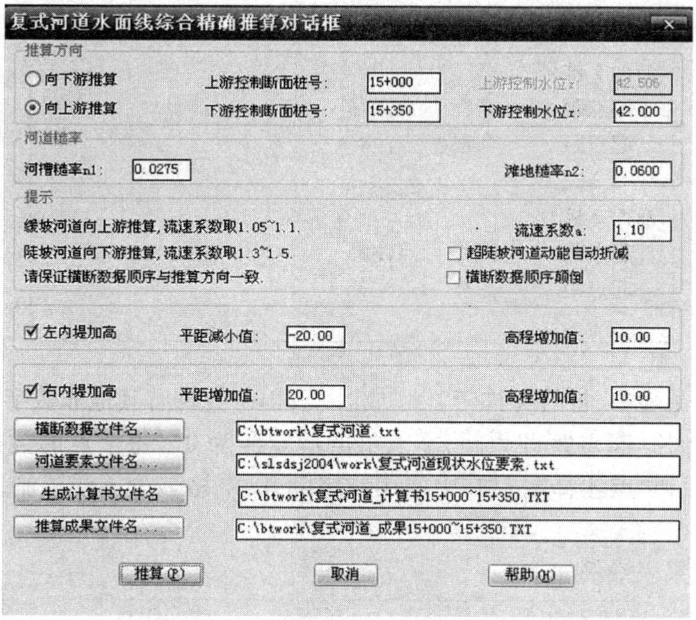

图4-151　进行二个糙率河道水面线推算的对话框

设置完有关参数,点击"推算"按钮,系统会生成推算成果文件。成果文件为纯文本表格格式,可用Excel、记事本(notepad)、写字板(wordpad)等软件打开,以便进一步编辑、打印。

4.12.2.2　设计断面河道水面线推算

一般先确定河底的开挖高程,再假定填筑堤顶高程(堤顶高程假设的高低没有太大关系),按横断面模板的要求制作河道的设计要素文件,再用横断模板的功能批量绘制整条河道的横断面图，包括现状线和设计线，软件会自动生成设计断面对应的过水内轮廓数据（湿周断面数据），用来推算设计断面河道水面线推算，重复上一小节的步骤即可完成。

4.12.3　多个糙率天然河道水面线推算

4.12.3.1　现状天然河道水面线推算

多个糙率天然河道指一个断面上有多个糙率值，一般河槽取一个糙率，左滩地和右滩地取另一个糙率。一般河槽糙率值较小，滩地糙率值较大。根据下式，采用分段试算法，精确推算水位。

$$z_1 + \frac{\alpha v_1^2}{2g} = z_2 + \frac{\alpha v_2^2}{2g} + \frac{Q^2 \Delta l}{(\overline{K}_1 + \overline{K}_2 + \cdots + \overline{K}_n)^2} + \xi\left(\frac{v_2^2}{2g} - \frac{v_1^2}{2g}\right)$$

式中：K_1 为断面第一分块的平均流量模数；K_2 为断面第二分块的平均流量模数，K_n 为断面第 n 分块的平均流量模数。

（1）准备现状横断面数据文件。

数据文件为 txt 格式，在 Excel 中整理数据时必须另存为文本文件（制表符分隔）类型的 txt 文件。

原始横断面测量成果表的内容格式如下：

```
断面1桩号
  起点距    高程    点注释
  起点距    高程    点注释
    ⋮
断面2桩号
  起点距    高程    点注释
  起点距    高程    点注释
    ⋮
```

横断测量成果表中，桩号允许带“+”或“-”，但不允许有其他非数字文本，程序通过加减号来识别桩号。起点距即累距，零点桩的起点距为 0。每个点的数据占一行，包括“起点距”“高程”和“点注释”三项，中间用空格隔开，空格多少不受限制，其中“点注释”可以省略。

横断测量成果表举例如下：

```
15+350
 -16.75    43.63
 -10       41.13
  0        41.13
  6.56     41.41
  11.12    41.56
  14.68    41.56
  22.38    40.7
  24.23    39.28
```

28.22	38.57
35.63	38.57
43.9	37.8
53.02	38
57.01	40.42
60.29	41.27
66.99	41.56
71.98	41.56
77.25	41.13
80.38	41.13
88.38	41.13
94.88	43.63
15+300	
-16.6	43.61
-10	41.11
0	41.11
5.04	40.99
11.46	41.11
14.61	41.49
16.75	41.36
19.52	40.73
23.05	40.23
30.54	39.24

实际推算时，应保证横断数据顺序与推算方向一致，注意选择使用水面线推算对话框上的"横断数据顺序颠倒"核选框进行倒换。

（2）批量绘制横断面图。

用批量绘制现状横断面功能，读入第（1）步准备的数据，画出河道横断面图，根据图形校核数据文件的正确性。

（3）对断面测量数据进行删减。

因为测量数据可能包含两岸堤防背坡的数据，堤顶及堤背坡的数据无用，须把该部分数据删除，只保留两岸堤防迎水坡及河道的数据。再一次用"批量绘制现状横断面"功能画出断面图。

（4）生成河道要素文件。

多级滩地河道断面示意图如图4-152所示。软件按照断面上拐点编号来确定不同糙率的范围，拐点编号从左到右，按0、1、2、3、4…的顺序编排。点击菜单"水力计算"→"多个糙率天然河道水面线"→"统计生成多个糙率河道要素文件"，在软件提示下，由用户在横断面图上，用鼠标点取不同糙率的分界点，软

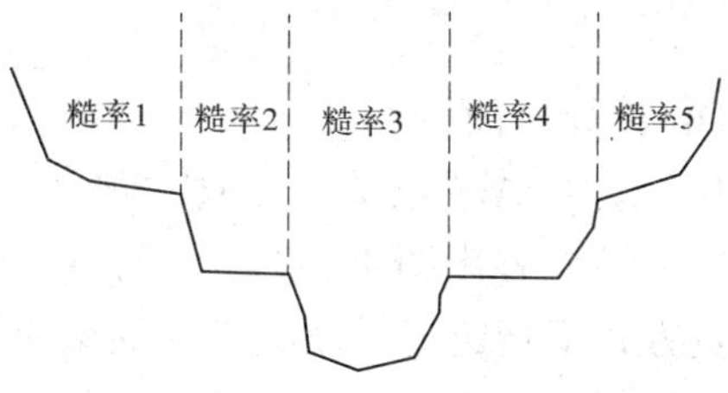

图4-152　多级滩地河道断面示意图

件会生成多个糙率的河道要素文件,内容如下:

15 +350		
0	5	0.06
5	13	0.0275
13	18	0.03
18	25	0.07
15 +300		
0	5	0.06
5	13	0.0275
13	18	0.03
18	27	0.07
15 +250		
0	5	0.06
5	13	0.0275
13	18	0.03
18	29	0.07
15 +200		
0	5	0.06
5	13	0.0275
13	18	0.03
18	33	0.07

(5)用记事本或 Excel 编辑生成流量要素文件。

流量要素文件中包含流量和过桥跌差 Δh 项,过桥跌差 Δh 为水流流经桥梁断面时水头变化的数值,不管具体推算方向如何,顺着水流方向,水头增加者 Δh 为正值,水头降低者 Δh 为负值。所以在实际推算时,Δh 均为负值。

流量要素文件举例如下:

桩号	流量(m^3/s)	过桥水位跌差值 Δh(m)
15 +350	200	0
15 +300	200	-0.15
15 +250	200	0
15 +200	180	0
15 +150	150	0
15 +100	150	-0.15
15 +050	150	0
15 +000	150	0

(6)推算水面线。

从"水力计算"菜单栏点取"多个糙率天然河道水面线"→"多个糙率天然河道水面线推算"菜单项,弹出图 4-153 所示的对话框,输入有关参数,按"横断面数据文件名"按键,在浏览方式下指定记录原始横断面数据的文件名;按"河道要素文件名"按键,在浏览方式下指定记录河道要素信息的文件名,软件会自动计算书文件名和推算成果文件名(用户可以再行修改)。

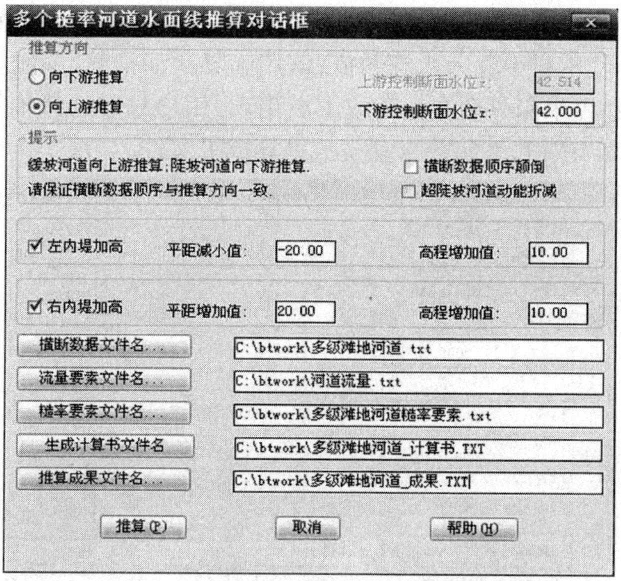

图4-153 多个糙率河道水面线推算对话框

设置完有关参数,点击“推算”按钮,系统会生成推算成果文件。成果文件为纯文本表格格式,可用Excel、记事本(notepad)、写字板(wordpad)等软件打开,以便进一步编辑、打印。

4.12.3.2 设计断面河道水面线推算

一般先确定河底的开挖高程,再假定填筑堤顶高程(堤顶高程假设的高低没有太大关系),按横断面模板的要求制作河道的设计要素文件,再用横断模板的功能批量绘制整条河道的横断面图,包括现状线和设计线,软件会自动生成设计断面对应的过水内轮廓数据(湿周断面数据),用来推算设计断面河道水面线推算,重复上一小节的步骤即可完成。

4.13 渠道及圆管非均匀流水面线推算

4.13.1 矩形断面渠道水面线推算

矩形断面渠道水面线推算是根据华东水利学院编《水力学》(1979年版)式(7-5),即

$$\Delta l = \frac{\left(h_2 + \frac{\alpha v_2^2}{2g}\right) - \left(h_1 + \frac{\alpha v_1^2}{2g}\right)}{i - \bar{J}} = \frac{E_2 - E_1}{i - \bar{J}} = \frac{\Delta E}{i - \bar{J}}$$

采用分段法,逐段试算水深。

从“水力计算”菜单栏点取“矩形断面渠道水面线”,弹出如图4-154所示的对话框,输入渠道长度、糙率等有关参数,指定推算成果文件名(缺省文件名为“成果.txt”)。若为非棱柱体渠道,核选“底宽渐变”(使“底宽渐变”前的方框中带勾号),同时在“下游底宽b1”文本编辑框中,输入矩形渠道下游端底宽;若为棱柱体渠道,则核销“底宽渐变”核选

框(使"底宽渐变"前的方框中不带勾号)。若用已知水深推算,则须在上游已知水深 h1 或下游已知水深 h2 文本栏中输入水深数值;若用临界水深推算,系统会自动计算临界水深,根据纵坡大小,临界水深只会在上游或下游出现;用户只需选择推算方向。输入完有关参数后,点击"推算"按钮,系统会自动生成推算成果文件。

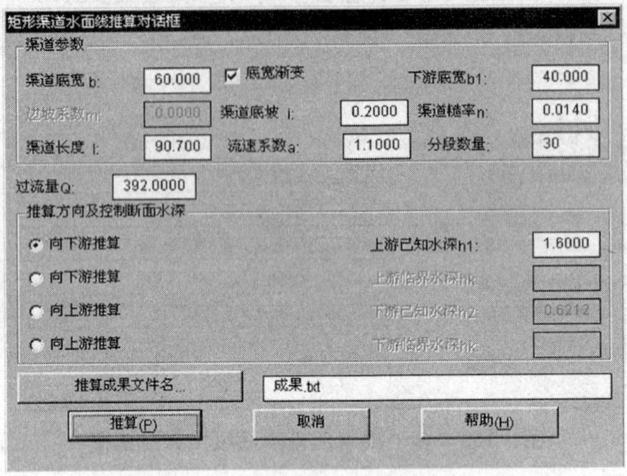

图 4-154　矩形渠道水面线推算对话框

成果文件的内容大致如下:

渠道水面线推算成果表

已知条件:

渠道水深 h = 1.5

渠道流量 Q = 392.0

上游底宽 b = 60.0

渠道长度 l = 89.0

渠道底坡 i = 0.2

渠道糙率 n = 0.014

流速系数 a = 1.1

推算结果:

正常水深 h0 = 0.388

临界水深 hk = 1.686

临界底坡 ik = 0.00157809

该段渠道水面线是 b2 型降水曲线!

断面编号	位置 (m)	水深 h (m)	面积 w (m^2)	流速 v (m/s)	湿周 X (m)	半径 R (m)	谢才系数 C ($m^{\frac{1}{2}}/s$)	比能 E_s (m)	delt_l (m)	R 平均 (m)	V 平均 (m)	C 平均 (m)	J 平均 ($m^{\frac{1}{2}}/s$)	delt_l 试算 (m)
1_1	0.00	1.50	88.25	4.44	62.94	1.402	75.57	2.55	5.5	1.158	5.69	72.97	0.0052	5.499
2_2	5.50	0.96	56.55	6.93	61.89	0.914	70.36	3.62	5.5	0.840	7.62	69.35	0.0144	5.498
3_3	11.00	0.80	47.21	8.30	61.57	0.767	68.33	4.64	11.0	0.695	9.28	67.17	0.0275	11.001
4_4	22.00	0.65	38.18	10.27	61.27	0.623	66.01	6.54						

梯形断面渠道水面线推算和圆形断面管道水面线推算与矩形断面渠道类似,这里不再赘述。

4.13.2　梯形渠道均匀流计算

4.13.2.1　计算原理

根据华东水利学院编《水力学》(1979 年版)下列公式:

连续方程　$$Q = Av$$

几何公式　$$A = (b + mh)h$$

几何公式　$$X = b + 2h(1 + m^2)^{1/2}$$

谢才公式　$$v = C(Ri)^{1/2}$$

曼宁公式　$$C = (1/n)R^{1/6}$$

式中:Q 为流量;A 为过水面积;X 为湿周;b 为渠底宽度;h 为水深;m 为边坡系数;v 为流速;C 为谢才系数;R 为水力半径;i 为渠道底坡;n 为渠道糙率。

实际计算时,根据已知条件的不同,常有四种求解要求,即计算流量、计算底坡、计算水深、计算底宽。本软件根据这四种要求,分别作了程序设计。

4.13.2.2　使用方法

以计算流量为例,其他计算项目与计算流量操作方法类似。

用鼠标选取"水力计算"菜单栏中的"梯形渠道均匀流计算流量"菜单项,弹出如图 4-155所示的对话框,在对话框中输入渠道底宽、渠道水深、边坡系数、渠道底坡、渠道糙率等有关参数,点击"计算"按钮,系统会立即在该对话框的"计算结果"栏中显示出过水面积、计算流量等结果。点击"取消"按钮,可关闭对话框。

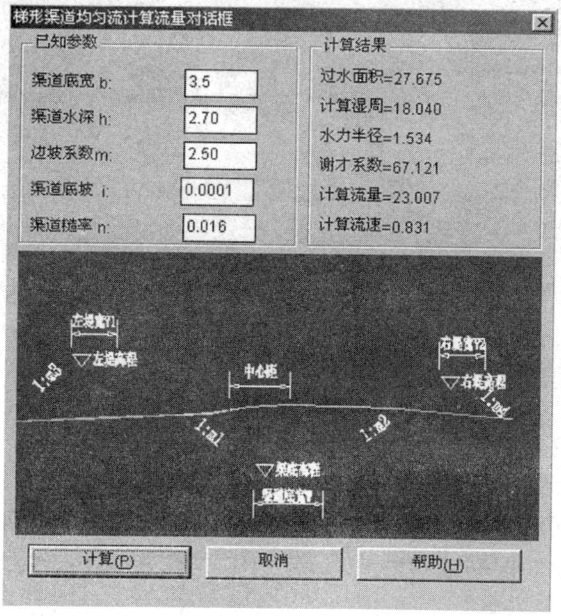

图 4-155　梯形渠道均匀流计算流量对话框

4.13.3　弧形坡脚梯形渠道均匀流计算

4.13.3.1　计算原理

弧形坡脚梯形渠道均匀流根据华东水利学院编《水力学》(1979 年版)中的连续方程、谢才公式和曼宁公式计算的。

实际计算时,根据已知条件的不同,常有四种求解要求,即计算流量、计算底坡、计算水深、计算底宽。本软件根据这四种要求,分别作了程序设计。

4.13.3.2　使用方法

以计算流量为例,其他计算项目与计算流量操作方法类似。

用鼠标选取"水力计算"菜单栏的"弧形坡脚梯形渠道均匀流计算流量"菜单项,弹出如图 4-156所示的对话框,在对话框中输入渠道底宽、圆弧半径、渠道水深、边坡系数、渠道底坡、渠道糙率等有关参数,点击"计算"按钮,系统会立即在该对话框的"计算结果"栏中显示出过水面积、计算流量等结果。点击"取消"按钮,可关闭对话框。

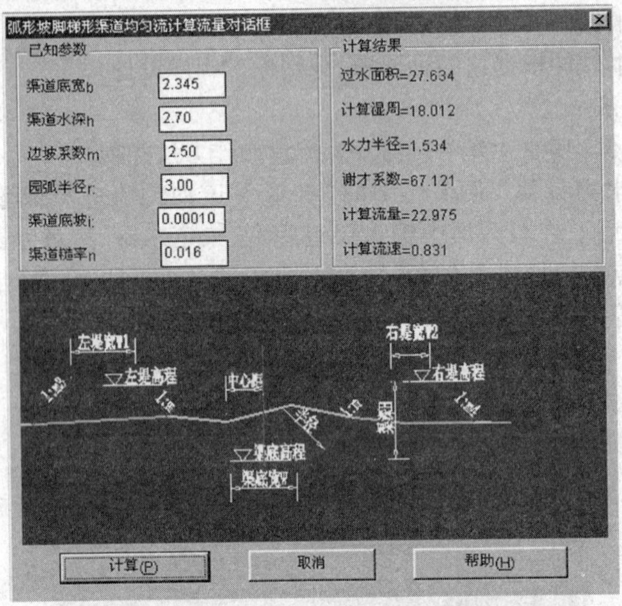

图 4-156　弧形坡脚梯形渠道均匀流计算流量对话框

4.13.4　U 形渠道均匀流计算

4.13.4.1　计算原理

U 形渠道均匀流计算原理同弧形坡脚梯形渠道均匀流的计算。

实际计算时,根据已知条件的不同,常有四种求解要求,即计算流量、计算底坡、计算水深、计算底宽。本软件根据这四种要求,分别作了程序设计。

4.13.4.2　使用方法

以计算流量为例,其他计算项目与计算流量操作方法类似。

用鼠标选取"水力计算"菜单栏的"U 形渠道均匀流计算流量"菜单项,弹出如图 4-157 所示的对话框，在对话框中输入渠道圆弧半径、渠道水深、上部直线段外倾角、渠道底坡、渠道糙率等有关参数，点击“计算”按钮，系统会立即在该对话框的“计算结果”栏中显示出过水面积、计算流量等结果。点击“取消”按钮，可关闭对话框。

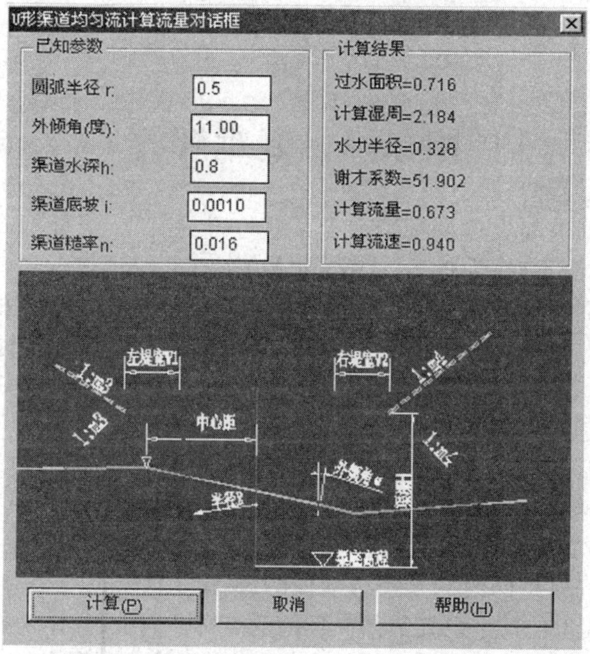

图 4-157　U 形渠道均匀流计算流量对话框

附　录

附录 A　疑难解答

(1)绘图过程中,有时发现漏标断面上某些位置的高程,当补标高程时,发现“高程标注”命令提供的缺省值不对,为什么？怎样才能解决？

答:是由于“断面 CAD”系统自动维护的标高系统变量的值改变的缘故。

同一个断面中,标高系统变量的值相对不变;不同的断面,其标高系统变量的值不相等。

解决这个问题有如下两个办法:

①如果当前图形上某一点已准确地标出高程或水位或标尺,使用“高程校准”命令,用鼠标在该图形所对应的高程符号或水位符号或标尺符号上点取一下,“断面 CAD”系统提示高程校准操作成功时,该问题就解决了。

高程校准的过程就是修改标高系统变量的过程。

②先给当前断面上的某个已知具体高程值的点标注高程,具体操作时,修改高程缺省值为该已知点的实际高程值。高程缺省值修改后,标高系统变量的值也自动进行了修改。然后给该断面上的其他未知高程值的特征点标注高程,此时系统提供的缺省值就是正确的了。

(2)绘图过程中,有时发现漏标了某个断面所对应的标尺,当补绘标尺时,发现标尺刻度值不对,为什么？怎样才能解决？

答:标尺刻度值也依靠“断面 CAD”自动维护的标高系统变量的值,因为标高系统变量的值不对,标尺刻度值也不对。

参考问题(1)中所提供的方法做一次高程校准,然后绘制标尺就正确了。

附录 B　打印出图提示

(1)如果不出现“打印配置”对话框,请在“command:”提示符下,键入 cmddia,回车后输入 1,再回车,即把系统变量 cmddia 的值由 0 变为 1。

(2)绘图单位指定以 mm 为单位绘图,即图形单位为 mm。

(3)比例的设置。

打印出图时,选择自定义出图比例,使出图比例与断面图的竖直比例相对应。例如:若断面图的竖直比例为 1:100,则使出图比例为“1 mm = 100 图形单位”(左边的出图比例文本框中填 1,右边的出图比例文本框中填 100);若断面图的竖直比例为 1:200,则使出图比例为“1 mm = 200 图形单位”(左边的出图比例文本框中填 1,右边的出图比例文本框中填 200)。

参 考 文 献

[1] 张校正. 水利水电工程设计计算程序集[CP]. 新疆:乌鲁木齐正海水利科技有限公司,2011.
[2] 河海大学工程力学研究所. Autobank 水工结构分析软件[CP]. 南京:河海大学,2012.
[3] 济南百图水利科技有限公司. 百图软件[CP]. 济南:济南百图水利科技有限公司,2012.
[4] 张东明. ZDMCAD 辅助设计软件[CP]. 广州:广州明拓科技有限公司,2011.
[5] 长江勘察规划设计研究有限责任公司. SL 73.1—2013 水利水电工程制图标准基础制图[S]. 北京:中国水利水电出版社,2013.
[6] 任永昌. 软件工程[M]. 北京:清华大学出版社,2012.
[7] 卢潇. 软件工程[M]. 北京:中国水利水电出版社,2011.